鲁甸核桃种质资源

范志远　赵廷松　曾清贤　刘　娇　著

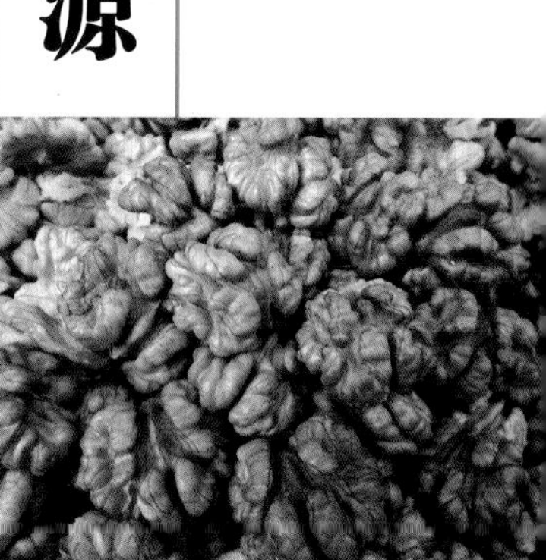

科学出版社
北　京

内 容 简 介

鲁甸县极其复杂的地形地貌和气候特征，加上千百年来老百姓习惯采用实生繁殖核桃苗木造林，造就了该县丰富多彩的具有较高利用价值的核桃种质资源。云南省林业科学院和鲁甸县林业局通过十余年的调查、研究、总结，形成了《鲁甸核桃种质资源》一书。全书共三章，分别对鲁甸核桃栽培环境、鲁甸核桃的起源及发展、鲁甸核桃种质资源的多样性进行了分析探讨，对主要品种资源、主要优良品种进行了介绍。

本书图文并茂，可供核桃研究人员、种植农户及相关企业工作人员阅读，也可为目前云南省正在实施的核桃产业提质增效工作提供参考。

图书在版编目（CIP）数据

鲁甸核桃种质资源 / 范志远，赵廷松等著．—北京：科学出版社，2017.9

ISBN 978-7-03-052675-5

Ⅰ．①鲁…　Ⅱ．①范…　Ⅲ．①核桃－种质资源－鲁甸县　Ⅳ．①S664.102.4

中国版本图书馆 CIP 数据核字（2017）第 093371 号

责任编辑：张　展　孟　锐 / 责任校对：郑艳红
责任印制：罗　科 / 封面设计：墨创文化

科学出版社出版
北京东黄城根北街 16 号
邮政编码：100717
http：//www.sciencep.com

成都锦瑞印刷有限责任公司印刷
科学出版社发行　各地新华书店经销

*

2017 年 9 月第　一　版　开本：787×1092　1/16
2017 年 9 月第一次印刷　印张：19
字数：448 000

定价：178.00 元

（如有印装质量问题，我社负责调换）

编著委员会

总 策 划：王卫斌

主任委员：朱宗能　张　虎　晏银林

副主任委员：陈明柱　刘安学　王孝勇　张　熠　李仁华　阮殿恩

主　　著：范志远　赵廷松　曾清贤　刘　娇

参与编著：饶绍松　王　斌　潘　莉　张顺芬　陈　静　易祥波　杨建华　李淑芳　杜春花　邹伟烈　黄　勇　李　鹏　王　伟　杨　荣　梁正云　李明多　余仕勇　张　彪　吴　丹　夏文鑫　赵炳武　何术省

著作单位：云南省林业科学院　鲁甸县林业局

序

核桃有较高的经济、营养和生态价值。近十年来，云南、新疆、山西、四川、贵州、山东、北京、陕西、河北等地都将核桃产业列为推动区域农村经济发展及脱贫致富的重要产业来扶持发展。全国发展规模已达 8000 万亩，年产量超 165 万吨。随着国内核桃新基地的陆续投产，产量还将快速增长。同时，美国等核桃主产国生产的核桃产品质量好、成本低，大量进入国内市场，导致核桃产业的竞争日趋激烈。如何推动我国核桃产业持续健康发展是我们必须认真思考的重大问题。

多年来，在各级政府和广大山区群众的持续努力下，截至 2015 年，云南省核桃基地规模已突破 3360 万亩，挂果面积突破 1500 万亩，年产量达 75 万吨，产值超 300 亿元。核桃产业为云南省山区老百姓带来了实实在在的效益，成为部分区域老百姓收入的主要来源，核桃产业在云南省山区经济发展和精准扶贫中的作用日益凸显。但近十年来，由于核桃种植速度过快、产业投入严重不足、科技服务严重滞后等原因，云南省核桃基地存在建设质量不高、品种混杂、管理粗放、市场培育不充分、加工销售滞后等突出问题，核桃产业效益没有得到充分发挥，核桃产业提质增效已成为各级政府急需研究解决的重大问题。

云南省有世界一流的核桃品种优势，是上苍赐予我们的一份厚重礼物，我们必须倍加珍惜！良种是产业的核心竞争力，一流品种造就一流产业。遗憾的是，目前云南省种植的核桃品种品质并不理想，宝贵的品种资源远未能转化为云南省核桃良种优势、产业优势。因此，核桃产业提质增效，首先要做的还是要扎实提高基地良种化水平和产业基地的建设水平。从长远角度及战略高度看，基于云南省得天独厚的核桃品种资源优势，应对日益严峻的核桃市场竞争形势，需要进一步下大力气来挖掘、推广云南省特优核桃品种，强势提高云南省核桃产业核心竞争力。

多年来，云南省林业科学院范志远研究员及其团队与鲁甸县林业局紧密合作，付出了艰辛劳动，对鲁甸县丰富的核桃品种资源进行了持续调查研究，选育了一批有重要推广价值的优良核桃品种，对提高滇东北及全省核桃良种水平有重要意义，值得肯定和感谢。《鲁甸核桃种质资源》一书是其多年工作的一个总结和展示，图文并茂，对核桃研究人员、种植农户及相关企业工作人员有较高的学习参考价值，更期望该书对目前全省正在实施的核桃产业提质增效工作能产生实际推动作用。

是为序。

冷华

2017 年 3 月 5 日

前　言

鲁甸县地处四川盆地南部向云南高原的过渡区域，为我国南北核桃种群交汇区，区位独特。同时，该县又处乌蒙山与五莲峰两大山系交汇地带，由于江河的切割和地层断裂褶皱的影响，境内山峦重叠，沟深谷狭，山高坡陡，地形十分复杂。正是复杂多样的地形地貌，造成该县不同区域或同一区域，因海拔、坡度、坡向等变化，光、热、水、土壤组合的多样化，为核桃生长发育提供了多样的大环境与异常丰富的小生境。加上历史上长期采用实生繁殖，形成了庞大的适应区域气候环境的实生变异群体，蕴藏着多样而特异的核桃种质资源，具有重要的研究开发利用价值。

二十多年来，在国家及省市林业、科技等部门的持续支持下，云南省林业科学院与鲁甸县林业局密切合作，对鲁甸核桃种质资源进行了持续调查研究，在该县先后实施了云南省“九五”科技攻关“云新系列杂交早实核桃新品种区域栽培试验及示范”项目，“十一五”国家科技支撑专题“西南核桃新品种选育”项目，云南省重点新产品开发“云南抗寒核桃新品种选育”项目，云南省木本油料科技创新“避霜型核桃新品种选育及栽培示范”项目，国家农业科技成果转化“鲁甸大麻 1 号、鲁甸大麻 2 号产业化示范”项目，中央财政林业科技推广“鲁甸大麻 2 号扩繁与推广示范”项目及“鲁甸避霜型核桃新品种示范推广”项目等。主要进展如下所述。

（1）鲁甸核桃种质资源调查与研究。研究认为，鲁甸县复杂而多样的核桃种质资源大体分为四类：①麻壳核桃品种类型（种壳不光滑）；②滑壳核桃品种类型（种壳光滑）；③半麻核桃品种类型（介于麻壳与光滑核桃之间的中间类型或杂交类型）；④新疆核桃系列品种类型（新疆核桃实生一代及其自然杂交一代、二代）。完成调查 1050 株，发现了大量优良单株极具开发与推广潜力。如有个小且圆、种壳光滑美观、仁特饱满、取仁极易、出仁率极高的特色优系；有仁为紫色、口感细腻香润的紫皮核桃优系；有发芽特晚（4 月初或中旬发芽，但果实成熟又不晚），能有效避开晚霜危害的优系；有个大、仁大、出仁率高、口感极优的优系等。

（2）良种选育。研究表明：以鲁甸县为中心的滇东北地区是世界核桃种质资源最富集的区域之一，是我国选育出有特色、有世界影响力品种最有希望的地区。通过选育，评定优株90株，优系30个，无性系品种13个。选育出鲁甸大麻1号、鲁甸大麻2号、鲁甸大泡3号优良审定品种，云林1～9号、朱提1号等各具特色的优良认定品种，得到省内外核桃专家及客商的一致好评，产生了较大影响。上述品种有突出的偏早结实、丰产、优质、避晚霜、口感好等特性，推广潜力巨大。

（3）良种推广。为将滇东北建设成为云南省继大理、楚雄之后又一个世界知名的优质核桃产地提供强大的种质与良种支撑，我们对先期选育的良种进行了大规模推广。累计推广在50万亩以上，对提高鲁甸及昭通市核桃产业良种及栽培技术水平，促进区域农村产业结构调整，以及提高区域科技发展意识、市场意识，增强区域广大群众脱贫致富信心和能力产生了积极推动作用。

总结多年调查与研究工作成果，我们编写了《鲁甸核桃种质资源》一书。本书对鲁甸核桃栽培环境、鲁甸核桃的起源及发展、鲁甸核桃种质资源的多样性进行了分析探讨，对主要品种资源、主要优良品种进行了介绍。编写此书的目的在于：一是展示云南鲁甸核桃品种资源的多样性和特异性，增强区域发展核桃产业的信心；二是宣传鲁甸核桃主要品种突出的丰产、优质等特性，加速其在适宜区域推广。本书是云南省林业科学院与鲁甸县林业局精诚合作的结晶，渗透了两家单位众多组织和参与鲁甸核桃调查研究的领导和技术人员翻山越岭、风餐露宿的心血汗水。调查与编写得到了昭通市林业局、云南省林木种苗工作总站、西南林业大学等单位领导和专家的关注和指导，在此表示深深谢意。特别值得一提的是，担任鲁甸县林业局局长达二十年的朱宗能老局长，作为鲁甸核桃调查与研究工作的总策划与协调，付出了太多艰辛，在此表示崇高敬意。

乌蒙山水叠翠，鲁甸核桃飘香，欢迎品鉴鲁甸核桃。

目录

CONTENTS

CONTENTS

目录

第一章
鲁甸县自然条件与核桃发展

第一节　地理位置与社会经济情况

一、鲁甸县所属昭通市地理位置

昭通市位于云南省东北部，云南、四川、贵州三省接合部，辖昭阳区、鲁甸、巧家、盐津、大关、永善、绥江、镇雄、彝良、威信和水富共 11 个县（区）。昭通市西北面与四川省会东、宁南、金阳、雷波、乐山、屏山、宜宾、珙县、筠连、兴文和叙永等 11 个市（县）接壤，共 994km；东面与贵州省毕节、赫章和威宁三县接壤，共 364.4km；南面与云南省会泽县接壤，共 123.6km。昭通市南距省会昆明 310km，东距贵阳 462km、距重庆 609km。

二、鲁甸县地理位置

鲁甸县位于昭通市南部（图 1-1）。北部和东部与昭阳区毗邻，东南部与贵州省威宁县接壤，南部和西部以牛栏江江心为界，与会泽、巧家两县隔江相望。地理坐标是：北纬 26°59′ ～ 27°31′，东经 103°9′ ～ 103°39′。南北长约 60km，东西宽近 50km，面积约为 1487 万平方公里，折合 223.05 万亩。

三、历史沿革及社会经济

鲁甸是彝族的发祥地，具有悠久的发展历史。早在 4000 年前的新石器时代晚期已有人类活动，我们的祖先使这片沉睡的土地苏醒，开创了远古文明。西汉时期，境内朱提山（今八宝一带）开采白银，时称朱提银。从汉武帝建元六年（公元前 135 年），历经三国、西晋、东晋、南北朝、隋到唐初近千年，境内属朱提郡、朱提县地，其间虽小有变更，皆因境内朱提山出善银而命名。唐（南诏）、宋（大理）、元、明时期属乌蒙土司领地。清初改土归流，雍正九年（1731 年）置鲁甸厅，属昭通府。相对稳定的政治、经济环境，使乐马厂银矿再放异彩，形成“乾嘉大旺”的繁荣鼎盛时代，持续半个多世纪，也使鲁甸名播中原。

民国2年（1913年）鲁甸改厅为县，属滇中道，裁道后，属昭通行政督察专员公署。1950年4月，鲁甸县人民政府成立，属昭通专员公署，后称昭通地区行政公署；1958年

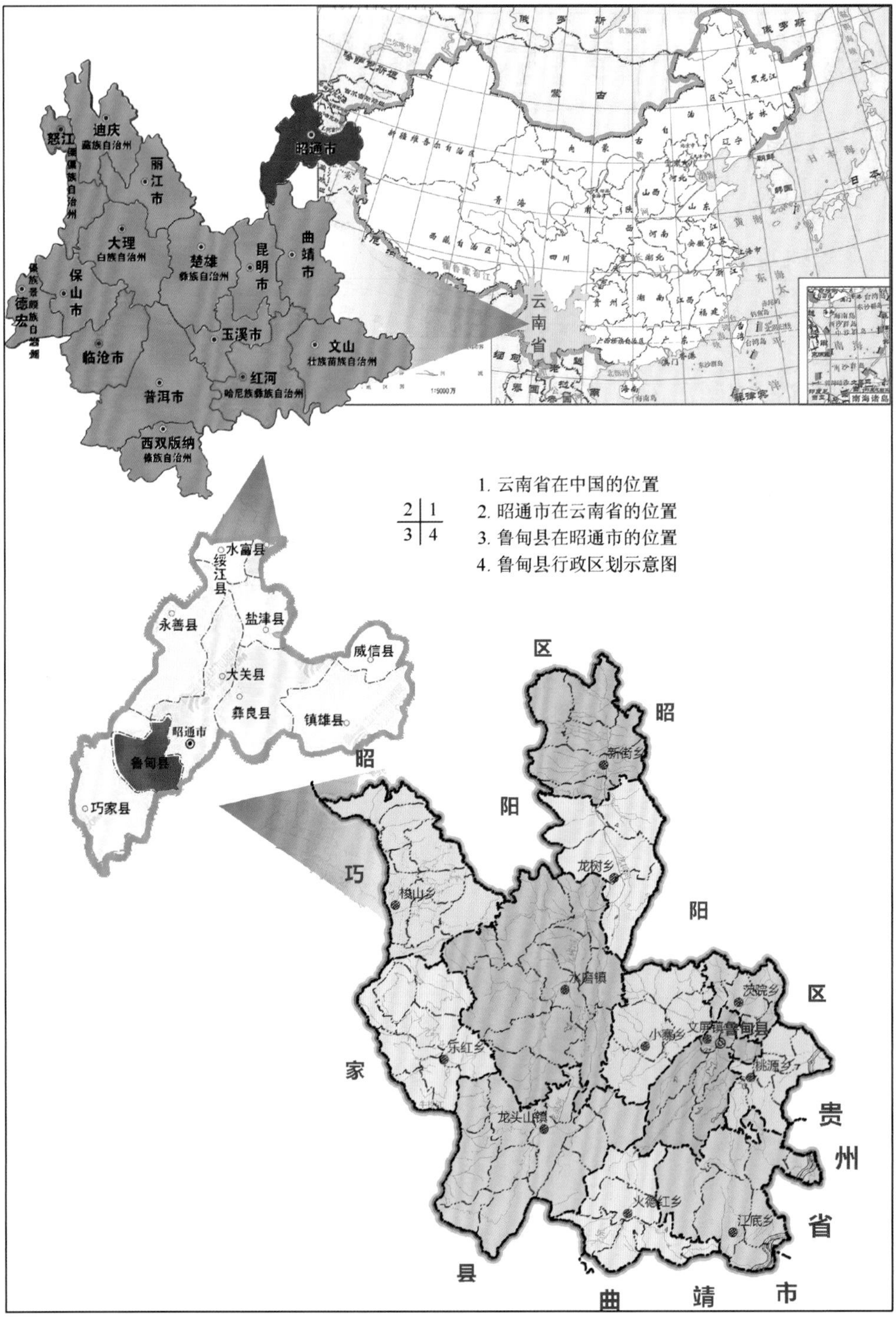

1. 云南省在中国的位置
2. 昭通市在云南省的位置
3. 鲁甸县在昭通市的位置
4. 鲁甸县行政区划示意图

图 1-1　鲁甸县位置图

11 月并入昭通县，1962 年 10 月恢复鲁甸县建制；2001 年 8 月，昭通撤地改市后，属昭通市。

全县辖文屏、龙头山、水磨、小寨、江底、火德红、龙树、新街、梭山、乐红、桃源、茨院 12 个乡（镇）；全县有 94 个村（社区）委员会、1690 个村民小组，总人口为 45.28 万人。鲁甸县社会经济情况如图 1-2 至图 1-11 所示。

图 1-2　鲁甸森林（丁世新摄）

图 1-3　美丽乡村（丁世新摄）

图 1-4　崇文阁全景（丁世新摄）

图 1-5　伊斯兰风情城（丁世新摄）

图 1-6　江底三桥（邱锋摄）

图 1-7　远古银洞（马梦麟摄）

图 1-8　朱提古邑、仿古街（马梦麟摄）

图 1-9　转山包黑颈鹤（刘波摄）

图 1-10　鲁甸县城（丁世新摄）

图 1-11　塘房晨景（丁世新摄）

第二节　鲁甸核桃生长发育的自然条件

一、复杂的地形

鲁甸县地处乌蒙山与五莲峰两大山系交汇地带，平均海拔为 1940m。乌蒙山由古生代泥盆纪加里东运动形成，距今约 4.1×10^8 年，气势磅礴，雄踞云、贵、川三省接合部，实为三省气候、土壤、植被天然分界线；五莲峰属横断山脉一个分支，由新生代古近纪—新近纪燕山运动形成，距今约 8×10^7 年，由于整个横断山脉受喜马拉雅山脉不断抬升的影响，高度超过乌蒙山脉，全县海拔 2500m 以上的高山多出现在五莲峰山脉不同地段，呈现群峰插云、峻拔挺秀的气势。县境东南部乌蒙山系延伸于文屏、桃源、茨院、江底、火德红乡、小寨等乡（镇），主要有大黑山、小黑山、祭龙山、嘟噜大坡等山峰。五莲峰山系延伸于梭山、乐红、龙头山、水磨、龙树、新街等乡（镇），主要有干沟梁子、火干梁子、猫猫山、大佛山、三锅桩、阿噜伯梁子等山峰。两大山系交汇于县境中部。由于江河的切割和地层断裂褶皱的影响，境内山峦重叠，沟深谷狭，山高坡陡，地形十分复杂。境内地形，除东部的昭鲁盆地（部分）、北部的河流冲积平地——龙树坝子、南部大水井、火德红乡碳酸盐岩分布区的岩溶地形较平缓外，其余大部地区受牛栏江及其支流沙坝河的强烈侵蚀下切，形成高山峡谷地形。境内海拔最低为甘田牛栏江出境处手扒岩（海拔568m），最高点是五莲峰山脉的梭山黑寨干沟梁子（海拔3356m），相对高差为2788m。

全境除牛栏江沿岸的深切割高中山地区外，其余的地形总趋势是由西向东呈阶梯下降，在这个倾斜地势的基础上，其间有较明显的坡地，大体可分为三个梯层（图1-12）：最上层为水磨、梭山山地，是五莲峰山脉的顶部，海拔2500m以上，地势比较平坦；第二阶梯为海拔2200m左右的平坦地带，主要分布在北部的龙树坝区及中部水磨和南部的大水井、火德红乡一带，这一阶梯面积宽广，地势起伏不大；第三阶梯为海拔1950m左右的桃源、茨院、文屏坝子，地势平坦，土地肥沃。

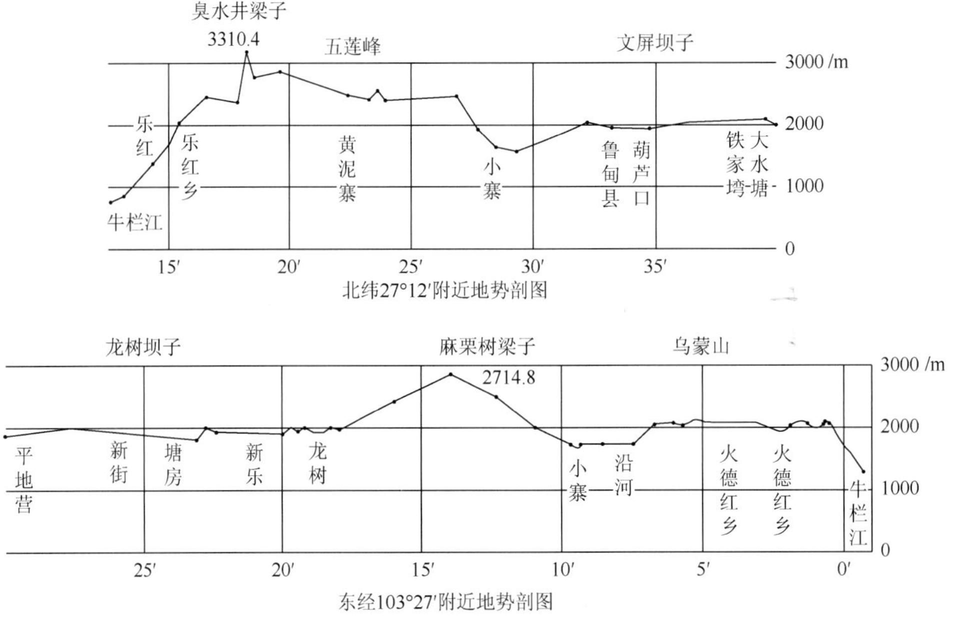

图1-12　鲁甸县地势剖面图

二、多样的地貌

鲁甸县地貌总体由一江（牛栏江）、两山（乌蒙山、五蓬峰）、三河（龙树河、沙坝河、昭鲁河）、四个夷平面（昭鲁坝子、龙树坝子、大水井和火德红乡岩溶高原、水磨缓

坡）构成。境内因受长城纪末期的晋宁运动和早震旦世中期的澄江运动以及中生代末期燕山运动的影响，地质构成较为复杂。除侏罗系、白垩系外，从震旦系到第四系，在不同的地段均有出露，组成了现今的地貌骨架。由于形成地貌的物质基础十分丰富，组成了境内极其复杂的地貌类型。按影响光、热、水、土等植物生活条件的形态地貌为主要内容，全县的地貌类型有以下六种。

（1）深切中山区：指境内牛栏江河谷地带，包括梭山乡、乐红乡、火德红乡、大水井乡、龙头山乡等的沿江地区，海拔在 1000 ～ 3000m，相对高差大于 1000m，为深切割的中山地区。面积为 538.89km^2，占全县土地总面积的 36.24%。受构造、侵蚀、溶蚀成因的影响，地貌类型复杂多样。主要的地质作用为强烈的下切侵蚀，伴随广泛的重力作用，形成深切峡谷，山顶与谷底高差达千米以上，梭山达 2500m 左右。一般谷地的下段形成狭窄的“V”形谷或障谷，谷坡多在 50° 以上，大部分河段呈陡壁，上段略开阔，谷坡一般为 30° ～ 40°；灰岩、白云岩及坚硬岩石形成凸形坡，或数十米至数百米的悬崖峭壁，地形险峻。由于下切迅速，河流沟溪向源侵蚀，袭夺极强烈，使分水岭变窄，仅数米至数十米宽，山脊呈鳍脊或锯齿状，并向河流方向倾斜变低（图 1-13）。

图 1-13　沟深壁陡（丁世新摄）

境内峡谷仅部分河段保留狭小的一、二级阶地，但在海拔 1400 ～ 1600m 及 1800 ～ 2200m 区域分布有不连续的较狭窄的平台或缓坡，其前后缘形成明显的地形裂点，视为上下两级剥蚀面。牛栏江大部分河段水流较缓，坡降在 2‰～ 7‰，并零星散见于漫滩和心滩。在支流汇入主干河流处形成洪积锥、扇，迫使河床变狭窄弯曲（图 1-14）。

图 1-14　牛栏江大峡谷（丁世新摄）

（2）中切中山区：指沙坝河沿岸，小寨、龙头山乡的部分地区（图 1-15），海拔在 1000 ～ 2500m，切割密度大，相对高差多在 300 ～ 600m，少部分为 1000m，属中度切割中山地区，

图 1-15　龙头山龙井峡谷（赵廷松摄）

谷坡较陡，多呈“V”形谷，面积为 180.86km^2，占全县土地总面积的 12.16%。属构造侵蚀中山地貌，分布于龙树向斜及小寨向斜构造地带，主要有二叠系的玄武岩及三叠系的碎屑岩夹少量的碳酸盐岩组成，河流多沿向斜轴部或蛇曲于向斜内发育。分水岭地区为玄武岩分布，地形较平缓开阔，山包浑圆，谷地宽缓，沟溪发育，相对高差一般小于 300m，有较厚的坡积残积物堆积。大部分山包、缓坡上覆盖 1 ～ 2m 厚的棕红、棕黄或黄色、红色黏土，是残留夷平面上的堆积物。向河流下游，切割深度增大，局部达千米左右，谷坡陡，呈峡谷地形，并过渡到高山峡谷区。

大黑山至红顶梁子一带，为厚层的玄武岩分布，受牛栏江及支流的强烈侵蚀下切，属侵蚀中山峡谷地貌。地形相对高差为 600 ～ 1200m，河谷深狭，呈“V”形，纵坡降大，可听水响，山脊高峻、坡陡，泻流、垮塌重力地质现象常见，山脚沟口多堆积碎石、块石及洪积锥扇。在水塘、江底的宽谷中堆积的矿砾石层厚达百米。

（3）岩溶高原区：指大水井乡、火德红乡的大部分和桃源乡的南部，属乌蒙山脉范围，面积为 204.93km^2，占全县总面积的 13.78%。境内乌蒙山顶部，海拔在 1000m 以上，地势较平坦宽阔，略有起伏（图 1-16），四周有陡坡或岩壁与低地分开。

图 1-16　桃源坝子（王斌摄）

石丘洼地分布于火德红乡、大水井乡等地，主要出露产状较缓的泥盆系中上统的白云岩、灰岩和寒武系、二叠系的碳酸盐岩夹碎屑岩地层，由于河流的下切，侵蚀基准面的降低，溶蚀作用逐步向纵深发育，并穿过了较薄的碎屑岩层，使原来较缓的地形演变成石丘山岗，相对高差数十米，丘岗上发育石芽，其间有深浅、大小不等的洼地、漏斗、落洞，洼地中堆积厚薄不一的棕黄、棕红色黏上，大雨后常出现地下石林，高达 10 ～ 20m。

垄岗谷地在县境东部（大水井、桃源），主要出露泥盆系中统的寒武系和二叠系的碳酸盐岩及碎屑岩层，受局部侵蚀基准面及非可溶岩影响，可溶岩的下蚀作用减弱，剥蚀与侵蚀作用加强，形成浑圆的山色和长娅状的山岭与宽缓的谷地，长条洼地、溪流相间分布，相对高差数十到百余米，谷地、山坡多被棕黄、棕红色的松散物覆盖，厚者达十余米。

（4）混合丘原：包括梭山一部分，水磨、龙树、新街乡的大部地区，面积为

383.68km^2，占全县总土地面积的 25.80%。五莲峰崛起于金沙江之滨，于牛栏江与金沙江交汇处进入县境，溯牛栏江而上，盘亘百余公里，沿途分布大小山峰数十座，主脉嵌于龙树、水磨河流冲击盆地，支系作为昭通、鲁甸界山和境内乡村界山。五莲峰山脉由西北入境，从西向东是一个比较平坦的缓坡，海拔在 1000m 以上，地势呈波状起伏，四周有陡坡或崖壁与低地分开。西部和北部低丘较多，是丘原状高原中的混合丘原，西部由二叠纪峨眉山玄武岩构成，东部为三叠纪飞仙关组紫色砂页岩（图 1-17）。

图 1-17　五莲峰一角（赵廷松摄）

（5）高原湖积盆地：指文屏、桃源山间坝子，系新生代湖滨沉积而成的高原盆地，海拔为 1908 ～ 2000m。北部与昭通坝区相连，其余边缘为岗岭起伏山地，土地连片，符合坝区划分标准（图 1-18）。总面积为 118.07km^2，占全县总土地面积的 7.94%，土壤多为第四系黏土、砂土夹草煤。

（6）断陷河谷冲积平地：指水磨、龙树，海拔为 2070 ～ 2200m 的区域，面积为 60.57km^2，占全县总土地面积的 4.03%。本区的形成是在地壳差异上升所引起的断层陷落地块上，经受龙树河的侵蚀改造，泥沙大量沉积而形成的山间平地，坡度小于 8°，面积大于 4km^2，呈南北带状分布。沿河两岸有宽阔的河漫滩，山麓结合部多为冲积台地，属断陷河谷冲积平地（图 1-19）。

图 1-18　连体昭鲁坝子（赵廷松摄）

图 1-19　龙树坝子（丁世新摄）

三、鲁甸核桃生长发育环境的多样性

鲁甸地处极为复杂的山地环境，海拔、坡度、坡向对环境温度、光照、水分、土壤等有着复杂而显著的影响。鲁甸地形地貌复杂多样（图 1-20），不同区域或同一区域，因海拔、坡度、坡向等变化，构成极为丰富而复杂的光、热、水、土壤组合，为核桃生长发育提供了多样的大环境与异常丰富的小生境。不同海拔、面积及气温变化如表 1-1、表 1-2 所示，不同类型地区温度如表 1-3 所示。

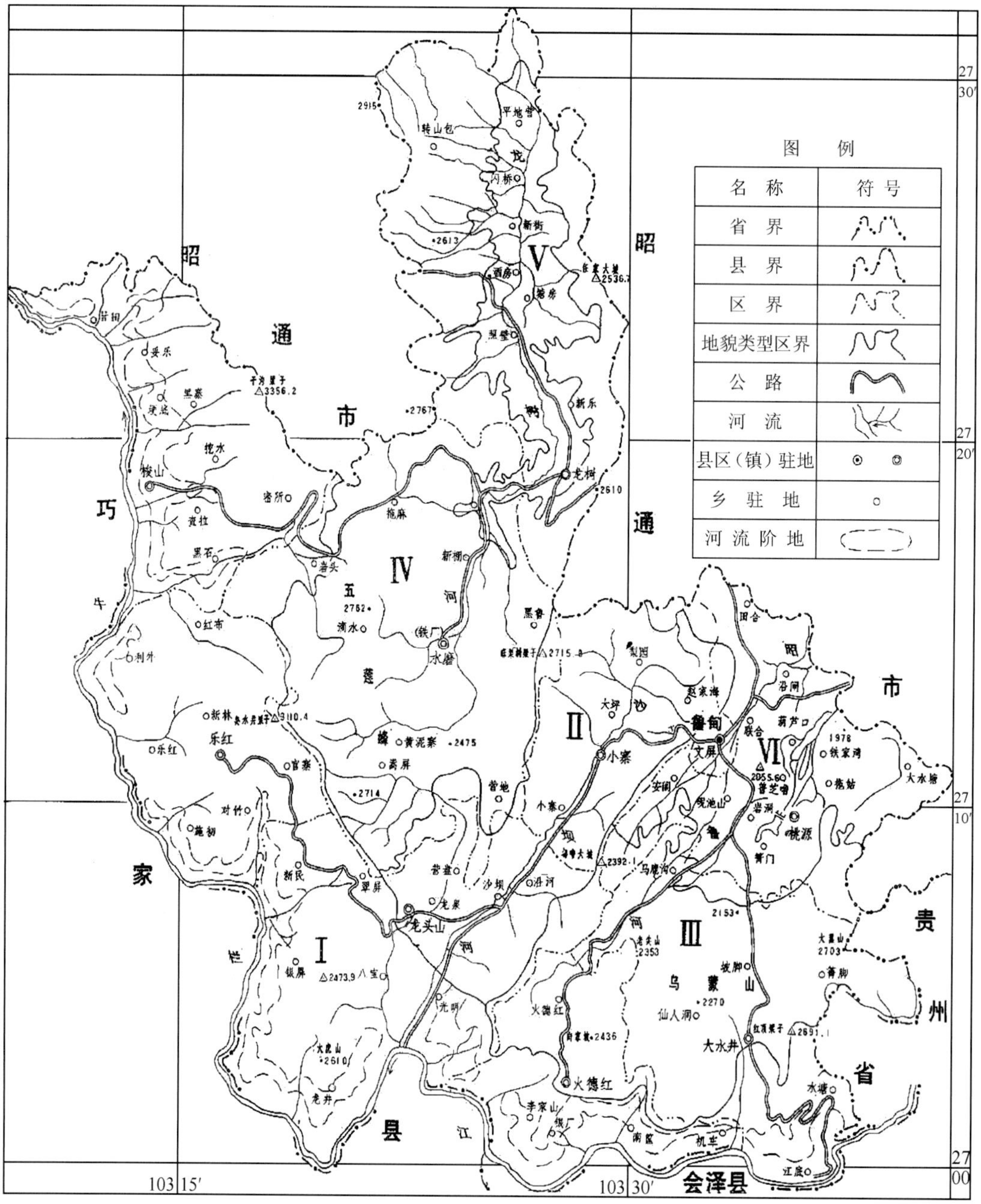

图 1-20　鲁甸地貌图

表 1-1　全县不同海拔所占面积

名称	海拔 /m	面积 /km²	占全县土地总面积的百分比 /%
峡谷区	568 ～ 800	6.66	0.45
	800 ～ 1000	12.80	0.86
	1000 ～ 1200	24.91	1.68
河谷区	1200 ～ 1600	130.52	8.78
一般山区其中：文桃坝区	1600 ～ 2000	255.47	17.18
	1908 ～ 2000	118.07	7.94
高二半山区其中：龙树坝区	2000 ～ 2400	546.94	36.78
	2070 ～ 2200	60.57	4.07
高寒山区	2400 ～ 2800	280.02	18.83
	2800 ～ 3200	49.44	3.32
	3200 ～ 3356.2	1.59	0.11
合计		1487.00	100.00

表 1-2　全县不同类型气温月变化表

地区类型 \ 月份	各月平均气温														
	1 月	2 月	3 月	4 月	5 月	6 月	7 月	8 月	9 月	10 月	11 月	12 月	年平均气温 /°C	年较差 /°C	无霜期 /d
河谷区	5.1	8.6	13.7	18.1	21.1	22.4	25.1	24.1	19.5	16.3	10.1	6.6	16.1	20.0	321
一般山区	3.3	6.2	10.9	15.0	17.8	19.0	21.6	20.7	17.8	14.6	8.4	4.8	13.2	18.3	254
高二半山区	1.4	3.8	8.3	12.2	14.7	15.9	18.4	17.5	14.8	11.0	6.3	3.0	10.6	17.0	191
高寒山区	0.5	2.0	6.4	10.0	12.5	13.7	16.2	15.4	12.8	9.3	4.7	1.8	8.7	16.4	146
文桃坝区	2.6	5.3	9.9	13.9	16.6	17.8	20.3	19.4	16.6	12.6	7.6	4.1	12.3	17.7	232
龙树坝区	1.2	3.4	8.2	12.1	14.9	16.2	18.9	18.0	15.4	11.4	6.5	2.9	10.8	17.7	195

表 1-3　鲁甸县不同类型地区温度表

地区类型	年均温 /°C	≥ 10°C初终日		历时日数 /d	≥ 10°C的积温
		初日 /（日 / 月）	终日 /（日 / 月）		
河谷区	16.1	16/3	11/11	239	4906
一般山区	13.2	1/4	30/10	212	3839
高二半山区	10.6	27/4	7/10	164	2707
高寒山区	8.7	23/5	22/9	121	1810
文桃坝区	12.3	8/4	22/10	197	3417
龙树坝区	10.8	23/4	11/10	171	2860

1. 热量变化

鲁甸县气温变化的控制因素主要是海拔。随着海拔的变异，年平均气温、年较差、积温、无霜期、雪凌程度和干湿性质均发生显著变异。鲁甸县从低海拔到高海拔，依据综合农业气候条件可划分为燥热峡谷区、温旱河谷区、暖旱一般山区、温旱文屏坝区、干凉高二半山区、干凉龙树坝区、高寒山区，气候依次为中亚热带、北亚热带、南温带、中温带和北温带。

燥热峡谷区（海拔为568～1200m）：仅梭山乡甘田村，土地面积为2.985万亩，占全县土地总面积的1.34%。年平均气温推测为18℃，相当于中亚热带气候。

温旱河谷区（海拔为1200～1600m）：包括江底、南筐、机车、龙泉、黑山、埂底、妥乐、对竹、施初。土地面积为17.618万亩，占全县土地总面积的7.9%。以梭山街和龙头山乡为代表，年平均气温分别推测为14.6℃和14.7℃，相当于北亚热带气候。

暖旱一般山区（海拔为1600～2000m）：包括水塘、银厂、李家山、银盘、沿沙坝、光明、八宝、银屏、新民、龙井、小寨、梨园、大坪、赵家海、利外、乐红。土地面积为53.051万亩，占全县土地总面积的23.78%。以大坪为代表，年平均气温为13.2℃，相当于南温带气候。

温旱文屏坝区（海拔为1908～2000m）：包括文屏镇、田合、沿闸、茨院、板板房、葫芦口、普芝噜、联合、砚池山、安阁、铁家湾、拖姑、大水塘、桃源、岩洞、箐门。土地面积为24.711万亩，占全县土地总面积的11.08%。以砚池山为代表，年平均气温为12.30℃，相当于南温带气候。

干凉高二半山区（海拔为2000～2400m）：包括大水井、箐脚、坡脚、仙人洞、马鹿沟、火德红乡、翠屏、照壁、闪桥、坪地营、查拉、挖水、密所、红布、新林、官寨、营地、黑鲁、铁厂、新棚、岩头。土地面积为73.294万亩，占全县土地总面积的32.86%。以铁厂为代表，年平均气温为10.6℃，相当于中温带气候。

干凉龙树坝区（海拔为2070～2200m）：包括龙树、新乐、塘房、酒房、新街、水磨。土地面积为23.825万亩，占全县土地总面积的10.68%。以龙树为代表，年平均气温为10.9℃，相当于中温带气候。

高寒山区（海拔在2400m以上）：包括山包、拖麻、滴水、嵩屏、黄泥寨、黑寨。土地面积为27.566万亩，占全县土地总面积的12.36%。以龙树转山包为代表，年平均气温为7.3℃，相当于北温带气候。

2. 光照变化

日照、辐射受海拔及地形影响，差别很大。鲁甸县年日照时数随海拔升高而增多，每升高100m，日照时数增多39.87h。文屏坝区（文屏镇、桃源、茨院乡）为1931h，龙树坝区（龙树、水磨、新街等乡）为1702h，高寒山区转山包为1431h，牛栏江谷地甘田为1344h，高二半山区铁厂为1655h。境内一般规律是春季、秋季高寒山区与文屏坝区日照都一样，夏季文屏坝区日照长，高山区日照短，反之冬季高山区日照长，文屏坝区日照短。

3. 降水变化

鲁甸县降水随海拔升高先减少后增加，海拔1950m以上，海拔每上升100m，降水量增加33.034mm。750mm降水区包括牛栏江边大沙店、江底、机车、南筐一带；800mm降水区包括骡马河、沙坝河、龙泉河、可郎沟流域，即龙头山、小寨两个乡的全部面积；900mm降水区，包括大水井、火德红乡、桃源、文屏等较平坦的地区；1000mm降水区主要是龙树河流域；1100mm降水区包括鲁甸西部牛栏江边、梭山、乐红的绝大部分地区；1200mm降水区包括水磨的拖麻、滴水、铁厂和转山包一带。

4. 主要土壤类型

境内土壤分为6个土纲9个土类。

燥红土类：属半淋溶土纲，仅有燥红土亚类，燥红土属砂土土种。面积为7490亩，占全县土地总面积的0.38%，分布于海拔568～1100m的江边梭山甘田的下寨、大堤池、新火地、青棡坪上寨等，以砂页岩和牛栏江的新冲积及山麓冲积物为成土母质。

红壤土类：属铁铝土纲。面积为45.083万亩，占全县土地总面积的22.93%，分布于海拔1100～1900m的江边河谷地区的梭山、乐红、龙头山、翠屏、小寨、火德红乡、大水井的大部分地区。以碳酸盐及碎屑泥质（粉砂岩、页岩）沉积，以白云岩和砂页岩的坡、洪积物为成土母质。

黄壤土类：属铁铝土纲。面积为52.706万亩，占全县土地总面积的26.81%，分布于海拔1900～2200m的坝区和一般山区，全县14个乡（镇）的大部分山坡地和乡村均有分布，是温旱坝区和一般山区的主要土类，以玄武岩、石灰岩、白云岩、砂岩、粉砂岩、炭质页岩夹灰岩、硅质岩、煤层及生物灰岩的残、洪、坡积物为成土母质。

黄棕壤土类：属淋溶土纲。面积为43.521万亩，占全县土地总面积的22.13%，分布于海拔2200～2600m的二半山和高二半山区的水磨、铁厂、龙树、新街、乐红、梭山、龙头山、翠屏、火德红乡、大水井、桃源以及茨院的大部分坡地和小部分乡村，是干凉高二半山区及二半山区的主要土壤类型，以玄武岩、石灰岩和砂页岩的残、洪、坡积物为成土母质。

棕壤土类：与黄棕壤属同一土纲。面积为14.531万亩，占全县土地总面积的7.39%，是分布于海拔2600m以上的高寒山区的水磨、铁厂、龙树、新街、大水井、梭山的最主要的土壤类型，以玄武岩的残、坡积物为成土母质。

石灰（岩）土类：土类属初育土纲，是县内面积最大的岩性土。面积为17.72万亩，占全县土地总面积的9.01%，分布于海拔1750～2295m的二半山和一般山区的大水井、火德红乡、龙头山、翠屏、乐红等石灰岩地区。

紫色土类：与石灰（岩）同属初育土纲，是鲁甸主要岩性土之一。面积为15840亩，占全县土地总面积的8.08%，分布于海拔1550～2242m的一般山区和二半山区的小寨、水磨、铁厂、龙树、新街地带，以紫红色粉砂岩、泥岩、粉砂质泥岩夹屑砂岩和钙质粉砂岩夹页岩的洪、坡积物为成土母质。

潮土类：属半水成土壤。面积为0.653万亩，占全县土地总面积的0.33%，主要分布于海拔 1914m 的文屏镇、桃源、茨院坝子边缘及沿河两岸，由第四纪湖泊冲积物及河流冲积物发育而成。

水稻土类：属人为土纲。面积为 5.767 万亩，占全县土地总面积的 2.93%，呈零星分布。

第三节　鲁甸气候特征与核桃生长发育气候环境评价

一、鲁甸气候特征

鲁甸地处云贵高原北部，气候属四季温差不大、干湿季分明的低纬山地季风气候。

干雨季：境内地处昆明准静止锋气候分界线附近，气候变化较大，“界面气候”是气候特征之一。干季（11 月～次年 4 月）受干暖大陆气团控制，湿度小，降水稀少，日照充足，3 ～ 4 月易出现春旱和倒春寒。湿季（5 ～ 10 月）受西南季风气团控制，云雨天气多，雨量集中，降水强度大，局部地区易降暴雨和冰雹，间有伏旱，8 月有低温阴雨等灾害性天气。

年较差、日较差：年较差为 17.7℃，属全国低值区、云南的高值区。日较差的年平均值为 10.7℃，变幅为 8.8 ～ 14.0℃。干季为 9.7 ～ 14.0℃，平均为 11.8℃；雨季为 8.8 ～ 14.0℃，平均为 9.6℃。干季大于雨季。全年最大值出现在 3、4 月，分别为 14.0℃和 13.9℃；最小值出现在 10 月，为 8.8℃。

升温、降温：3 ～ 5 月，多日照，强辐射。温度迅速回升，季平均气温达到 13.5℃，但后期易遇低温冷寒。夏季高温不足，7 月以后气温开始下降，下降速度逐月加快，日平均气温为 18℃的终止日为 8 月 19 日。8 月下旬、9 月上旬和 9 月中旬，旬平均气温分别为 19.2℃、18.30℃和 16.3℃。9 月中旬以后，温度迅速下降（11 月下旬平均气温为 5.7℃），同时日照及太阳辐射也同步减少。

垂直水平变化：气温随海拔的升高而降低，由于气温受纬度、地面性质、气流运动等因素影响，所以对流层内的气温直减率在全县各地不可能构成对应关系。县境最高点与最低点的相对高差为 2788.2m，垂直变化达 15.056℃。县境南北纬差 32′29″，温差为 1.028℃。

立体型气候：境内地形复杂，山地高差大，气候的垂直变异远大于水平变异，形成典型立体气候。随着海拔的变异，年平均气温、年较差、积温、无霜期、雪凌程度和干湿性质均发生变异。

年平均温度：1960 ～ 1964 年的年平均气温为 12.4℃，1965 ～ 1969 年的年平均气温为 12.3℃；1970 ～ 1974 年的年平均气温为 12.2℃，1975 ～ 1979 年的年平均气温为 11.9℃，年平均气温逐年降低，无霜期也呈逐渐降低。干季降水量逐渐增加，雨季降水量波动大。

霜期：一般从 11 月 11 日开始进入霜期，次年 3 月 28 日霜期结束。霜期全长 31.7d。其中 12 月有霜日数最多为 9.4d，1 月为 8.7d，3 月为 4.9d，特殊年份 4 月有 0.6d。

二、鲁甸核桃生长发育气候环境评价

（一）核桃生长发育对生态环境的基本要求

（1）温度：核桃为喜温凉树种，要求有一定积温和较大昼夜温差。核桃主要分布在我国暖温带地区，＞10℃日数为181～225d，＞10℃日积温为3500～4500℃，最热月气温为24～30℃，最冷月气温为–10～0℃，低值平均值为–25～10℃；铁核桃主要分布于我国西南地区山地（1200～2500m），为中、北亚热带气候，＞10℃日数为230～280d，＞10℃日积温为4500～6500℃，最热月气温为24～28℃，最冷月气温为2～10℃，低值平均值为–10～0℃。铁核桃在北方暖温带地区栽培难以越冬。

（2）光：核桃喜光。光照明显影响花芽分化和核壳发育，直接影响核桃质量和产量。全年日照要求在1600h以上。

（3）水：核桃为不耐干旱树种，较需水。生长结果期要求土壤潮湿，授粉期要求空气较干燥。北方干旱区（新疆、山西、甘肃、宁夏等省）降水较少，要实现核桃高产，需进行适时灌溉。

（4）土壤：核桃喜土层深厚、肥沃和排水良好土壤，pH为6.0～7.5。

（二）总体评价

鲁甸核桃主要分布在牛栏江边缘及其支流龙泉、沙坝河一带地势较高的地带，海拔多在1600～2000m，地貌属深切割的中山山地。以海拔1720m的大坪为代表，年平均气温为13.2℃，无霜期为253d，≥10℃积温为3600℃。年降水量为908mm，干燥度为0.7。年日照时数为1931h，日照百分率为44%。区域气候总体上温凉、湿润，且昼夜温差较大，日照充足，完全满足核桃生长发育对生态环境的基本要求，为核桃适宜栽培区。

（三）鲁甸核桃生长发育气候环境特征与云南省内其他主产区比较

选取云南省核桃主产区滇中区域的楚雄市、滇西的永平县做比较。我们对比影响核桃生长发育主要气候因子气温、光照、降水量后发现：鲁甸核桃生长发育气候环境优于省内以永平为代表的滇西主产区及以楚雄为代表的滇中主产区，具备了生产优质核桃的气候环境条件。鲁甸气候对核桃生产主要不利因子是晚霜危害风险较大，需选择避霜品种，地理位置及海拔比较如表1-4所示。

表1-4　地理位置及海拔

	北纬	东经	海拔/m
鲁甸	27°10′	103°33′	1720.0
永平	25°27′	99°33′	1616.4
楚雄	25°01′	101°32′	1772.0

1. 气温

各月平均气温如表1-5所示。鲁甸核桃主产区气温在核桃休眠期的11月～次年2月，较永平、楚雄要低，有利于核桃花芽充分分化；发芽、生长结果期的3～10月，气温总体较永平、楚雄偏低，但在果实速生期及油脂积累期的6月、7月、8月气温无较大差异，鲁甸7月气温高于永平、楚雄，利于油脂转化与积累（图1-21）。

表1-5　各月平均气温　（单位：℃）

	1月	2月	3月	4月	5月	6月	7月	8月	9月	10月	11月	12月
鲁甸	3.3	6.2	10.9	15.0	17.8	19.0	21.6	20.7	17.8	14.6	8.4	4.8
永平	8.1	10.1	13.2	16.5	20.1	21.5	21.4	21.0	19.8	17.1	12.4	8.7
楚雄	8.3	10.7	14.2	17.5	20.3	21.0	20.8	20.2	18.7	16.1	11.8	8.3

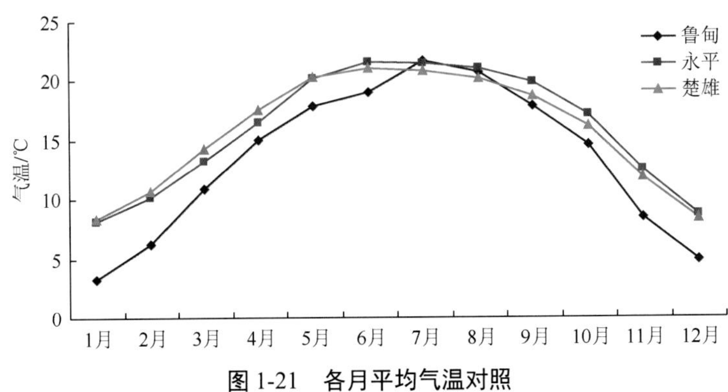

图1-21　各月平均气温对照

2. 光照

光照比较如表1-6所示。鲁甸县核桃主产区光照较永平、楚雄偏少，但完全可以满足核桃生长发育要求。果实速生期和油脂转化期（6～9月）光照明显高于永平、楚雄，非常有利于提高光合作用保证果树生长结果营养，有利于油脂转化与积累，有利于种壳发育与硬化，对鲁甸核桃取得良好品质起到了关键作用。同时，10月、11月鲁甸光照明显低于永平、楚雄，此时温度也低于永平、楚雄，湿度又高于永平、楚雄，9月果实采收后，鲁甸核桃叶子较永平、楚雄能保持更长时间的鲜绿状态，且落叶期推迟，有利于积累养分供给来年生长发育需求，即有利于实现鲁甸核桃丰产稳产（图1-22）。

表1-6　各月平均日照时数　（单位：h）

	1月	2月	3月	4月	5月	6月	7月	8月	9月	10月	11月	12月	全年
鲁甸	142.3	152.6	212.1	210.8	186.0	134.1	177.9	182.5	133.0	118.5	124.0	132.8	1906.5
永平	231.6	213.2	229.8	204.3	200.8	126.9	102.7	135.6	135.2	159.7	181.9	211.6	2133.3
楚雄	236.3	235.2	261.1	237.5	232.8	165.1	139.1	152.3	144.7	159.7	182.9	204.7	2351.2

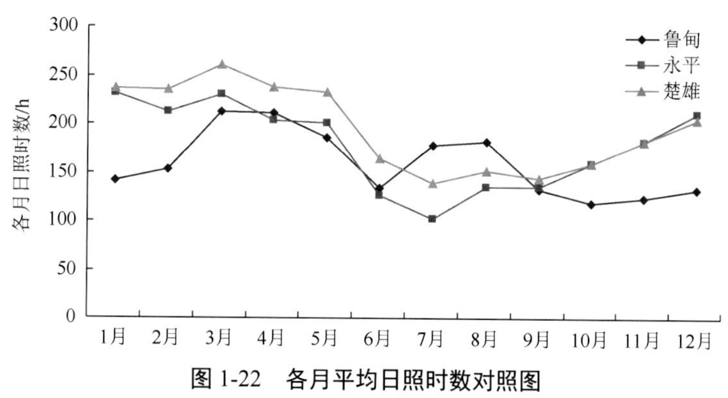

图 1-22　各月平均日照时数对照图

3. 降水量及湿度

降水量及湿度比较如表 1-7 所示。鲁甸核桃主产区年降水量低于永平、高于楚雄，完全可满足核桃生长发育之需。鲁甸在 4 月、5 月、6 月降水量明显高于永平、楚雄，有利于发芽、开花、坐果，7 月、8 月、9 月降水量又低于永平、楚雄，又利于增加有效积温和光照，提高油脂转化效率（图 1-23）。鲁甸全年相对湿度与永平相近，但高于楚雄，其中 4 月、5 月相对湿度高于永平、楚雄，利于授粉与坐果。平均相对湿度如表 1-8 和图 1-24 所示。

表 1-7　各月平均降水量　（单位：mm）

	1月	2月	3月	4月	5月	6月	7月	8月	9月	10月	11月	12月	全年
鲁甸	12.3	9.5	17.3	41.8	97.2	167.7	171.8	146.7	122.1	71.8	23.4	8.8	890.3
永平	8.4	17.7	19.8	24.9	54.3	152.7	188.2	204.1	138.7	109.5	32.4	15.2	966.0
楚雄	9.5	8.3	11.1	18.3	65.1	133.2	170.4	181.3	115.0	75.4	30.7	11.2	829.4

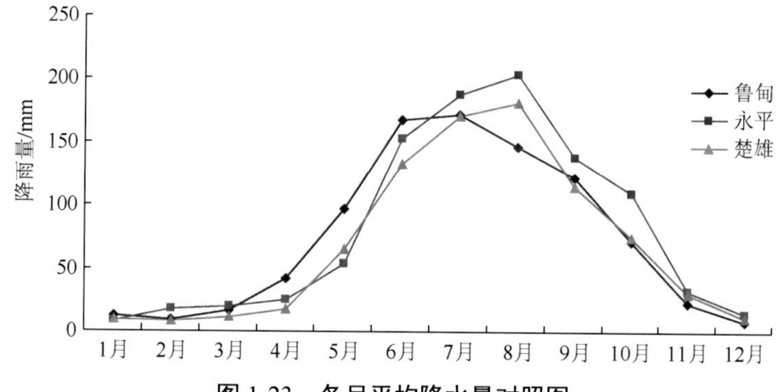

图 1-23　各月平均降水量对照图

表 1-8　各月平均相对湿度　（单位：%）

	1月	2月	3月	4月	5月	6月	7月	8月	9月	10月	11月	12月	全年
鲁甸	75	70	65	67	71	78	78	80	82	82	80	78	75
永平	70	64	63	65	67	78	84	85	85	81	78	75	75
楚雄	67	59	55	55	62	74	80	82	82	81	78	75	71

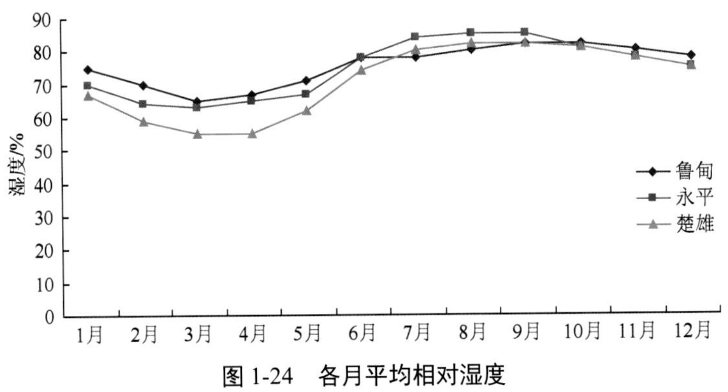

图 1-24　各月平均相对湿度

4. 霜期

初、晚霜及霜期比较如表 1-9 所示。鲁甸初霜早于永平、楚雄，晚霜晚于永平、楚雄，霜期长于永平、楚雄。鲁甸核桃受晚霜危害的概率要大于永平、楚雄。

表 1-9　初、晚霜及霜期比较

	初霜期 /（日 / 月）	晚霜期 /（日 / 月）	霜期 /d
鲁甸	11/11	28/3	138.4
楚雄	17/11	21/3	124.7
永平	23/11	19/3	117.5

第四节　鲁甸核桃栽培历史与现状

一、鲁甸核桃的起源

核桃是鲁甸土生土长的乡土植物，是天然播种、自然生长的野果，其在人类出现之前就已有，具有悠久的历史。据《中国果树志 • 核桃卷》《中国果树史与果树资源》等典籍记载，铁核桃（云南核桃）起源于中国云南、四川、贵州和西藏，早在 16 世纪云南境内金沙江流域就有大量的核桃生长。从鲁甸县境内出土的距今三千多年的新石器时期的野石遗址和乐马厂遗址可以看出，新石器时代晚期，鲁甸先民已离开洞穴居住坝区，并用石刀、石斧、石锛进行农业生产，在长期谋求生存、寻求食物的过程中，人们逐渐发现核桃是一种天然生长且能够食用的食物，核桃慢慢地被人们发现并加以利用，供人们采摘充饥、食用。这都有力地证明了鲁甸是中国核桃的重要起源中心和原产地之一。

二、鲁甸核桃的发展历程

（1）秦汉时期：昭鲁坝区与八仙海（亦称千顷池）相连，春秋初期，千顷池地区农

业较发达；春秋至战国中期，境内千顷池文明与僰文明交融发展；公元前 250 年后，秦修“五尺道”，汉修“南夷道”，使鲁甸成为南丝绸之路的古驿站，加强了与中原文化的交流，中原普遍使用的铁农具大量传入境内，鲁甸逐步开始牛耕，这是农业生产的一次革命，种植质量普遍提高；诸葛亮南征后，汉族进入境内，传入种植技术，先进的中原生产技术在本地不断得到应用，促进了生产发展，加快了农业生产技术的传播；随着生产技术的提高，开始出现人工栽种核桃，核桃成为鲁甸土特产，随南来北往的商人，北上中原，南下滇城及东南亚诸国。

（2）明清时期：元朝、明朝时期实行军屯，大量汉族、回族进入鲁甸，加快了物种和农业生产技术的传播；到了明清年间，云南核桃经南丝绸之路，从鲁甸引种南下而得以推广。这一时期，核桃种植和使用已十分广泛，核桃已大量用于食品加工和榨油，如昭通的“月中桂”桃片糕、鲁甸的“马记”清真食品、鲁甸核桃糖等已誉满滇城，名播中原。乾隆年间，鲁甸开始实行治林治水活动，由通判兼办；宣统元年（1909 年），鲁甸成立林务劝业所，主管林务活动，此时的鲁甸核桃，以个大、皮薄、味醇、仁饱满而著称，深受上至中原、下到滇城的各方人士喜爱，被称为“长寿果”，为大户人家必备的护肤养颜、延年益寿的圣果，特别是鲁甸的乌米核桃，被称为药核桃，已广泛用于治病救人，北京人至今还保存着用鲁甸乌米核桃入药的传统习俗。各地人士纷纷到鲁甸引种，不断推广鲁甸核桃，据漾濞县的一位老农回忆，他们的祖先曾在明清年间从鲁甸县龙头山镇沙坝村的欧家脑包引种过大白核桃。

（3）民国时期：核桃已成为官方推广的主要经济林果。民国 2 年（1913 年），鲁甸县林务主管机关——实业所成立；民国 17 年（1928 年），鲁甸县农林水主管机关——建设局成立，设立了林木籽种承发所；民国 20 年（1931 年），在鲁甸县城东门外春场（又名先农檀）建立了鲁甸县苗圃，为鲁甸核桃产业发展提供了种苗基地；民国 26 年（1937），云南省建设厅指定鲁甸县为核桃推广种植区，核桃得以迅速推广和发展，这一时期的主要种植品种有大白核桃、大麻核桃、乌米核桃、泡核桃等品种。

（4）中华人民共和国成立后：鲁甸随之于 1950 年 4 月成立鲁甸县人民政府，设立建设科，劳动人民当家做主，开始创造自己的美好生活，开展社会主义革命和建设，土地归集体所有，由人民公社开展农业生产，核桃作为主要的油料植物，开始有组织地被推广种植。1953 年，全县已有核桃面积 900 亩，呈天然核桃林、箐沟核桃林和四旁散生核桃树自然分布；1956 年，鲁甸县林业站成立，隶属县农林科，具体负责全县林业工作；1964 年，鲁甸县被列为昭通地区核桃基地县，政府组织发动核桃种植，由县林业站负责，使核桃种植面积达 7875 亩；1965 年，鲁甸首次引种新疆核桃进行试种，种于小寨、龙头山、水磨营地等地，试种成功，并积极组织人员参加云南省林业厅在昆明举办的新疆核桃的育苗、嫁接技术培训班；1966 年，县委发出通知，决定加强对核桃树种的保护；1972 年引种漾濞核桃，种于乐红镇对竹村，同时鲁甸核桃参与出口外销，年出口 2.5 万公斤；1975 年第二次引种新疆核桃，种于大水井、洗羊塘、水塘、光明、八宝等地；1977 年，鲁甸再次被列为昭通地区核桃基地县；1979 年，鲁甸县林业局成立，在鲁甸县五脑山建立核桃苗圃，开始培育核桃嫁接苗；1980 年，鲁甸县林业局聘请漾濞核桃种植能手传授核桃嫁接技术，在文屏山进行试验；1981 年初，县林业局组织人员开展核桃引种嫁接及速生密植高产课题试验，年底，全县全部实行农业联产承包责任制，土地由农民承包经营，核桃种植为政府主导产业，到1982年，全县共有核桃种植面积11380亩；1984年，鲁甸县仍为昭通地区核桃基地县，县林业局与昭通地区林业局签订合同，借周转金4.8万元，在小寨、龙头山、乐红、大水井、梭山种植核桃2万亩；1988年，县财政局投入资金25万元，扶持发展以核桃为主的经济林果，种植核桃14.7万株，此时全县有10～30年树龄的核桃10408亩485427株；1988～1990年，由于核桃市场的萎缩以及农民对农村土地承包政策的困惑，大核桃树被农民大量砍伐用材和出售，到1990年，全县核桃保存面积为10653亩；1990年以后，随着国家长防、生态、绿色扶贫、世行贷款、以工代赈、干果基地、德援工程、天保工程、退耕还林、石漠化、林产业等工程项目的实施，新疆核桃深受农民欢迎，再次被引种，并在全县境内被推广种植；1999年，随着农村二轮土地承包工作开展，土地承包期限延长30年，农民从国家的土地政策中得到“定心丸”，自主生产经营意识和信心增强，核桃种植产业得到进一步发展；到2000年，全县核桃种植面积达19000亩。

（5）进入21世纪以来：进入21世纪后，鲁甸核桃呈现出强劲的发展势头，面积和产量逐年递增，核桃产业逐步成为鲁甸农村增收致富的主要产业之一。自2005年以来，鲁甸县被列为云南省核桃基地县，核桃种植进入一个全新的发展时期。鲁甸县委、县政府高度重视核桃产业发展工作，根据云南省委、省政府提出的“把云南建成全国重要木本油料基地”的重大决策和昭通市委、市政府提出“到2015年建设核桃基地300万亩”的安排部署，在对全县土壤、气候、地理条件等因素进行全面调研的基础上，决定把核桃产业作为全县重点项目大规模推广，在适宜区域全面发展核桃产业，努力把核桃产业培育成种植规模最大、经济效益最好、带动效应最明显、促进农民增收最现实，继烤烟、矿业、水资源之后的又一支柱产业，成立了鲁甸县核桃产业发展工作领导组，实行县级领导挂钩到乡镇、部门乡镇领导挂钩到村、村委会干部挂钩到组、林业技术人员挂钩到山头地块负责技术指导的核桃产业工作机制；并把核桃产业发展资金列入财政预算，每年拨出100万元作为核桃产业发展资金，形成了全县上下齐心协力大干核桃产业的局面。截至2015年底，全县核桃种植面积已达85.0万亩，核桃规模化、基地化、产业化初步形成，并迅速健康发展。

第二章 鲁甸核桃种质资源的特征与多样性

第一节 鲁甸核桃种质资源分布的区位特征

一、我国核桃属植物的种类

核桃属（*Juglans*）属于被子植物门双子叶植物纲胡桃科，在世界分布非常广泛，间断地分布在欧洲、亚洲、美洲和大洋洲八十多个国家和地区，我国是核桃属植物的起源地之一，种质资源特别丰富。综合 1937 年陈嵘教授所著的《中国树木分类学》、1979 年的《中国植物志》第 21 卷和 2004 年的《中国植物志》第 1 卷的分类方法及意见，原产于我国的核桃有 5 个种，即核桃、铁核桃、核桃楸、野核桃和麻核桃。加上近年从国外引进情况，我国核桃属植物可分为 3 个组，共 9 个种，分别是：

核桃属（*Juglans*）

- 核桃组（又名：胡桃组）（Section *Juglans*）
  - 核桃 *J. regia* L.
  - 铁核桃 *J. sigillata* Dode
- 核桃楸组（又名：胡桃楸组）（Section *Cardiocaryon*）
  - 核桃楸 *J. mandshurica* Maxim
  - 野核桃 *J. cathayensis* Dode
  - 麻核桃（又名河北核桃）*J. hopeiensis* Hu
  - 吉宝核桃 *J. sieboldiana* Maxim
  - 心形核桃 *J. cordiformis* Maxim
- 黑核桃组（Section *Rhysocaryon*）
  - 黑核桃 *J. nigra* L.
  - 北加州黑核桃（又名函兹核桃）*J. hindsii* Rehd

分种检索表如下：

1. 果实单生或 2 ～ 5 个簇生

  2. 小叶 5 ～ 13 片，表背光滑

    3. 坚果壳和内褶壁较薄

      4. 小叶 5 ～ 9 片，顶部小叶较大，坚果表面刻沟状 ……………………………………（1）核桃 *J. regia*

4. 小叶 9 ～ 13 片，顶部小叶小或退化，坚果表面刻点状 ……………………………（2）铁核桃 *J. sigillata*

3. 坚果壳和内褶壁较厚，表面具不明显的 6 ～ 8 个棱脊 …………………………（3）麻核桃 *J. hopeiensis*

2. 小叶 15 ～ 23 片，背面有腺毛，坚果表面刻沟深，果壳和内褶壁厚而硬 ………………（4）黑核桃 *J. nigra*

1. 果实 5 ～ 11 个串状着生

5. 坚果表面具 6 ～ 8 个明显的棱脊

6. 叶主脉处和背面有毛 ……………………………………………………………………（5）野核桃 *J. cathayensis*

6. 叶主脉处和背面通常无毛 ………………………………………………………………（6）核桃楸 *J. mandshurica*

5. 坚果表面具刻沟或光滑

7. 坚果卵圆形，具刻沟 ……………………………………………………………………（7）吉宝核桃 *J. sieboldiana*

7. 坚果扁心形、光滑，两侧中间有凹沟 …………………………………………………（8）心形核桃 *J. cordiformis*

二、我国核桃（指核桃与铁核桃两个种）种质资源分布划分

根据《中国植物化石》第三册有关中国新生代植物考察研究资料，胡桃属植物在古近—新近纪（距今约 1200 万～ 4000 万年）和第四纪（距今约 200 万～ 1200 万年）时已有 6 个种分布于我国西南和东北各地。我国学者在核桃的地理分布、文献考证、地质化石、文物考古、孢粉分析等多方面进行了深入研究，有大量事实和科学分析证明和肯定我国是世界核桃原产中心之一，而且蕴藏着丰富多彩的种质资源。我国分布最广、栽培广泛的是核桃、铁核桃两个种。核桃遍及我国南北，铁核桃主要分布在西南地区。分布（含栽培）范围包括：辽宁、天津、北京、河北、山东、山西、陕西、宁夏、青海、甘肃、新疆、河南、安徽、江苏、湖北、湖南、广西、四川、重庆、贵州、云南和西藏共 22 个省（自治区、直辖市）。

核桃种质资源的分布，主要取决于核桃本身对生态环境的基本要求，以及不同生态环境对其生长发育的制约，同时人工引种栽培和杂交育种也会对其产生干扰。本书综合考虑核桃对生态环境的基本要求，不同生态环境下核桃生物学、植物学及主要经济性状表现，以及人为因素干扰，提出我国核桃种质资源（特指核桃与铁核桃两个种）分区意见（表 2-1）。

表 2-1　中国核桃种质资源分布分区

分区名称	分区范围	环境因子概述	种质资源特征
北方分布区	辽东半岛及辽西、新疆、河北、北京、天津、山东、河南、安徽（北部）、江苏（北部）、山西、宁夏、陕西秦岭以北、甘肃武都地区以北、青海东部的核桃产区	（1）地貌有平原、黄土高原、盆地、低山、丘陵等 （2）气候为暖温带气候。冬季仍然比较冷，有一个作物不能生长的“死冬”。有光照充足、昼夜温差大、生长结果期（4～9月）积温充足等优质核桃生产有利条件，但西部新疆、山西、甘肃、宁夏、陕西等省降水较少，要实现核桃高产，需进行适时灌溉 （3）区域是我国苹果、桃、梨、杏、柿、枣、板栗等落叶果树的优质产地	（1）全为核桃种，为核桃种的起源及中心分布、栽培区。植物学形态呈现出核桃种典型特征：树皮灰白、光滑，老时变暗有浅纵裂；小叶数为5～9片；顶部小叶较大，叶形较宽；坚果表面光滑（多为刻沟状或皱纹状）；缝合线多平或稍突，较多种质出现接合不紧现象 （2）本区的新疆有野生核桃林分布和早实核桃类型，种质资源丰富，为我国核桃种的起源中心。其他区域引种了大量新疆核桃，并通过人工杂交，培育出目前区域主要栽培品种

分区名称	分区范围	环境因子概述	种质资源特征
中部分布区	包括秦岭、淮河一线以南的汉江上、中游和长江中下游地区，以及四川西部、四川北部的核桃产区，也包括雅鲁藏布江、怒江、澜沧江、金沙江、雅砻江、岷江上游地区。重点产区有川北、川西的甘孜、阿坝、广元等州市（县），陕南的商洛、安康、汉中等，甘南的陇南地区等，湖北西北部的十堰、宜昌等	（1）地貌以山地为主，间有盆地、平原等 （2）气候主要为北亚热带气候。虽然没有“死冬”，但冬季仍然较冷，柑橘、油橄榄、毛竹等有的年份可能冻死。区域有生长结果期（4～9月）积温及降水充足等核桃生产有利条件，但光照条件不如北方分布区	（1）以核桃种为主，为核桃种的扩散分布与栽培区。植物学形态主体为核桃种特征，但在区域环境的影响下，表型表现出多样性变化，如壳面除多数光滑外，少量出现了较光滑（多刻沟、少刻窝），较麻（少刻沟、多刻窝）等类型；小叶数有11、13片类型出现；坚果形状、缝合线、大小等也表现更丰富多样 （2）本区栽植核桃中心分布、栽培区选育的品种，有较好表现。但引种西南分布区的品种，易受冻害和晚霜危害
西南分布区	包括云南、贵州、西藏南部及东南部、四川南部及西南部、鄂西南、湘西、桂西北的核桃产区，也包括雅鲁藏布江、怒江、澜沧江、金沙江、雅砻江、岷江中下游地区	（1）地貌以高原、山地为主，间有山间盆地等 （2）本区西部的云南、西藏南部及东南部、四川西南部为高原季风气候区，立体气候明显，有温带、亚热带等多种气候类型。有光照充足、昼夜温差大、生长结果期（4～9月）积温及降水充足等优质核桃生产有利条件 （3）本区东部的贵州、四川南部、鄂西南、湘西、桂西北气候为中亚热带季风气候。区域光照较差，不利于生产优质核桃	（1）多为铁核桃种，为铁核桃种的起源及中心分布、栽培区。植物学形态呈现出铁核桃种典型特征：树皮灰褐色、较光滑，老时变暗褐色，有深纵裂；小叶数为9～13片；顶部小叶较小或退化，叶形较窄长；坚果表面麻（多为刻窝状或刻点状）；缝合线多突出，多接合牢固 （2）本区云南西北部、西藏南部及东南部、四川南部分布有铁核桃原始群落

注：本区划中，四川包含现重庆市所辖地区。

需要说明的是：由于缺乏全面系统调查，区与区界线难以准确确定，故以上分区为大致情况。但总体趋势是：我国核桃种质分布从北或西北到南或西南由以核桃种为主向以铁核桃种为主过渡，除去青藏高原隆起区域有隔断外，呈现出连续分布特征。核桃与铁核桃是否为同一种或不同地理生态型，值得进一步研究。

三、鲁甸核桃分布的区位特征

鲁甸县地处四川盆地南部向云南高原的过渡区域，又处金沙江中下游地区。特殊的地理位置决定了鲁甸核桃分布处在中部分布区与西南分布区的接合部上，同时又处在金沙江上游核桃种分布与下游铁核桃种集中分布区的接合部上，也可以说鲁甸处于我国南北核桃种群交汇区，区位独特。

第二节　鲁甸核桃种质资源的形成与基本特征

一、鲁甸核桃种质资源的形成

（一）铁核桃种的起源问题

相关调查与研究表明：铁核桃起源并集中分布于我国西藏、云南、四川的怒江、金沙江、澜沧江、雅砻江、岷江、雅鲁藏布江等流域。如四川省林业科学院于 1981 年在四川冕宁县野海子发掘出大量木材、果实、枝叶遗存，经 ^{14}C 检测，年龄为距今 6058+167 年，其中有核桃果实，圆形，表面密布深纹，壳厚，经中国科学院植物研究所罗健馨鉴定为深纹核桃（*J.sigillata* Dode）。通过木材与果实鉴定：主要树种组成有云南油杉、丽江铁杉、杜鹃、深纹核桃等。区域许多偏僻高山峡谷地区现存大面积野生铁核桃群落，或为纯林或与其他树种混生在一起，地面上果实连年堆积达 20 ～ 30cm，且有大量 300 年以上的铁核桃古树。

（二）鲁甸核桃种质资源的形成

鲁甸核桃种质资源的形成过程复杂，其久远的历史和演化过程现恐难以考证。但可以肯定的是：鲁甸是核桃天然分布区，与其他区域核桃、铁核桃起源和分布有着密切联系，同时也长期受到人为干扰和外来种质的融入影响。

鲁甸地处金沙江下游，为金沙江流域铁核桃自然分布区，鲁甸铁核桃与流域其他区域分布的铁核桃一样有着同样漫长的起源，分化与自然生存、繁衍历史。为适应鲁甸复杂而不断变化的自然环境，鲁甸核桃也进行了漫长的自然选择——适者生存。鲁甸核桃早于鲁甸先民存在于这块土地，为鲁甸先民的生存与发展提供了天然食品。鲁甸先民在利用天然核桃的过程中，也意识到核桃品种的好坏，开始了人工选择和栽培工作，好的加以繁殖利用，差的让其自生自灭或人工去除。现存鲁甸核桃资源正是长期自然选择与人工选择的结果。

如前所述，鲁甸核桃种质资源处西南分布区范围，但由于鲁甸地理位置独特，鲁甸核桃也受到了来自中部分布区的影响：一是受到来自金沙江上游核桃种对下游天然传播与人工扩散作用（人为引种或带种移民）的影响；二是受到来自区域北面中部分布区核桃种对区域天然与人工扩散作用的影响。通过上述方式，中部的核桃种入侵了区域原本纯净的铁核桃种自然分布领地，并与铁核桃种进行长期天然杂交，极大地丰富了鲁甸核桃种质资源。

20 世纪 60 ～ 70 年代，鲁甸县大量引进新疆核桃种子实生造林，挂果后又用其种子繁殖，形成了新疆核桃实生 2 代、3 代，同时新疆核桃也与本地核桃种质天然杂交，形成杂交后代。另外，20 世纪 90 年代，鲁甸县引进云新系列核桃品种（云南核

桃与新疆核桃人工杂交选育而成），并经多年繁殖推广形成了大面积的种植基地。这样，外来种质的不断加入，并与当地种质天然融合，更增添了鲁甸核桃种质的多元性与复杂性。

二、鲁甸核桃种质资源的基本特征与多样性

（一）鲁甸核桃的基本特征

我们追溯并推论了鲁甸核桃种质的形成过程，观察鲁甸现存核桃种质资源呈现的表型特征，分析其内在品质、抗性及遗传谱带，鲁甸核桃的总体构成是：以铁核桃种群为主体，又掺杂了少量核桃种，以及大量核桃与铁核桃的天然杂种。鲁甸核桃长期采用天然或人工实生繁殖方式扩大种群，形成了庞大实生变异群体，由于长期多亲本反复杂交，群体内个体血源十分复杂且个体与个体间存在着千丝万缕的关系；同时，为适应区域极为复杂的地理气候环境，鲁甸核桃也不断地进行外部形态与内部基因（基因突变）的适应性调整和变化。因而，鲁甸现存核桃种质构成的基本特征是：独特且特异，复杂又多样。

（二）鲁甸核桃种质资源植物学性状的多样性

1. 枝、叶、芽特性

枝条：鲁甸核桃营养枝发枝力多为 2.0 ～ 5.0，结果母枝发枝力多为 1.5 ～ 2.0；不同品种营养枝表皮颜色有所不同，结果枝表皮颜色主要有绿色、黄绿色、褐色、黄褐色等（图 2-1）。

叶：鲁甸核桃小叶形状呈现多样变化，主要有窄披针形、阔披针形、椭圆状披针形、纺锤状披针形等形状；小叶数量有 5 ～ 9 片、7 ～ 11 片、9 ～ 13 片等情况，有的单株小叶数多达 19 片；顶叶或退化，或变小，或变大，或畸形，有披针形、倒卵形、椭圆形、近圆形等形状，叶尖呈渐尖、微尖、钝形等（图 2-2 至图 2-4）。

芽：着生在正常结果母枝上的混合芽的外观形状有长圆状、圆锥状、三角状、长三角状等（图 2-5）。

2. 开花结果特性

主要物候期：因品种及生长环境不同，鲁甸核桃的萌芽期一般在 3 月上旬至 4 月上旬，早的在 2 月下旬就开始发芽生长，晚的到 4 月中旬才发芽生长，这类发芽晚的植株，一旦萌芽展叶，雌花就盛开。鲁甸核桃雄花盛花期多在 3 月下旬至 4 月中旬，而雌花盛花期多在 3 月下旬至 4 月中下旬，类型以雄先型较多，也有雌雄同熟型和雌先型。鲁甸核桃最集中的成熟期为 9 ～ 10 月，也有早熟核桃成熟期多为 7 月下旬至 8 月上旬，最早的成熟期在 7 月上旬成熟，较早熟核桃成熟期早 1 个月左右，成熟期最晚的在 10 月下旬。

雌花：鲁甸核桃雌花柱头颜色具有多样形，主要有黄绿色、淡红色、淡黄色、鲜红色等（图 2-6）。

黄绿色 　　绿色

褐色 　　黄褐色

图 2-1　枝条颜色类型

7片小叶

9片小叶

11片小叶

13片小叶

15片小叶

19片小叶

图 2-2　小叶数量类型

阔披针形　　窄披针形

纺锤状披针形　　椭圆状披针形

图 2-3　小叶形状类型

顶叶椭圆形

顶叶完全退化

顶叶变小

顶叶畸形

图 2-4 顶叶类型

图 2-5 芽形状类型

黄绿色

淡红色

淡黄色

鲜红色

图 2-6　雌花柱头颜色类型

子房色泽及二次花果：除了雌花柱头颜色具有多样性外，雌花的子房也存在多样性，主要有绿色和紫红色等色泽类型（图 2-7 至图 2-9）。

绿色

紫红色

图 2-7　雌花子房颜色类型

图 2-8　二次雄花

图 2-9　二次果

3. 树形多样性

鲁甸核桃自然树形具有多样性，常见的有自然开心形、自然圆头形、自然圆锥形、自然分层形等树形（图 2-10 至图 2-13）。

图 2-10　自然开心形

图 2-11　自然圆头形

图 2-12　自然圆锥形

图 2-13　自然分层形

（三）鲁甸核桃种质资源坚果性状的多样性

1. 鲁甸核桃坚果数量性状统计

鲁甸核桃坚果在坚果三径均值、粒重、仁重、出仁率以及壳厚变异类型丰富（表 2-2），变异系数为 9.48% ～ 25.74%。

表 2-2　核桃坚果数量经济性状基本统计分析

性状	平均值	最大值	最小值	标准差	变异系数 /%
三径均值	3.27	4.20	1.99	0.31	9.48
粒重	11.47	21.28	3.48	2.92	25.46
仁重	5.82	10.83	1.16	1.40	24.05
出仁率	51.70	76.49	18.86	6.96	13.46
壳厚	1.01	1.96	0.45	0.26	25.74

2. 坚果大小

核桃坚果大小主要表现在三径均值和单果质量上。鲁甸核桃三径均值多为 3.00 ～ 3.80cm，最小的为 1.99cm，最大的为 4.20cm，平均三径均值为 3.27cm，变异系数为 9.48%；平均单果质量多为 10.00 ～ 16.00g，最小的平均单果质量为 3.48g，最大的为 21.28g，平均单果重为 11.47g，变异系数为 25.46%。按三径均值，鲁甸核桃可分为小果型、中果型、大果型三个类型（表 2-3、图 2-14 至图 2-18），分别占 604 份调查种质的 16.7%、61.1% 和 22.2%。

表 2-3　鲁甸核桃种质资源坚果大小分类统计

项目	小果型核桃	中果型核桃	大果型核桃	合计
指标	三径均值≤ 3.00cm	3.00cm ＜三径均值≤ 3.50cm	三径均值＞ 3.50cm	
株数 / 株	101	369	134	604
百分比 /%	16.7	61.1	22.2	100.0

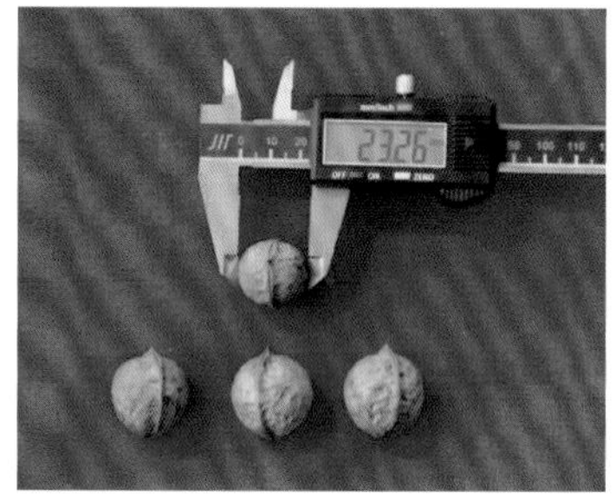

图 2-14　小果型

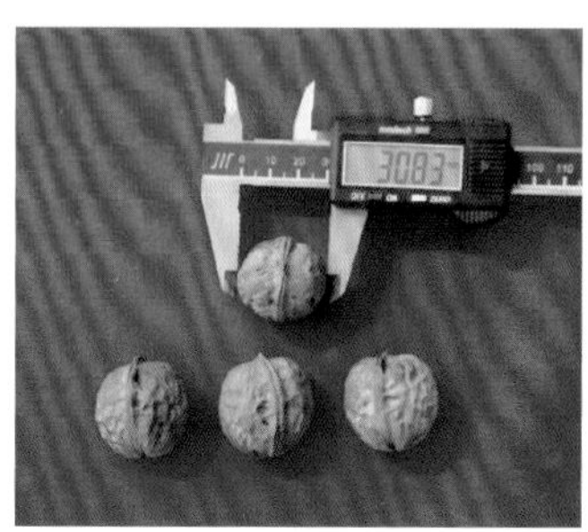

图 2-15　中果型

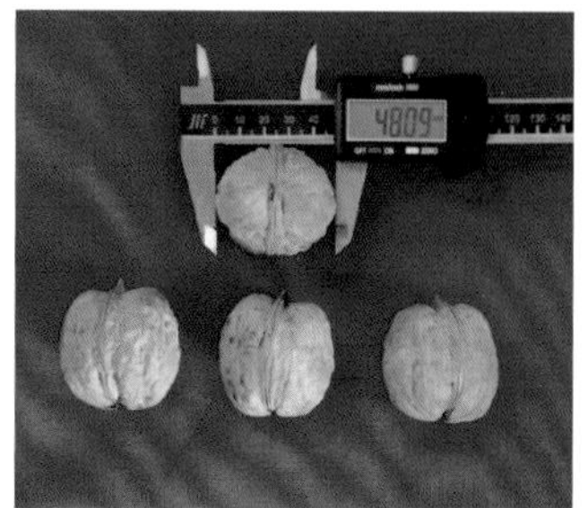

图 2-16　大果型

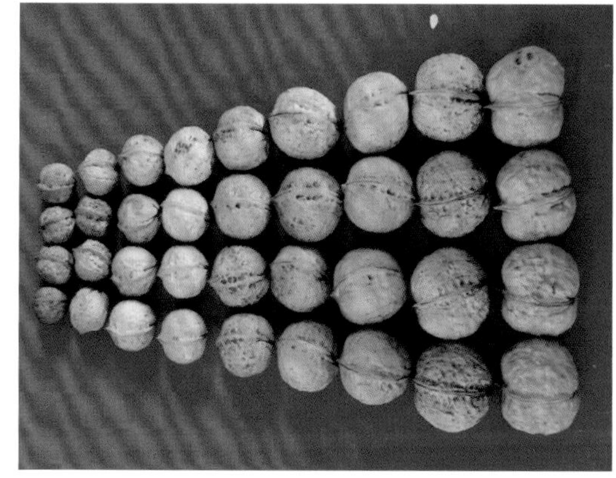

图 2-17　核桃坚果大小阶梯状

图 2-18　核桃坚果大小对比

3. 仁重与出仁率

在鲁甸县 604 份调查核桃种质中，仁重最大的为 10.83g，仁重最小仅有 1.16g，平均仁重为 5.82g，变异系数为 24.05%；坚果出仁率多为 45% ～ 55%，最低为 18.86%，最高为 76.49%，平均出仁率为 51.70%，变异系数为 13.46%。

4. 壳厚

坚果壳厚多为 0.85 ～ 1.20mm，平均壳厚最小值为 0.45mm，最大值为 1.96mm，平均壳厚 1.01mm，坚果壳厚具有较高的变异系数，为 25.74%（图 2-19）。

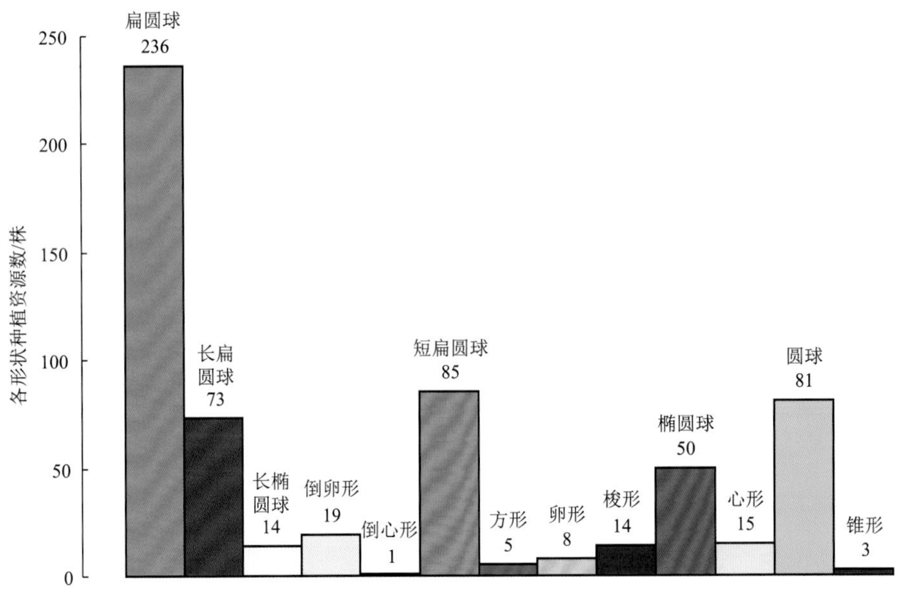

图 2-19　鲁甸核桃种植资源坚果形状类型数量图

5. 坚果形状

鲁甸核桃种质资源果型多达 13 种（图 2-19 至图 2-27）。扁圆球形的果型类型占多数，共 236 份，占 604 份调查种质的 39.07%，其次果型较多的有短扁圆球形、圆球形、长扁圆球形和椭圆球形，分别占调查种质的 14.07%、13.40%、12.09%、8.28%，也有少见的锥形、卵形、方形和倒心形。受品种特性及环境综合影响，鲁甸核桃存在双胞、三胞果，以及三棱、四棱、五棱果等特殊果形（图 2-28 ～图 2-32）。

6. 壳面特征及种尖

依据核桃外壳表面刻点（刻窝）、刻槽、刻沟等特征，鲁甸核桃坚果壳面可分为光滑、浅麻、麻、深麻四种类型（图 2-33 至图 2-36）。壳面多以浅麻、麻为主，其中浅麻占 62.6%，麻占 25.8%，光滑核桃和深麻核桃较少，分别占 7.9%、3.7%（图 2-37）。

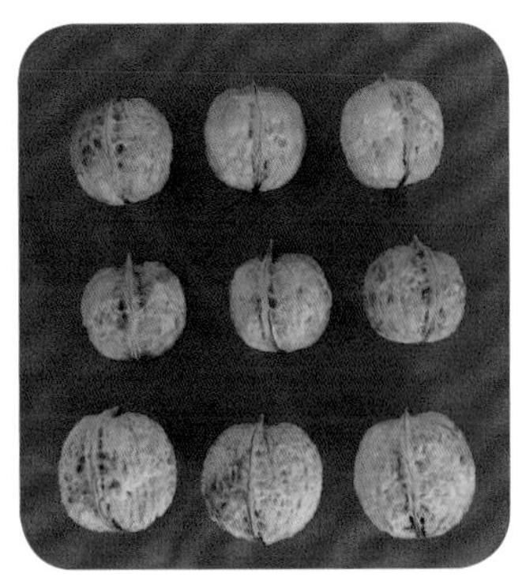

图 2-20　扁圆球形

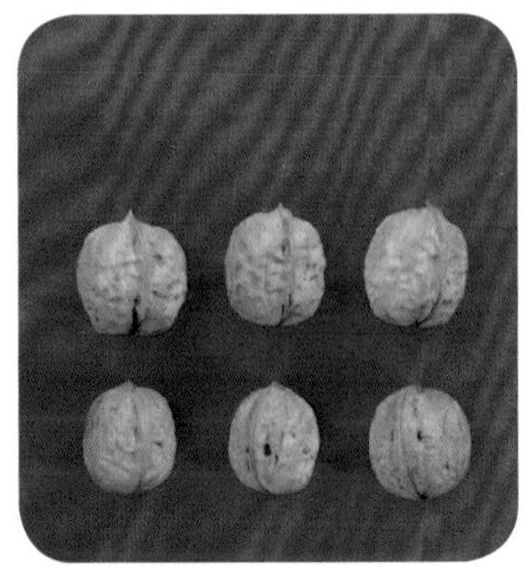

图 2-21　长扁圆球形

图 2-22　长椭圆球形

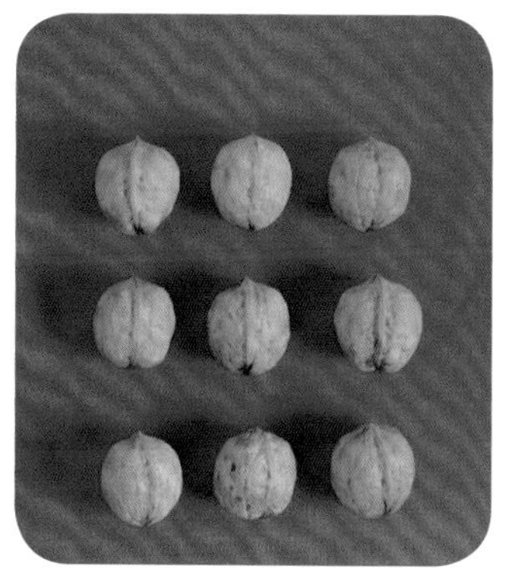

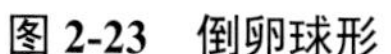

图 2-23　倒卵球形

图 2-24　短扁圆球形

图 2-25　圆球形

图 2-26　卵形

图 2-27　梭形

坚果种尖主要有钝尖、锐尖等类型（图 2-38，图 2-39），鲁甸县核桃的种尖中，钝尖占鉴定总数的 63.6%，锐尖占 36.4%（图 2-40）。

图 2-28　双胞果

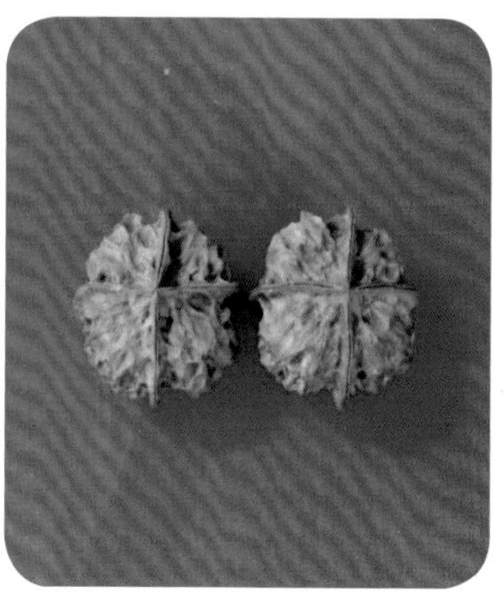

图 2-29　四棱果

图 2-30　五棱果

图 2-31　三棱果

图 2-32　不同变异果

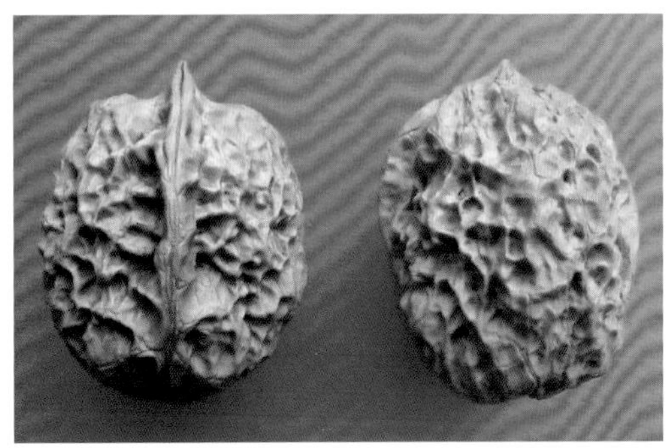

图 2-33　刻纹深麻类型

图 2-34　刻纹麻类型

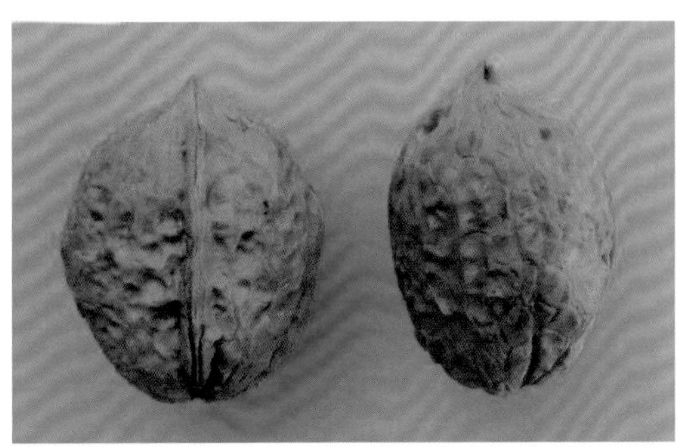

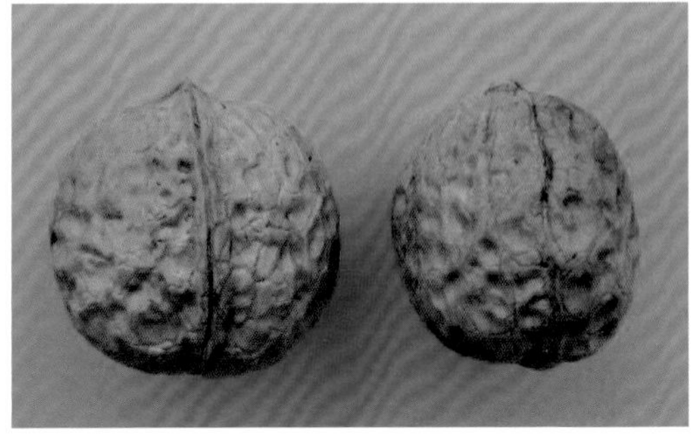

图 2-35　刻纹浅麻类型

图 2-36 刻纹光滑类型

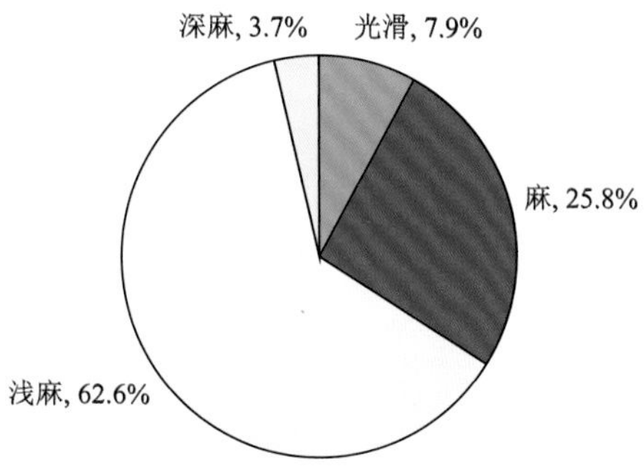

图 2-37 鲁甸核桃坚果刻纹类型比例图

图 2-38 种尖钝尖

图 2-39 种尖锐尖

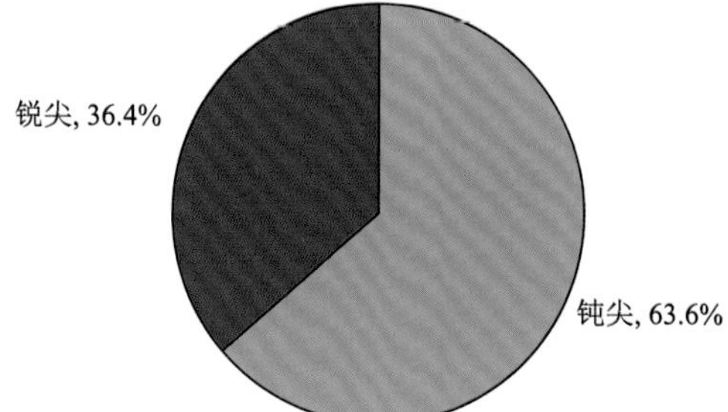

图 2-40 鲁甸核桃坚果种尖类型比例图

7. 坚果两肩及底部

核桃坚果两肩有53.1%为圆肩，平肩占40.1%，还有少部分为凹肩与削肩。坚果果底有平底、圆突、尖突、内凹等类型。鲁甸县核桃坚果底部多为圆突的类型，占鉴定总数的66.7%（图2-41至图2-46）。

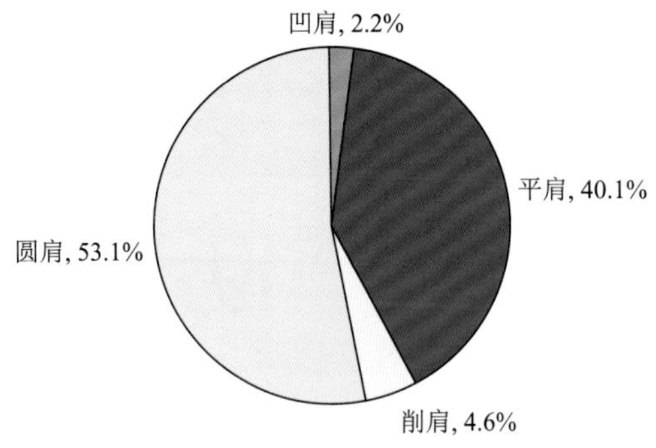

图2-41　鲁甸核桃坚果两肩类型比例图

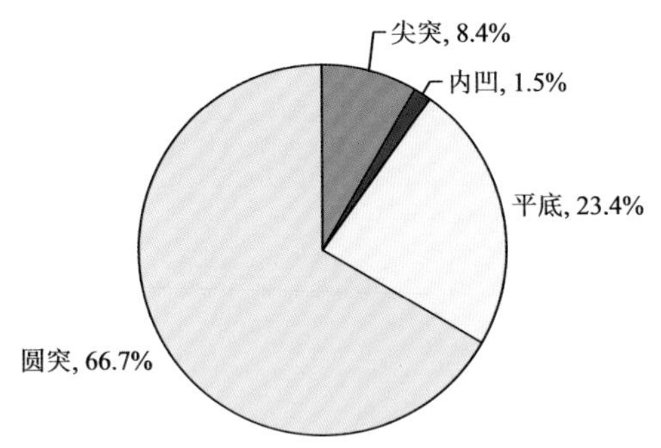

图2-42　鲁甸核桃坚果底部类型比例图

图2-43　两肩削肩，底部尖突

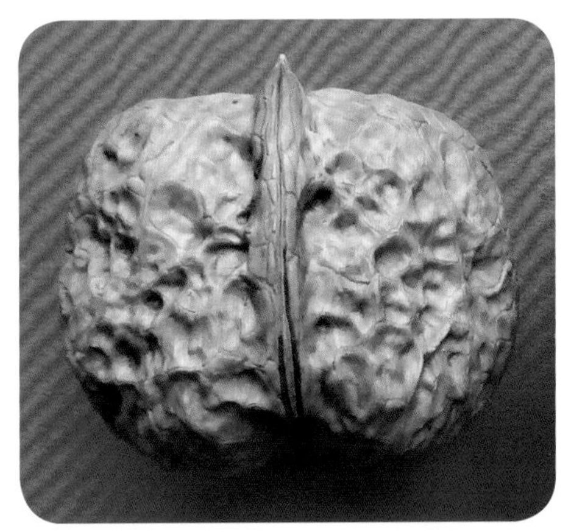

图2-44　两肩平肩，底部内凹

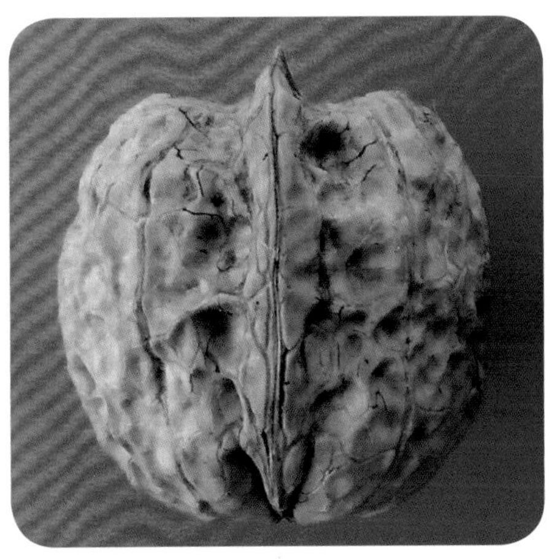

图2-45　两肩凹肩，底部平

图2-46　两肩圆肩，底部圆突

8. 坚果缝合线

缝合线与壳面比较可分为平、稍突、突出，结合紧密度分为松、牢、牢固等类型（图 2-47 至图 2-51）。

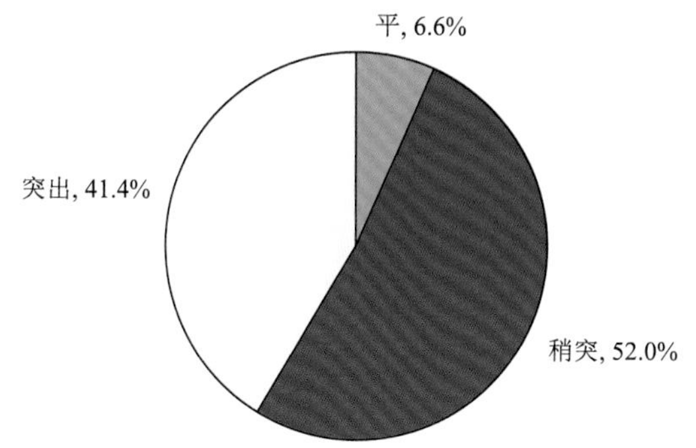

图 2-47　鲁甸核桃坚果缝合线突出类型比例图

松, 10.3%
牢固, 5.8%
牢, 83.9%

图 2-48　鲁甸核桃坚果缝合线牢固类型比例图

图 2-49　缝合线平

图 2-50　缝合线稍突

图 2-51　缝合线突出

9. 坚果内褶壁、隔膜与取仁难易

核桃取仁难易程度与壳厚度、内褶壁发育程度、横隔膜质地等密切相关，壳薄、内褶壁退化、横隔膜纸质或革质的取仁容易，能取整仁或 1/2 仁；反之，壳厚，内褶壁发达，横隔膜骨质的取仁困难。部分核桃壳厚，但是内褶壁退化、横隔膜革质或骨质，也容易取仁；种仁欠饱胀的核桃仍能取整仁或 1/2 仁。鲁甸核桃内褶壁可分为退化、发达、极发达三种类型，在本次调查鉴定的 604 份鲁甸核桃种质中，以内褶壁退化占多，比例达 75.2%，发达和极发达分别占 23.6% 和 1.2%；鲁甸核桃隔膜可分为纸质、革质、骨质三种类型，以纸质占多，达 46.9%，革质、骨质分别占 25.1% 和 28.0%；鲁甸核桃取仁难易可分为极易、易、较易、较难、难五种类型，以取仁易居多，达 67.9%。内褶壁类型、隔膜类型、取仁难度类型所占百分比如图 2-52 至图 2-54 所示。

10. 种仁颜色

鲁甸核桃种仁颜色多以黄白、黄色为主，占总数的 78.3%，有少数比例的种仁颜色

为白色、灰白、紫色、紫红色（图 2-55 ～图 2-62）。

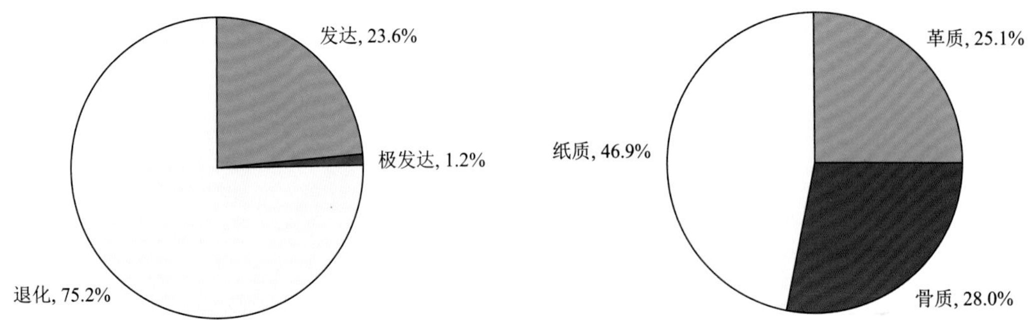

图 2-52　鲁甸核桃坚果内褶壁类型比例图

图 2-53　鲁甸核桃坚果隔膜类型比例图

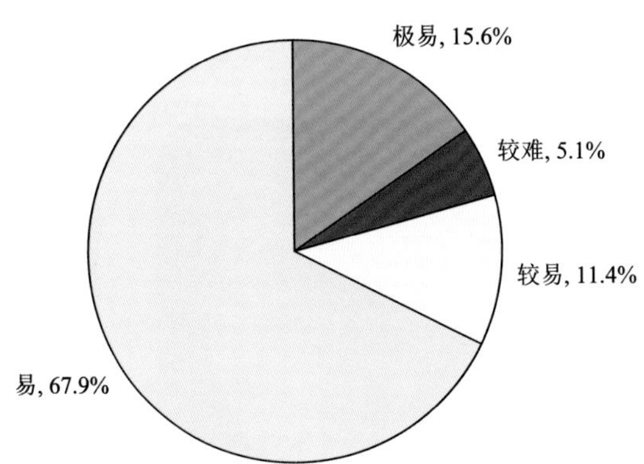

图 2-54　鲁甸核桃坚果取仁难度类型比例图

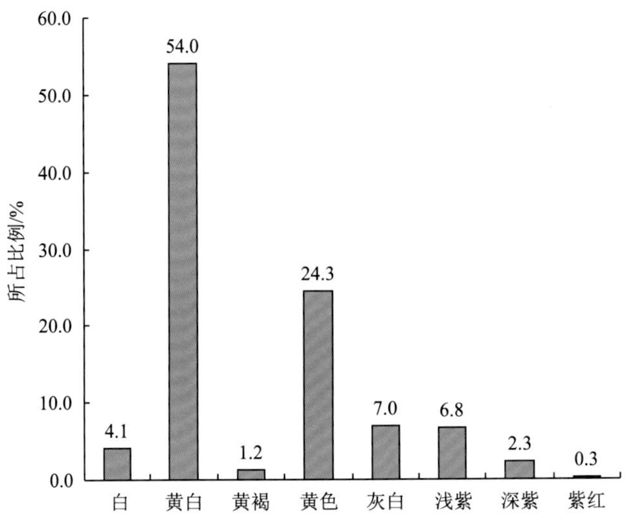

图 2-55　鲁甸核桃果仁仁色类型比例图

图 2-56 种仁白

图 2-57 种仁浅紫

图 2-58 种仁黄色

图 2-59 种仁灰白

图 2-60 种仁黄白

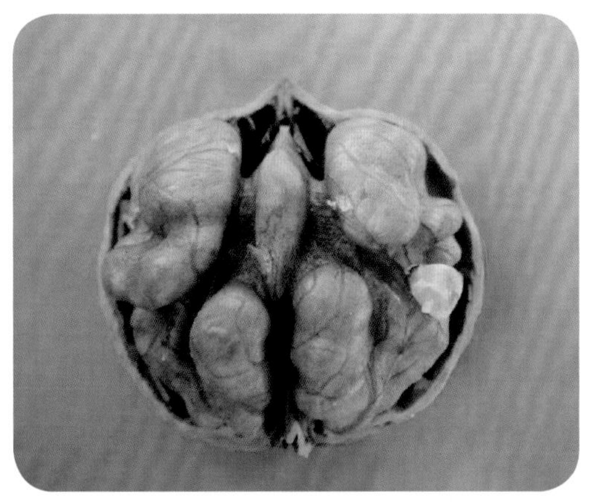
图 2-61　种仁亮紫

图 2-62　种仁紫红

11. 种仁肥瘦与饱胀度

核桃种仁有瘦仁和肥仁，主要用感官进行评价；种实饱胀度有饱胀、欠饱胀等类型，主要观察种仁与种壳内壁间隙程度。鲁甸核桃种仁肥瘦与饱胀度种质所占百分比如图 2-63 至图 2-66 所示。

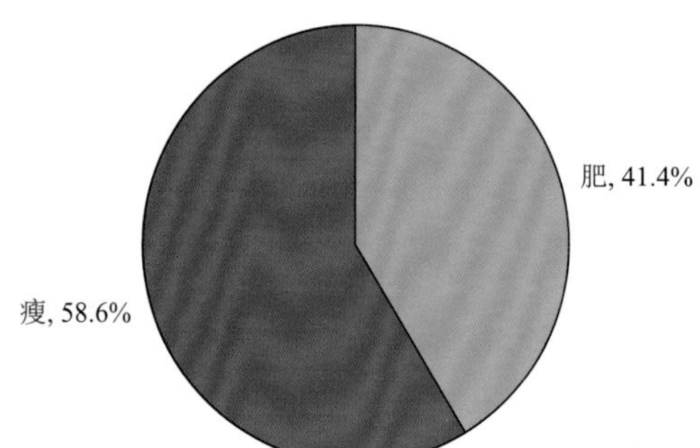

图 2-63　鲁甸核桃种仁肥瘦类型比例图

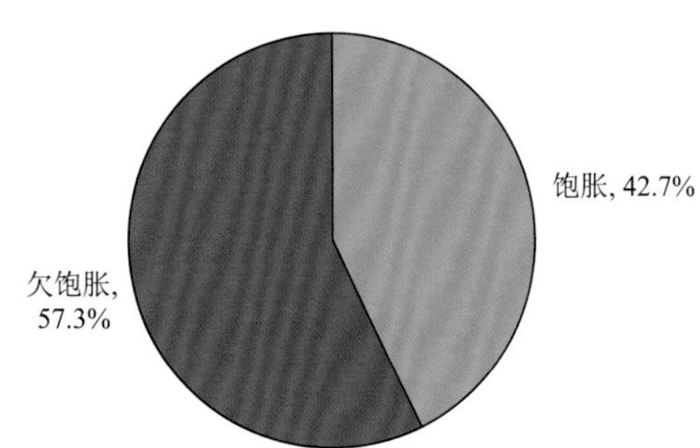

图 2-64　鲁甸核桃种仁饱胀度类型比例图

图 2-65　种仁肥

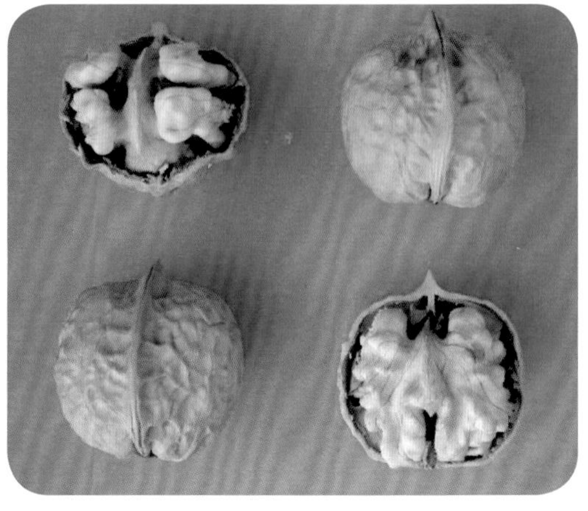
图 2-66　种仁瘦

12. 食味与口感

鲁甸核桃由于特殊的地理环境的影响，使得核桃有着独特的食味与口感。在食味中分为香纯与香甜，涩味则根据轻重分为苦、较涩、微涩与无涩味。在604份调查种质中，香纯无涩共有274份，占鉴定总数的45.3%，依次是香甜无涩、香纯微涩、香甜微涩、香纯较涩、香甜较涩及苦涩，比例分别为21.7%、20.9%、8.9%、2.5%、0.5%及0.2%（图2-67）。在口感上，口感细为84.6%，细腻为3.6%，仅有11.80%的核桃种仁口感粗（图2-68）。

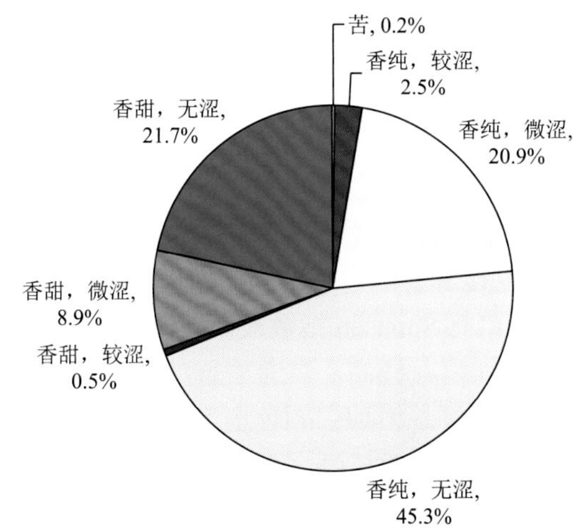

图 2-67　鲁甸核桃食味类型比例图

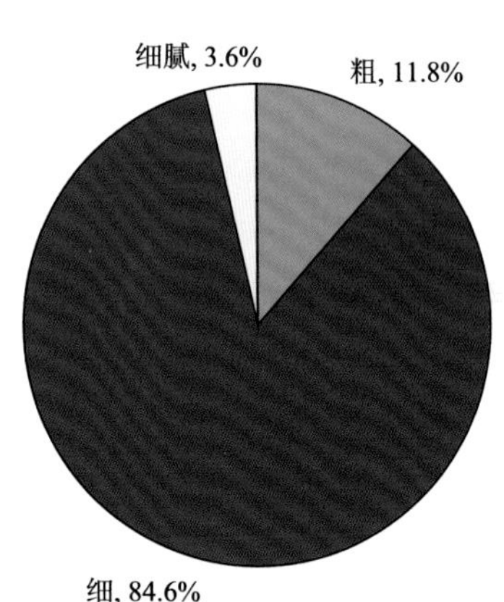

图 2-68　鲁甸核桃口感类型比例图

13. 核桃坚果描述形状多样性指数

对604份种质资源数据采用统计软件SPSS18.0进行统计分析，计算坚果形状、壳面特征、取仁难易、口感、仁色等描述性状的Simpson多样性指数。

表 2-4　核桃坚果描述性状多样性指数

性状	各描述性状各级所占比例													Simpson 指数
	1	2	3	4	5	6	7	8	9	10	11	12	13	
坚果形状	39.07	12.09	2.32	3.15	0.17	14.07	0.83	1.32	2.32	8.28	2.48	13.40	0.50	0.785
两肩	2.15	40.06	4.64	53.15										0.554
底部	8.44	1.49	23.35	66.72										0.493
缝合线特征	6.62	51.99	41.39											0.554
缝合线紧密度	83.94	5.79	10.27											0.281
种尖	63.58	36.42												0.463
刻纹	7.95	25.83	62.58	3.64										0.534
内褶壁	23.68	1.16	75.16											0.379

续表

性状	各描述性状各级所占比例													Simpson 指数
	1	2	3	4	5	6	7	8	9	10	11	12	13	
隔膜	25.17	27.98	46.85											0.639
取仁难易	15.57	5.13	11.42	67.88										0.499
仁色	4.14	53.97	1.16	24.34	6.95	6.79	2.32	0.33						0.638
种仁肥瘦	41.39	58.61												0.485
饱胀度	42.72	57.28												0.489
食味	0.17	2.48	20.86	45.36	0.50	8.94	21.69							0.695
口感	11.76	84.60	3.64											0.269

对鲁甸核桃种质15个坚果描述性状Simpson多样性指数进行分析（表2-4），结果表明，15个坚果描述性状Simpson指数为0.269～0.785，其中坚果形状、坚果仁色和种仁食味的多样性指数较高，具有丰富的多样性；而缝合线紧密度和种仁口感的多样性指数较低，多样性较差。坚果形状Simpson指数最高，为0.785；口感Simpson指数最低，仅为0.269。

鲁甸核桃坚果的形状、仁色和种仁食味的多样性指数较高，具有丰富的多样性；而缝合线紧密度和种仁口感的多样性指数较低，多样性较差。种仁颜色出现了紫色、紫红色的特异类型。可见，鲁甸县境内具有极其丰富的核桃种质资源，保存价值和研究意义重大。另外，在核桃选育过程中，核桃坚果的形状、仁色和食味是评价核桃品质的重要指标。鲁甸核桃在坚果形状、仁色和食味上丰富的多样性为核桃新品种选育以及特色品种选育提供了丰富的种质资源。

（四）鲁甸核桃种质资源的丰产性

鲁甸核桃由于长期实生繁殖，单株之间丰产性差异大。从每果枝坐果数看，多为2～4个，多的有5～7个，最多能达22个，当地称其为“串串核桃”（图2-69）。鲁甸核桃多数能达到平均每平方米产坚果0.3～0.6kg，特丰产的能达到每平方米产坚果量1.0kg（图2-70～图2-72）。

图 2-69　鲁甸串串核桃

图 2-70　鲁甸桃源乡新街 10 社丰产树

35 年生，冠幅为 129.76m^2，树高 9.5m，胸径为 26.0cm，平均每果枝坐果数达 3.3 个，每平方米产坚果 1.0kg。

图 2-71　鲁甸桃源乡新街 11 社丰产树

28 年生，冠幅为 101.56m^2，树高为 12.0m，胸径为 30.0cm，
平均每果枝坐果数达 2.5 个，每平方米产坚果 0.6kg。

图 2-72　鲁甸桃源乡新街 10 社丰产树

30 年生，冠幅为 116.87m^2，树高 9.0m，胸径为 30.0cm，
平均每果枝坐果数达 2.3 个，每平方米产坚果 0.45kg。

第三节　鲁甸核桃坚果营养品质分析

核桃是一种集蛋白质、脂肪、纤维素、维生素等营养要素于一身的优良干果类食品，营养丰富，经济价值高。中国医学认为，核桃性温、味甘、无毒，有健胃、补血、润肺、养神等功效。20 世纪 90 年代以来，美国等国家和地区的科学家通过营养学和病理学研究认为，核桃对于心血管疾病、II型糖尿病、癌症和神经系统疾病有一定的预防和康复治疗效果。美国加利福尼亚核桃委员会将核桃称之为“21 世纪的超级食品”。核桃仁的营养价值很高，许多成分具有营养保健和医药功能（后文中，麻一为鲁甸大麻 1 号，麻二为鲁甸大麻 2 号）。

1. 饱和脂肪酸、不饱和脂肪酸含量

核桃脂肪酸的主要成分是不饱和脂肪酸，约占其总量的 90.00%。不饱和脂肪酸由油酸、亚油酸、亚麻酸和廿碳烯酸组成，其中亚油酸占 55.00% ～ 62.00%，油酸占 19.00% ～ 25.00%，亚麻酸占 7.00% ～ 12.00%；饱和脂肪酸由棕榈酸和硬脂酸组成（总量小于 10.00%）（图 2-73）。

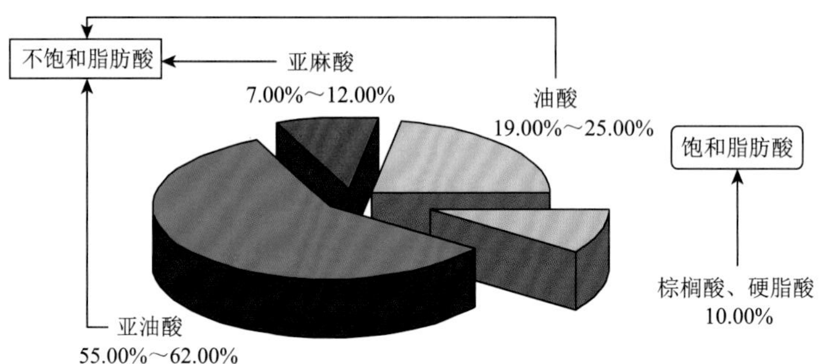

图 2-73　核桃脂肪酸组成

品种不同，各脂肪酸含量不同，基本上各品种脂肪酸含量由高到低依次为：亚油酸、油酸、亚麻酸、棕榈酸、硬脂酸。当油酸 / 亚油酸大时，该油的稳定性好，耐贮藏。核桃不同品种脂肪酸含量不尽相同，一般情况下亚油酸含量均较高。由此来看，油脂极易氧化变质，种仁易发生酸败，核桃油的稳定性较差。

不饱和脂肪酸含量最高的是商洛核桃（92.47%），其次是新疆核桃（92.46%）、西藏核桃（92.42%）、娘青核桃（91.69%）、麻二核桃（91.10%）、麻一核桃（91.04%）、细香核桃（90.76%）、三台核桃（90.71%），最低的是漾濞泡核桃（简称漾泡核桃）（89.71%）（图 2-74）。

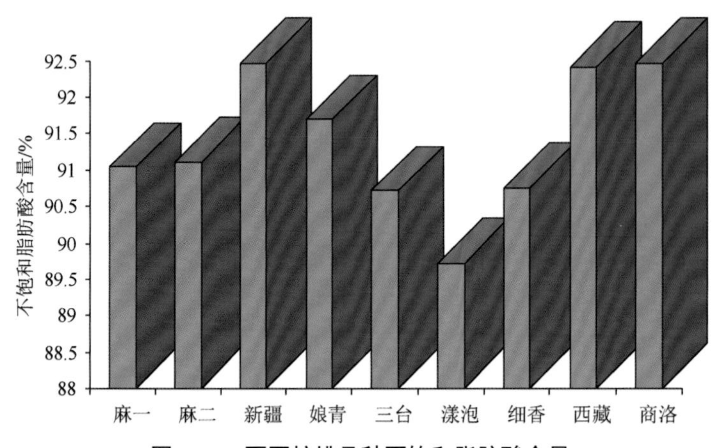

图 2-74　不同核桃品种不饱和脂肪酸含量

2. 粗脂肪、蛋白质含量

核桃仁中的主要营养成分是脂肪和蛋白质，它们是评价核桃品质的主要指标。鲁甸选育出的核桃优株蛋白质含量最高达 25.00%，范围为 15.30% ～ 25.00%，与省内外品种相比属于中上水平；从鲁甸县选育出的麻二核桃粗脂肪含量最高，为 73.73%；其次是鲁甸麻一核桃，为 72.11%；粗脂肪最小的是滇鲁 X011，为 65.40%。鲁甸选育出的各优株及品种的粗脂肪、蛋白质含量与云南主栽品种、省外部分品种相比含量略高（图 2-75、表 2-5）。

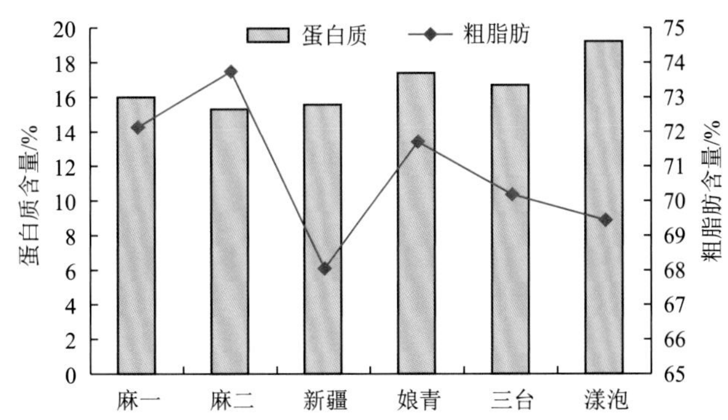

图 2-75　鲁甸核桃与云南省主要品种核仁蛋白质和粗脂肪含量

表 2-5　鲁甸核桃与省内外品种核仁中粗脂肪和蛋白质的含量

优株号或品种	蛋白质 /%	粗脂肪 /%	优株号或品种	蛋白质 /%	粗脂肪 /%
滇鲁 Z015	21.20	66.70	滇鲁 Z004	20.50	70.90
滇鲁 X011	23.70	65.40	滇鲁 X003	17.70	71.70
滇鲁 D002	19.50	67.60	滇鲁 Z011	18.10	69.50
滇鲁 X001	18.60	71.00	滇鲁 XJ001	20.60	67.70
滇鲁 X008	20.90	66.90	滇鲁 XJ002	18.20	71.30
滇鲁 X005	19.20	69.40	滇鲁 D006	18.20	71.70
滇鲁 X004	20.20	68.40	滇鲁 Z002	17.50	70.20
云林 7 号	18.90	69.40	滇鲁 Z001	19.90	71.30
滇鲁 X010	19.60	69.80	滇鲁 D001	19.60	69.80
滇鲁 X002	16.80	71.80	滇鲁 Z006	16.80	71.50
滇鲁 Z013	16.70	71.40	滇鲁 Z009	19.70	70.30
滇鲁 X006	20.90	69.00	滇鲁 Z008	17.30	71.60
滇鲁 Z010	19.20	70.20	麻一	16.00	72.11
滇鲁 Z014	16.70	70.60	麻二	15.30	73.73
滇鲁 Z007	20.90	69.80	漾泡	19.20	69.44
滇鲁 X009	20.10	70.20	三台	16.70	70.18
滇鲁 Z012	16.80	71.40	娘青	17.40	71.70
滇鲁 Z016	19.30	71.20	新疆	15.60	68.05
滇鲁 D004	20.50	65.50	辽宁 1 号	20.51	66.44
滇鲁 Z003	25.00	68.40	中林 1 号	16.90	48.96

3. 亚油酸、亚麻酸含量

亚麻酸是人体必需的脂肪酸，是 ω-3 家族成员之一，也是组成各种细胞的基本成分。核桃仁中富含人体必需的脂肪酸，且不含胆固醇，是优质的天然“脑黄金”。亚油酸（ω-6 脂肪酸）和亚麻酸（ω-3 脂肪酸）是人体必需的两种脂肪酸，是前列腺素、DHA 和 PGE 等重要代谢产物的前体化合物，对维持人体健康、调节生理机能有重要作用。DHA 是神经系统细胞生长及维持的一种主要元素，是大脑和视网膜的重要构成成分，对胎儿、婴儿智力和视力发育至关重要。PGE 有着防治血栓、降血压、防止血小板聚集、加速胆固醇排泄、促进卵磷脂合成、抗衰老的特殊功效。ω-3 和 ω-6 脂肪酸是对人体健康至关重要的两种脂肪酸，无法在人体中合成，必须从饮食中摄取。因此，膳食中的 ω-3 和 ω-6 的平衡对人体健康具有重大意义。这 2 种类型的脂肪酸需要保持 4 ∶ 1 ～ 10 ∶ 1 的比例时才有利于人体的健康。核桃 ω-6 和 ω-3 脂肪酸的比例巧好符合此比例。

通过检测可知，麻一核桃、麻二核桃、新疆核桃、娘青核桃、三台核桃、漾泡核桃种仁的 ω-6/ω-3 为 4.60 ～ 8.44，比值均符合 4 ∶ 1 ～ 10 ∶ 1 的要求，对人体健康非常有利。其中最小的是新疆核桃，为 4.60，最大的是麻二，为 8.44，以新疆核桃脂肪的营养配比为最佳（图 2-76）。

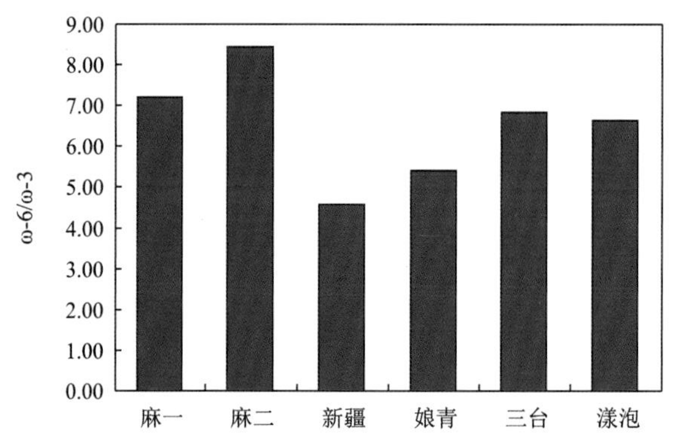

图 2-76　云南不同核桃品种 ω-6/ω-3

4. 粗纤维含量

粗纤维的含量对核桃的口感有着一定影响，粗纤维含量低着，口感较为细腻。在麻一核桃、麻二核桃、新疆核桃、娘青核桃、三台核桃及漾核桃泡 6 个品种中，麻二核桃仁的粗纤维含量最低，为 4.71%，其次是漾泡核桃为 4.91%，三台核桃为 5.14%，娘青核桃为 5.24%，新疆核桃为 5.30%，麻一核桃为 5.52%（图 2-77）。

5. 单宁含量

单宁又称鞣质，是一种具有沉淀蛋白质性质的水溶性多元酚类化合物。核桃仁中含有丰富的具有生理活性的多元酚类物质，它不仅对人体有积极的抗氧化作用，对核桃仁本身也起到防止氧化的保护作用。以前对单宁的研究较少，多认为是无用的杂质被除去。近些年来，研究发现单宁具有许多药理活性，可以抗脂质过氧化、清除活性氧，具

有抗艾滋病病毒（HIV）和抗肿瘤的作用，使其在临床中日益受到重视。单宁还起着防止核桃仁氧化酸败的作用，且在一定程度上会赋予核桃特有的感官品质（如使核桃仁有收敛性）。鲁甸的麻一核桃、麻二核桃、新疆核桃三个品种的核桃仁中，新疆核桃的单宁含量较高，为 3.45%，麻二核桃的单宁含量最低，为 2.26%（图 2-78）。

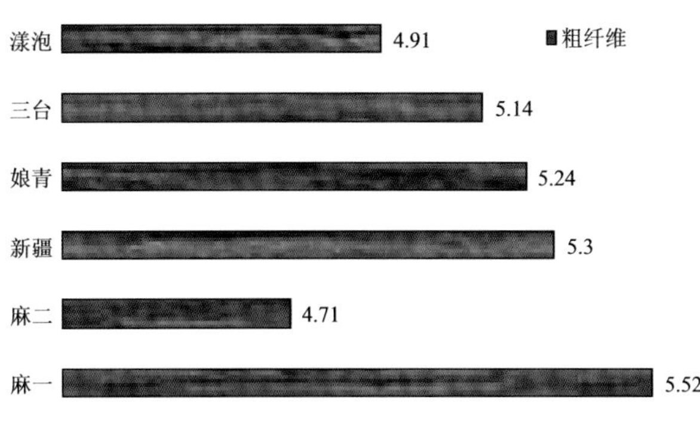

图 2-77　云南不同核桃品种粗纤维含量

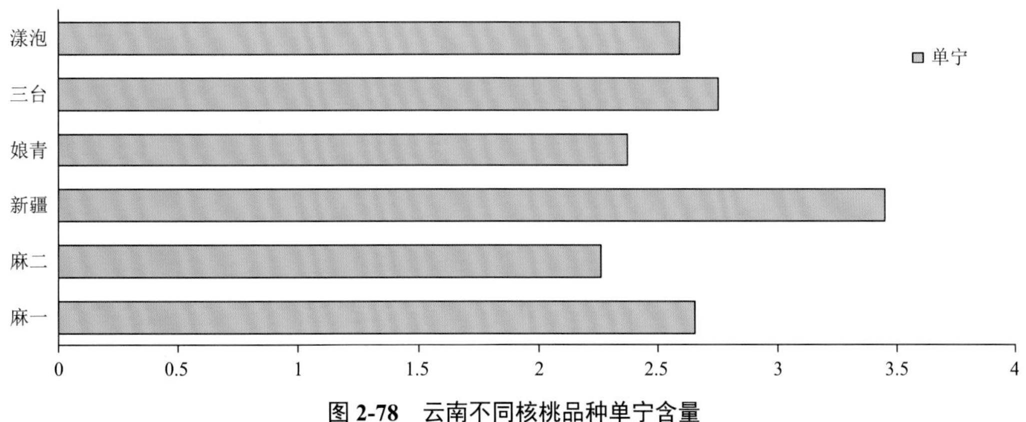

图 2-78　云南不同核桃品种单宁含量

6. 氨基酸

氨基酸是构成蛋白质的基本单位，赋予蛋白质特定的分子结构形态，使它的分子具有生化活性。蛋白质是生物体内重要的活性分子，包括催化新陈代谢的酶。氨基酸（氨基酸食品）是蛋白质（蛋白质食品）的基本成分。

测试得出，云南部分品种核桃仁中含 16 种氨基酸，其中 7 种为必需氨基酸，分别是赖氨酸、苯丙氨酸、蛋氨酸、苏氨酸、异亮氨酸、亮氨酸、缬氨酸。必需氨基酸指的是人体自身不能合成或合成速度不能满足人体需要，必须从食物中摄取的氨基酸。它是人体（或其他脊椎动物）必不可少，而机体内又不能合成的，必须从食物中补充的氨基酸，称必需氨基酸。据分析，氨基酸中的谷氨酸，不仅是人体的一种重要的营养成分，而且是治疗肝病、神经系统疾病和精神病的常用药物，对肝病、精神分裂症、神经衰弱均有疗效。核桃仁中含有对人体生理作用有着重要功能的谷氨酸（2.80% ～ 3.29%）、天冬氨酸（1.54% ~ 2.12%）、精氨酸（1.94% ~ 2.34%），且含量较高，所以核桃蛋白是一种很好的蛋白源。所有供试的品种都未检测出有脯氨酸的存在。氨基酸含量最高的是漾泡核桃（17.75%），最低的为麻二核桃（14.47%）（表 2-6）。

表 2-6　云南省不同品种核桃仁氨基酸含量　　（单位：%）

氨基酸	三台核桃	新疆核桃	娘青核桃	漾泡核桃	麻一	麻二
ASP 天冬氨酸	1.54	1.56	1.80	1.88	1.55	2.12
THR 苏氨酸	0.51	0.50	0.55	0.63	0.50	0.07
SER 丝氨酸	0.76	0.76	0.82	0.88	0.74	0.78
GLU 谷氨酸	2.91	3.08	3.29	3.53	2.82	2.84
GLY 甘氨酸	0.72	0.78	0.82	0.90	0.80	0.69
ALA 丙氨酸	0.60	0.72	0.70	0.82	0.80	0.60
CYS 胱氨酸	0.10	0.09	0.08	0.21	#	0.23
VAL 缬氨酸	0.91	0.84	0.97	0.96	0.90	0.79
MET 蛋氨酸	0.15	0.23	0.03	0.30	0.08	0.28
ILE 异亮氨酸	0.87	0.79	0.81	0.89	0.80	0.74
LEU 亮氨酸	1.42	1.36	1.34	1.57	1.34	1.16
TYR 酪氨酸	0.55	0.59	0.48	0.68	0.48	0.52
PHE 苯丙氨酸	0.84	0.79	0.78	0.89	0.78	0.88
LYS 赖氨酸	0.49	0.54	0.50	0.52	0.50	0.45
HIS 组氨酸	0.41	0.39	0.36	0.47	0.44	0.37
ARG 精氨酸	2.02	2.11	2.06	2.62	2.34	1.88
PRO 脯氨酸	—	—	—	—	—	—
氨基酸总量	14.80	15.89	15.39	17.75	14.87	14.47

第四节　鲁甸核桃的抗寒性与遗传多样性分析

一、鲁甸核桃的抗寒性分析

温度是影响果树生长的一个重要环境因子，对果树的生长发育起着重要作用。低温伤害是造成全世界农林生产巨大损失的自然灾害，其出现频率高，危害范围广，加上生态环境的日益破坏，致使这一影响变得日趋严重。因而，植物的抗寒性研究也显得日益迫切。果树的抗寒性是指果树植物对寒害的抵御能力，是果树的重要生物学特性。这一性状不仅影响果树的区划和分布，同时对于人们指导农业生产，合理地引种、育种及栽培管理，减少自然灾害造成的损失具有重要意义。核桃是喜温树种，适宜生长的温度是

年均温为 9.0 ～ 16.0℃，能忍受 –25.0℃的极端最低气温。由于核桃幼树枝条髓心大、水分多、抗寒性差。春季的倒春寒对核桃的生长发育是一个限制因子；晚霜会使核桃的花芽、嫩梢、花器和幼果受冻，影响产量。晚霜严重的年份可使核桃绝收，造成“大小年”现象。在云南省滇东北、滇中、滇西北地区，特别容易受到春季周期性的寒流的侵袭，因此，防治核桃冻害已成为该地区核桃生产上急待解决的问题。

滇东北地区地处我国南北核桃种群交汇地带，栽培历史悠久，分布广泛，在区域复杂的地理、气候环境影响下，加上长期采用实生选种繁殖，形成了许多适应低温环境的实生变异群体。通过对这些核桃种质资源休眠期枝条和展叶期叶片的抗寒性研究，明确种质之间的抗寒性差异，为核桃的防寒栽培、选育抗寒砧木及品种、栽培区划等提供科学依据。

（一）冷害、冻害的危害

植物对逆境的抵抗和忍耐能力叫植物抗逆性，简称抗性（resistance，hardiness）。抗性是植物在对环境的逐步适应过程中形成的。由于植物没有动物那样的运动机能和神经系统，基本上是生长在固定的位置上，因此常常遭受不良环境的侵袭。但植物可以用多种方式来适应逆境，以求生存与发展。

冰点（0℃）以上低温对植物的伤害叫冷害。植物对冰点以上低温的适应叫抗冷性。在中国，冷害经常发生于早春和晚秋，对作物的危害表现在苗期与籽粒或果实成熟期。种子萌发期的冷害，常会延迟发芽，降低发芽率，诱发病害。作物在减数分裂期和开花期对低温也十分敏感。

冰点（0℃）以下低温对植物的伤害叫冻害，植物对冰点以下低温的适应叫抗冻性，常与霜害伴随发生。在世界上许多地区都会遇到冰点以下的低温，这对多种作物可造成程度不同的冻害，它是限制农业生产的一种自然灾害。冻害发生的温度限度，可因植物种类、生育时期、生理状态、组织器官及其经受低温的时间长短而有很大差异。一般剧烈的降温和升温，以及连续的冷冻，对植物的危害较大；缓慢的降温与升温解冻，植物受害较轻。植物受冻害时，叶片就像烫伤一样，细胞失去膨压，组织柔软，叶色变褐，最终干枯死亡。

（二）抗寒性研究的主要生理生化指标

1. 电解质与核桃抗寒性的关系

低温胁迫下生物膜发生由液晶相向凝胶相的变化，膜流动性降低，通透性增加，造成细胞内溶质外渗。细胞受到的损伤愈重，电解质渗透率愈高，电导值也愈大，其抗寒性越差。利用电导法测定电解质的渗漏情况来确定植物的受害程度，已经成为植物抗寒性最常用的鉴定方法。

膜透性越大，电导率越高，说明受到的伤害越重，抗寒性越弱。抗寒性较强的植物，在冻害较轻的情况下，膜透性的变化小、可逆且易恢复正常（图 2-79）。

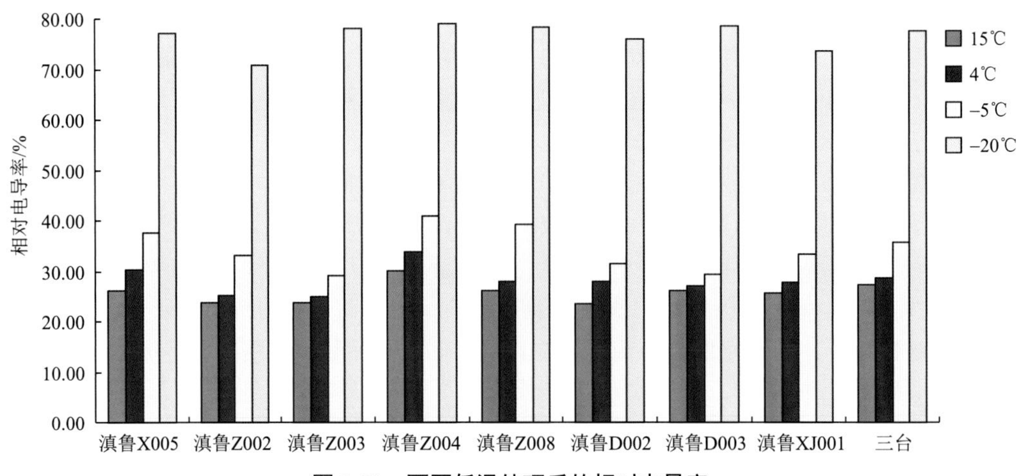

图 2-79　不同低温处理后的相对电导率

从图 2-79 可看出，所有核桃枝条的相对电导率随温度降低而提高，说明温度降低破坏了细胞膜透性，使电解质大量外渗，胞间物质浓度增大，从而导致电导率变大。在 4.0 ～ –5.0℃冷冻过程中，核桃不同品种的相对电导率虽然都有升高，但趋势较平缓，–5.0 ～ –20.0℃处理过程中，随着处理温度的下降，各品种的相对电导率明显增大；所有优株在 –20.0℃时的电导率都已超过了 50.00%，说明滇鲁系列核桃的半致死温度应该为 –5.0 ～ –20.0℃，具体数值有待进一步研究。滇鲁 D003 在 15.0 ～ –5.0℃处理中电导率变化率最小，说明其抗寒能力较强于其他优株。

2. 可溶性糖含量与核桃抗寒性的关系

在低温逆境下，植物体内常积累大量可溶性糖以减轻低温伤害。可溶性碳水化合物之所以可以提高组织的抗寒性，有以下三个方面原因：一是通过糖的积累降低冰点，增强细胞的保水能力；二是通过糖的代谢，产生其他保护性物质及能源；三是对细胞的生命物质及生物膜起保护作用。

冷冻处理后核桃叶片可溶性糖含量的变化如图 2-80 所示。结果表明，核桃叶片可溶性糖含量呈现随温度降低而增加的变化趋势，不同植株变化幅度不尽相同。冷冻处理前，滇鲁 D002、滇鲁 Z002 的可溶性糖含量分别为 2.86% 和 3.47%，随着冷冻处理温度的降低，可溶性糖含量不断升高，在 –20.0℃处理下可溶性糖含量上升到 6.32% 和 5.61%；上升速率较快。三台核桃冷冻处理前、–20℃处理后的可溶性糖含量较高，分别为 5.08% 和 7.86%，但是冷冻处理前后变化幅度并不大。变化幅度最大的是滇鲁 D002，为 1.21%，其次是滇鲁 Z008，为 1.03%，最小的是滇鲁 Z004，为 0.43%。叶片可溶性糖含量变化幅度大的植株在遭遇低温时，可以比变化幅度小的植株产生更多的保护性物质，以减轻低温的伤害。因此，滇鲁 D002、滇鲁 Z008 抗寒性较其他植株强。

3. 丙二醛与核桃抗寒性的关系

丙二醛（MDA）是自由基引导的膜脂过氧化产物之一，不同低温下 MDA 含量与抗

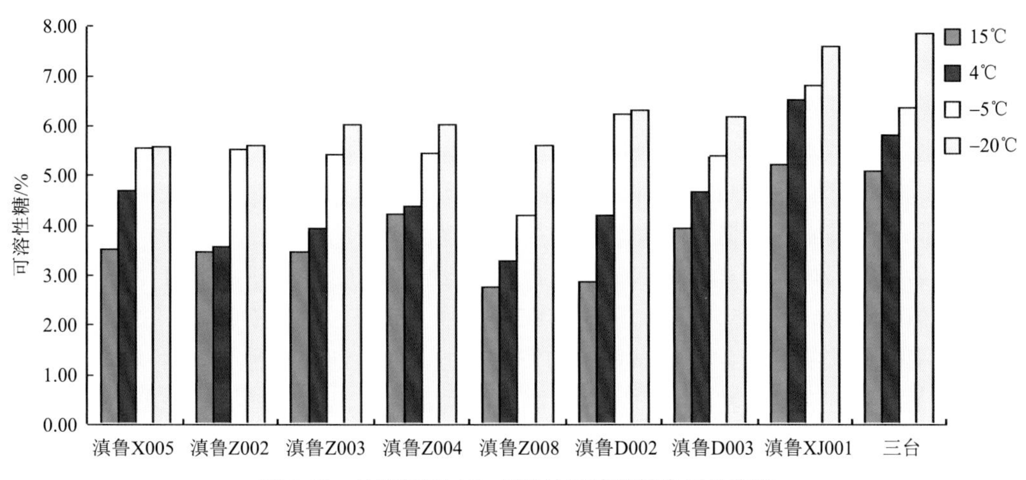

图 2-80　冷冻处理 12h 后叶片可溶性糖含量的变化

寒性呈负相关。如果某一品种的 MDA 含量在低温时剧增出现得早，则说明抗寒性较差；反之，则说明其抗寒性较强。

由图 2-81 可以看出，各滇鲁系列核桃叶片的 MDA 含量随着处理温度的降低呈现增加的趋势，但增加幅度各不相同，说明不同植株的抗寒性存在较大的差异。滇鲁 D003、滇鲁 Z004 在各处理温度下 MDA 含量较低、增加幅度最小，分别为 0.27% 和 0.24%，说明其抗寒性相对较强，其次滇鲁 D002 在 4.0℃、–5.0℃处理下增加幅度较小，只有 0.14%，但是 –20.0℃处理时丙二醛含量增加幅度较大，为 0.63%，说明滇鲁 D002 对于 –5.0℃以上的低温有较强的抵御能力。

三台核桃与滇鲁核桃样品相比，在 4.0℃、–5.0℃、–20.0℃冷冻处理后，MDA 增加幅度最分别为 0.13%、0.93%、1.15%，说明鲁甸核桃样品抗寒性强于三台核桃。

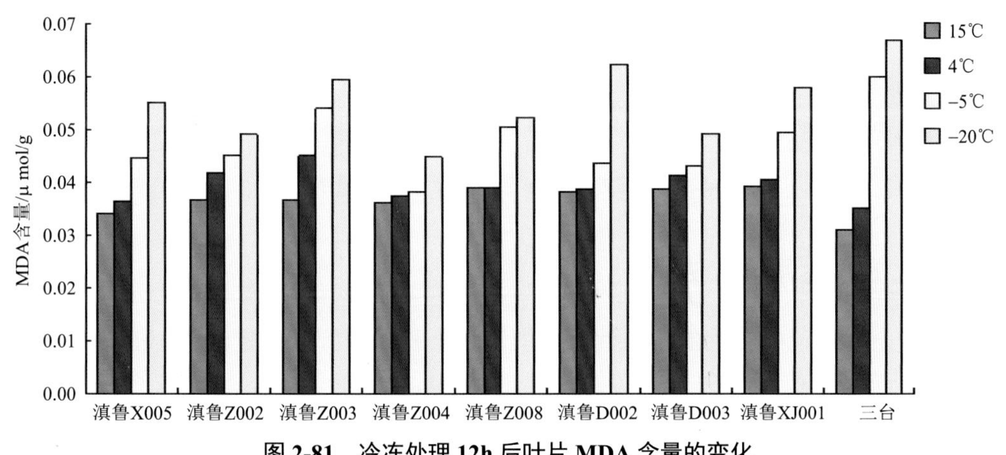

图 2-81　冷冻处理 12h 后叶片 MDA 含量的变化

4. 脯氨酸与核桃抗寒性的关系

植物受低温胁迫时，脯氨酸的增加有助于细胞或组织的保水，同时还可作为碳水化合物的来源之一及酶和细胞结构的保护剂。脯氨酸提高了植株耐胁迫的功能可能是通过保护植物线粒体电子传递链，增加保护蛋白、抗氧化酶、泛素及脱水素等保护性物质的含量，并启动相应的抗胁迫代谢途径而实现的。

通过图 2-82 可以看出，滇鲁核桃脯氨酸含量变化规律很不一致，只有滇鲁 Z008、滇鲁 Z004 随着处理温度的降低，脯氨酸含量呈上升趋势。其余滇鲁系列核桃有的随着处理温度的降低，脯氨酸含量呈下降趋势，如三台核桃；有的随温度的降低，脯氨酸的含量先下降后又缓慢回升，如滇鲁 X005；更多的情况是温度降低脯氨酸的含量先上升后下降，如滇鲁 Z002、滇鲁 Z003、滇鲁 D002、滇鲁 XJ001、滇鲁 D003；这与魏娜等对 10 种（品种）宿根花卉低温胁迫试验中的发现类似，即大部分品种游离脯氨酸含量变化差异不显著，并且有些品种没有出现游离脯氨酸含量随低温胁迫增加的现象。李勃等在对樱桃砧木抗寒性的研究中发现，不同砧木枝条脯氨酸的累积与樱桃砧木的抗寒性无相关关系。游离脯氨酸作为衡量果树抗寒性指标可信度并不高。

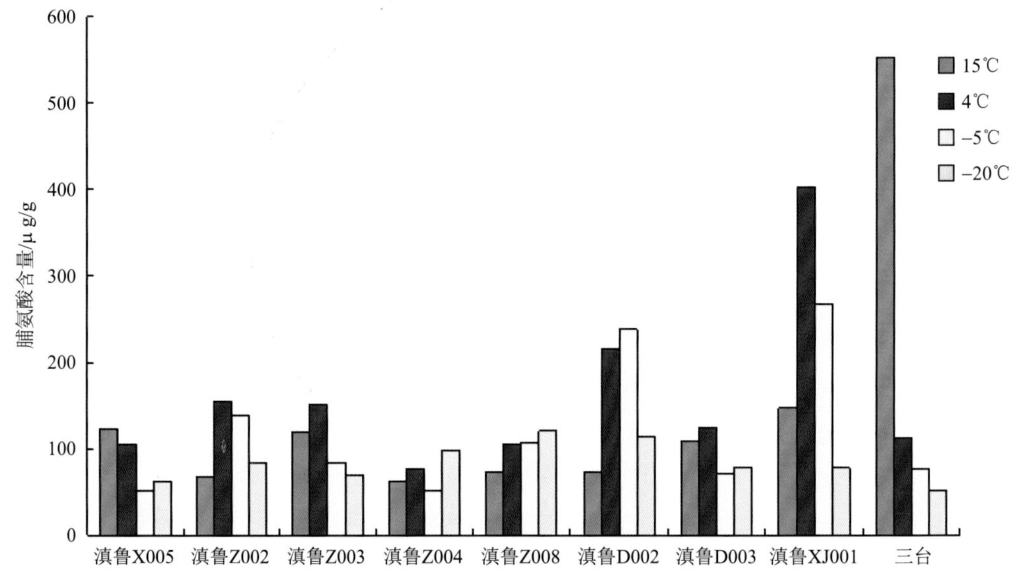

图 2-82 冷冻处理 12h 后叶片脯氨酸含量的变化

（三）核桃抗寒性评价方法

为了较全面地反映核桃的抗寒性，本书采用一种综合因子评定法——模糊数学中隶属函数法，选用与抗寒性关系密切的生理生化指标，综合评价这些优株的抗寒性。通过平均隶属度来确定品种抗寒性，结合大田实际情况，按照平均隶属度将抗寒性分为 3 级。Ⅰ级：0.60 ～ 1.00，为高抗寒品种；Ⅱ级：0.30 ～ 0.59，为中抗寒品种；Ⅲ级：0 ～ 0.29，为低抗寒品种。由表 2-7 可以看出，8 个优株中，滇鲁 XJ001 为高抗寒品种；其余的为中抗寒品种。滇鲁 D003、滇鲁 Z004 抗寒性强于滇鲁 D002 和滇鲁 X005，滇鲁 Z002 次之，滇鲁 Z008 抗寒性最弱（表 2-7）。

表 2-7　不同核桃品种抗寒性综合评价

样品编号	可溶性糖 /（g/100g）	膜透性 /%	MDA（μmol/g）	平均隶属度	抗寒类型
滇鲁 D002	1.000	0.411	0.807	0.74	I
滇鲁 Z008	0.475	0.569	0.871	0.64	I
滇鲁 D003	0.223	0.667	0.876	0.59	II
滇鲁 Z004	0.021	0.677	0.952	0.55	II
滇鲁 XJ001	0.203	0.647	0.795	0.55	II
滇鲁 X005	0.409	0.522	0.675	0.54	II
滇鲁 Z002	0.200	0.606	0.683	0.50	II
滇鲁 Z003	0.318	0.544	0.370	0.41	II
三台	0.143	0.689	0.143	0.32	II

植物的抗寒性受多种因素的影响，抗寒生理过程错综复杂。采用离体叶片测得的抗寒性指标不一定能真实反映田间植株的抗寒性，且植物的抗寒性是其生理生化特征综合作用的遗传表现，单一抗寒指标难于判断植物对寒冷的综合适应能力。为了更加全面准确地评价核桃的抗寒性，应结合田间冻害调查，低温胁迫下形态、组织结构变化等多项指标进行综合评定，以探讨适合核桃抗寒性的综合评价体系。

二、ISSR 标记技术在鲁甸核桃种质资源及遗传多样性中的应用

遗传多样性（genetic diversity）广义上指地球上所有生物所携带的遗传信息的总和；狭义上指种内不同群体之间或一个群体内不同个体的遗传多态性程度，即遗传变异。检测遗传多样性的方法随生物学尤其是遗传学和分子生物学的发展而不断提高和完善，从形态学水平、细胞学（染色体）水平、生理生化水平、逐渐发展到分子水平。

分子标记技术是 20 世纪 80 年代以来开创的建立在遗传物质 DNA 基础上的一种新型的遗传标记技术。分子标记与传统的遗传标记——形态标记、细胞学标记、生化标记相比具有多态性水平高、数量多、直接以 DNA 的形式表现的特征，许多分子标记表现为共显性，能区分纯合基因型与杂合基因型，提供完整的遗传信息、非等位基因间无上位性作用，互不干扰等特点。近年来，随着分子技术的发展，DNA 分子标记技术已广泛应用于木本植物遗传育种、遗传作图、基因定位与克隆、亲缘关系及性别鉴定、遗传多样性研究等诸方面。

（一）ISSR 分子标记技术及其应用

从 20 世纪 60 年代起，科研工作者对核桃的相关研究多集中于形态学、细胞学和生理生化方面，而研究所获得的遗传信息少、多态性差、易受到环境及发育时期影响等缺陷，使其应用受到一定限制。近年来分子生物学、分子遗传学的迅速发展为植物的系统演化、遗传关系和分子辅助育种等研究开辟了崭新的途径，特别是分子标记技

术已经成为野生种质和地方品种遗传基础研究的重要技术。在各种分子标记技术中，ISSR（inter-simple sequence repeats）是以微卫星 DNA 为引物，进行多位点 PCR 扩增的技术，由加拿大蒙特利尔大学的 Zietkiewicz 等于 1994 年提出。该技术克服了 RFLP（restriction fragment length polymorphism）、SSR（simple sequence repeat）、RAPD（rendom amplified polymorphic DNA）、AFLP（amplified fragment length）等标记技术的一些局限性，具有无须预知基因组背景信息，DNA 样品用量少、操作简单、实验重复性好、信息量大、多态性高和实验成本低等优点。现已广泛应用于农作物、林木、果树等植物的种质资源的收集、品种鉴定、进化与亲缘关系分析、遗传多样性与居群遗传结构检测、遗传作图、基因定位、分子标记辅助育种等方面研究。

（二）鲁甸核桃种质资源及遗传多样性研究

本节以鲁甸县核桃分布区内不同区域具有代表性的 21 份核桃种质资源为研究对象，运用 ISSR 分子标记技术对鲁甸县核桃种质资源遗传多样性进行研究。

以核桃当年萌发的新叶作为提取基因组 DNA 的材料，共采集了 21 份鲁甸县具有代表性乡（镇）核桃样品的新叶以及 2 个品种（作为对照），各品种的名称、来源及果实特性如表 2-8 所示。

表 2-8　鲁甸核桃种质资源来源及果实品质特性

单株号	地点	果壳刻纹	果型	仁色
滇鲁 Z018	鲁甸县火德红乡李家村	浅麻	扁圆	黄白
滇鲁 Z019	鲁甸县火德红乡李家村	浅麻	短扁	紫色
滇鲁 D009	鲁甸县大水井乡洗羊塘	浅麻	扁圆	黄白
滇鲁 Z002	鲁甸县大水井乡核桃坪	浅麻	短扁	紫色
滇鲁 D080	鲁甸县大水井乡洗羊塘	深麻	扁圆	浅紫
滇鲁 Z017	鲁甸县江底乡大水井村	深麻	扁圆	黄白
滇鲁 Z008	鲁甸县龙头山镇龙井村	浅麻	短扁	灰白
滇鲁 D014	鲁甸县龙头山镇龙井村	深麻	椭圆形	黄白
滇鲁 D001	鲁甸县龙头山镇龙井村	浅麻	扁圆	灰白
滇鲁 Z007	鲁甸县龙头山镇沙坝村	浅麻	短扁	黄白
滇鲁 Z312	鲁甸县龙头山镇沙坝村	浅麻	扁圆	黄白
滇鲁 Z229	鲁甸县龙头山镇沙坝村	深麻	球形型	紫色
滇鲁 D077	鲁甸县桃源乡小黑山	浅麻	扁圆	黄白
滇鲁 Z061	鲁甸县龙头山镇白龙井	光滑	球形型	黄白
滇鲁 Z257	鲁甸县龙头山镇白龙井	深麻	圆	黄白

续表

单株号	地点	果壳刻纹	果型	仁色
滇鲁 Z064	鲁甸县小寨乡赵家海	光滑	圆球形	灰白
滇鲁 Z121	鲁甸县小寨乡赵家海	浅麻	短扁	黄绿
滇鲁 D087	鲁甸县文屏镇	深麻	扁圆	黄白
滇鲁 D082	鲁甸县水磨镇营地	深麻	扁圆	紫色
滇鲁 Z011	鲁甸县梭山乡查拉	麻	短扁	紫色
滇鲁 XJ001	鲁甸县大水井乡洗羊塘	光滑	椭圆	白色
漾泡	昆明树木园	深麻	短扁	黄白
铁核桃	昆明树木园	深麻	椭圆	黄褐

1. 引物筛选及扩增图谱

引物筛选及退火温度如表 2-9 所示。通过适合引物的筛选，可以应用 ISSR 标记技术快速、准确地分析不同种质资源的遗传多样性及其亲缘关系，可在基因组水平上进一步了解鲁甸核桃遗传变异水平，并进一步明确其亲缘关系，从而为保护鲁甸核桃种质资源的遗传多样性、品种鉴定以及杂交育种等研究领域提供分子生物学依据。

表 2-9　筛选引物及其退火温度

引物	序列（5'～3'）	退火温度 /°C	引物	序列（5'～3'）	退火温度 /°C
UBC-825	（AC）8T	52.0	UBC-857	（AC）9YG	53.5
UBC-855	（AC）8YT	52.0	UBC-812	（GA）8C	52.0
UBC-813	（CT）8T	53.0	UBC-818	（CA）8G	53.5
UBC-841	（GA）8YC	53.5	UBC-840	（GA）8YT	57.0
UBC-856	（AC）8YA	53.5			
注：Y=C/G。					

运用 ISSR 技术时，DNA 纯度和浓度必须符合其扩增要求，选择合适 DNA 提取方法，对筛选合适特定物种的引物是非常必要的。采用改良的 CTAB 法提取的核桃总 DNA 可以满足实验的要求。对于引物的退火温度从理论上说，退火温度高，特异性强，但温度过高，引物不能与模板牢固结合，扩增效率下降；退火温度低，产量高，但过低会造成引物与模板错配。因此，为减少非特异性扩增，可在允许范围内适当提高引物的退火温度，对所选引物进行退火温度梯度实验，得到 10 个引物的最佳退火温度。从 40 多条引物中筛选出 10 个条带清晰、稳定性和重复性好且相对较多条带的引物用于全部样品的 PCR 扩增。部分引物的扩增结果如图 2-83 所示。

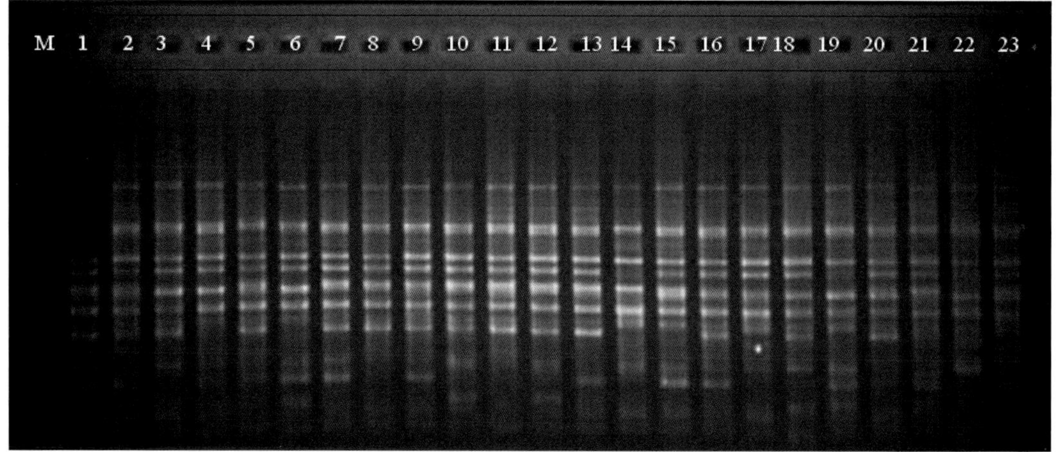

图 2-83　引物 825 对核桃样品的扩增图谱

1～23 对应编号分别为 DL01、DL03、DL16、DLZ002、DL19、DL28、DLZ008、DL38、DLD001、DLZ007、DL55、DL56、DL41、DLZ061、DL46、DL83、DL84、DL50、DL60、DL79、DLXJ001、漾泡、铁核桃。

2. 鲁甸核桃遗传多样性分析

用筛选出的 10 个引物用于鲁甸部分核桃种质资源的 ISSR 扩增，在检测到的所有清晰且重复性好的 101 个有效位点中有 65 个多态位点。

引物 825 对核桃样品扩增出的图谱，鲁甸核桃种质资源之间扩增出来的条带有差异，它和漾泡、铁核桃也有所不同，这表明鲁甸核桃有着丰富的遗传变异。在物种水平上，多态位点百分率（PPB）为 64.30%，Nei′s 基因多样性指数（H）和 Shannon 信息指数（I）分别为 0.2151 和 0.3282。各种质资源的遗传距离为 0.1378～0.3956。DL52 和 DL60 的遗传距离最小，为 0.1378，其次 DL56 和 DL55、DLD001 和 DL79、DL56 和 DL79 为 0.1492。DLZ061 和 DL83 的遗传距离最大，为 0.3956，其次是 DL38 和铁核桃、DLZ061 和铁核桃、DLD001 和漾濞泡核桃、DLD001 和 DL83、DLZ061 和 DL60，都为 0.3524。结果表明，鲁甸核桃种质资源的多态型比率较高，在分子水平上存在比较丰富的遗传变异。

ISSR 为显性标记，同一引物扩增产物中电泳迁移率一致的条带被认为具有同源性，电泳图谱中的每一条带均视为一个分子标记（mark），并代表一个引物的结合位点。全部样品按照凝胶同一位置上 DNA 谱带的有无进行统计，易识别且能重复的带记为“1”，不能重复的带和无谱带的记为“0”。用筛选出的好的引物扩增后分别记录同一引物扩增谱带，形成“0、1”原始矩阵。用 NTSYS～PC 分析软件对统计结果进行聚类分析，得到鲁甸核桃 ISSR 树状图。从聚类图（图 2-84）可以看出，火德红乡滇鲁 Z018 和 DL03 与江底洗羊塘 DL16 和新疆核桃后代 DLXJ001 聚成一支；龙头山龙井村 DLZ008、DL38、DLD001，龙头山沙坝 DL55、DL56、DL52，梭山查拉 DL79，水磨营地 DL60 聚成一支。这两大支和江底箐脚 DL28、桃源 DL41、小寨白龙井 DL46、小寨赵家海 DL84 聚成一大支，再与江底 DLZ002、DL19、文屏 DL50，铁核桃聚在一起，这说明供试的这几份鲁

甸核桃和铁核桃有较近的亲缘关系。小寨白龙井 DLZ061 单独分成一支。离得最远的是漾濞泡核桃与小寨赵家海的 DL83。漾濞泡核桃与鲁甸核桃种质资源（除 DL83）关系较远。将聚类图结合地理分布来看，同一个乡（镇）的大多聚在一起，除了少数几个，比如小寨赵家海的 DL83、小寨白龙井 DLZ061，其他绝大多数还是与地理分布最为密切。植物种质资源由于长期的地理隔离会产生遗传多样性，因此种质资源的遗传多样性往往与地理区域环境差异和隔离距离有关。

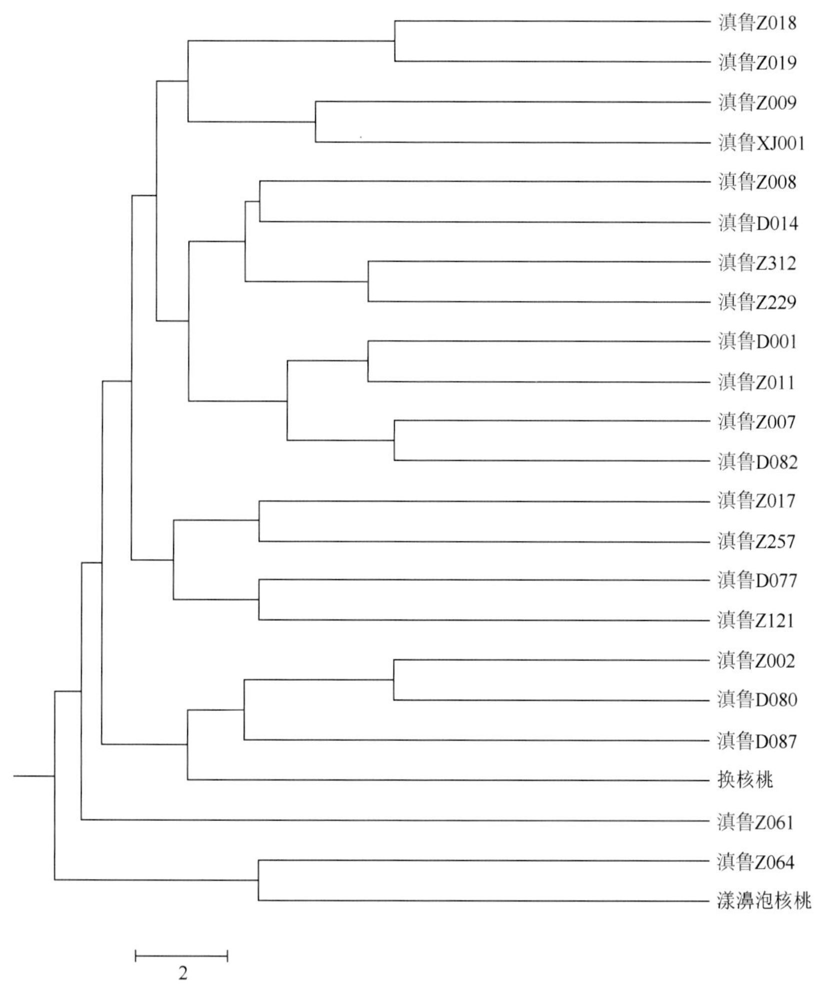

图 2-84　鲁甸核桃 ISSR 聚类图

第三章 鲁甸核桃种质资源概况

第一节 鲁甸核桃属植物的种类及品种分类

一、鲁甸核桃属植物的种类

鲁甸核桃属植物有3个种，即核桃、铁核桃、野核桃，并以铁核桃为主。长期以来，鲁甸核桃实生繁殖苗木造林，衍生了丰富多彩的杂交后代，为区域核桃良种选育提供了极其丰富的资源。主要种特性介绍如下。

1. 核桃

该品种为外来种，主要为鲁甸20世纪60年代以后陆续引种的新疆核桃实生后代。

树冠较大而开张，呈伞状半圆形或圆头状。树干皮呈灰白色，光滑。老时变暗有浅纵裂，枝条粗壮，光滑，新枝绿褐色，具白色皮孔。混合芽圆形或阔三角形，营养芽为三角形，隐芽很小，着生在新枝基部；雄花芽为裸芽，圆柱形，呈鳞片状。奇数羽状复叶，互生，长30～40cm，小叶为5～9片，复叶柄圆形，基部肥大有腺点，脱落后，叶痕大呈三角形。小叶呈长圆形，倒卵形或广椭圆形，具短柄，先端微突尖，基部心形或扁圆形，叶缘全缘或具微锯齿。雄花序葇荑状下垂，长8～12cm，花被6裂，每小花有雄蕊12～26枚，花丝极短，花药成熟时为杏黄色。雌花序顶生，小花2～3簇生，子房外面密生细柔毛，柱头两裂，偶有3～4裂，呈羽状反曲，浅绿色。果实为核果，圆形或长圆形，果皮肉质，表面光滑或具柔毛，绿色，有稀密不等的黄色斑点，果皮内有种子1枚，外种皮骨质称为果壳，表面较光滑，具刻沟或皱纹。种仁呈脑状，被黄白色或黄褐色的薄种皮，其上有明显或不明显的脉络。

2. 铁核桃

该品种为中国南方种，在鲁甸广泛分布于海拔1300～2600m的区域。

树冠大而开张。树干皮呈灰褐色，老时变暗褐色，有纵裂。新枝呈浅绿色或绿褐色，光滑，具白色皮孔。奇数羽状复叶，长60cm左右，小叶为9～15片，多为11、13片，顶叶较小或退化，小叶多为椭圆状披针形，基部斜形，先端渐尖，叶缘全缘或具微锯齿，

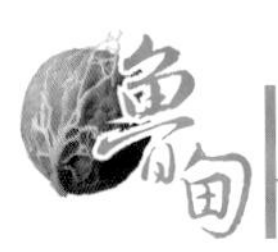

表面呈绿色，光滑，背面呈浅绿色。雄花序荼荑状下垂，长 5 ～ 25cm，每小花有雄蕊 25 枚。雌花序顶生，小花多 2 ～ 4 簇生，柱头两裂，初时粉红色，后变浅绿色。果实圆形黄绿色，表面被柔毛，果皮内有种子 1 枚，外种皮骨质称为果壳，表面具刻点状，果壳有厚薄之分，坚果有扁圆球形等多种形状。内种皮极薄，呈黄白色等颜色，有脉络。

3. 野核桃

该品种为鲁甸原生种，主要分布在乐红、梭山、水磨等乡（镇），分布海拔较铁核桃高。

野核桃为落叶乔木或小乔木，由于其生长环境的不同，树高一般为 5 ～ 20m。树冠广圆形，小枝有腺毛。奇数羽状复叶，长 100cm 左右，小叶为 9 ～ 17 片，卵状或倒卵状矩圆形，基部扁圆形或心脏形，先端渐尖。叶缘细锯齿，表面暗绿色，表面暗绿色，有稀疏的柔毛，背面浅绿色，密生腺毛，中脉与叶柄具腺毛。雄花序长 20 ～ 25cm，雌花序有 6 ～ 10 朵小花呈串状着生。果实卵圆形，先端急尖，表面黄绿色，有腺毛。种子卵圆形，种壳坚厚，有 6 ～ 8 条棱脊，内隔壁骨质，内种皮黄褐色极薄，脉络不明显（图 3-1 至图 3-7）。

图 3-1　乐红乡野核桃林

图 3-2　野核桃枝芽

图 3-3　野核桃萌芽状

图 3-4　野核桃叶片

图 3-5　野核桃结果状

图 3-6　野核桃鲜果

图 3-7　野核桃不同类型坚果

二、鲁甸核桃品种类型划分

如前述，鲁甸核桃种质资源异常丰富，在形态特征、生物学特性、经济性状、适应性等方面都表现出丰富的多样性，具有广泛的应用价值。为便于生产利用和开展研究，基于鲁甸核桃种质主要特征，本书提出以下品种类型划分方法。

（1）依取种壳厚薄、取仁难易、出仁率等指标划分泡核桃、夹棉核桃、铁核桃三个品种类型。

泡核桃：种壳厚小于 1.30mm，出仁率在 45% 以上，取仁易、较易。

夹绵核桃：种壳厚 1.30 ～ 1.50mm，出仁率在 35.00% ～ 45.00%，取仁较难。

铁核桃：种壳厚大于 1.50mm，出仁率在 35.00% 以下，取仁难。

（2）依坚果大小分为大果、中果、小果三个品种类型。

大果：三径均值为大于 3.50mm。

中果：三径均值 3.00 ～ 3.50mm。

小果：三径均值小于或等于 3.00mm。

（3）依种壳壳面特征划分为深麻、麻、浅麻、光滑等类型。

深麻：壳面刻窝深且密布。

麻：壳面刻窝较深且密布。

浅麻：壳面刻窝浅、稀疏或间断分布。

光滑：壳面光滑无刻窝、有刻沟或刻纹分布。

（4）依挂果早晚分为早实品种、偏早结实品种、晚实品种三个类型。

早实品种：在较好立地与管理条件下，嫁接苗栽后 1 ～ 2 年试花试果。

偏早实品种：在较好立地与管理条件下，嫁接苗栽后 4 ～ 5 年试花试果。

晚实品种：在较好立地与管理条件下，嫁接苗栽后 5 ～ 6 年试花试果。

第二节　鲁甸核桃古树资源

鲁甸县境内分布有丰富的核桃古树资源（树龄大于 100 年），为探索鲁甸核桃的起源和演化提供了珍贵的实物材料。20 世纪 50 年代初，鲁甸县大于 100 年核桃古树有 1000 多株，1958 年受到较严重砍伐，目前保存古树 500 株左右。近年来，我们对鲁甸核桃古树资源进行了抽样调查，共计调查古树 70 株（表 3-1），分布于鲁甸县的 8 个乡（镇），其中，龙头山镇、江底乡和乐红乡的核桃古树居多，其次是梭山乡、水磨镇和文屏镇。

表 3-1　鲁甸县核桃古树乡（镇）分布表

乡镇	调查株数 / 株	100 ～ 199 年	200 ～ 299 年	大于 300 年以上
梭山乡	9	8	1	0
水磨镇	7	3	3	1
龙头山镇	13	10	3	0
江底乡	12	7	3	2
乐红乡	15	8	7	0
文屏镇	7	6	1	0
桃源乡	5	4	1	0
火德红乡	2	2	0	0
总计	70	48	19	3

鲁甸核桃古树基本情况调查结果（表 3-2）表明，鲁甸核桃古树资源大多以单株的形式存在，散生在居住区的房前屋后及田间地角；也有少部分为成片分布，如水磨镇营地和江底核桃坪有成片的核桃古树资源。70 株核桃古树，树龄在 100 ～ 199 年的有 48 株，占 68.57%；树龄在 200 ～ 299 年的核桃古树有 19 株，占 27.14%；树龄在 300 年以上有 3 株，占 4.29%，其中一株在水磨镇，另 2 株在江底乡。核桃古树胸径最小值为 52.60cm，最大值为 165.60cm，平均值为 90.10cm，其中胸径超过了 1.00m 的核桃古树有 17 株。核桃古树树高为 10.00 ～ 30.00，平均值为 18.80m，其中树高大于 20m 的有 31 株。冠幅面积最大为 756.00m^2，最小的只有 98.80m^2，平均值为 379.90m^2，冠幅面积为 600.00m^2 的有 7 株。分布海拔最低的为 1590m，最高的海拔为 2140m。大部分的核桃古树为泡核桃，少数为夹棉核桃或者铁核桃。大多数古树现仍能丰产稳产，少数古树年产量超过 200kg，产值上万元。

表 3-2　鲁甸古树资源调查表

编号	地址	户主	分布海拔 /m	树龄 / 年	胸径 / cm	树高 /m	冠幅 /m^2	2011 年坚果产量 /kg	品种类型
G-1	梭山查拉卢家营社大园子	王永万	2140	200	125.00	25	273.00	110	泡核桃
G-2	梭山查拉卢家营社	陈大才	2115	140	79.60	21	209.30	30	泡核桃
G-3	梭山查拉赵家梁子社	林朝山	2100	160	73.20	18	98.80	不详	泡核桃
G-4	梭山查拉赵家偏坡社	王永忠	1995	120	69.10	22	195.00	110	泡核桃
G-5	梭山查拉李家梁子社	王坤	2000	120	66.90	18	226.10	150	泡核桃
G-6	梭山查拉李家梁子社	李志信	1830	120	98.70	23	227.70	55	泡核桃
G-7	梭山查拉李家梁子社	李志友	1935	110	66.90	23	140.40	55	泡核桃
G-8	梭山查拉李家坪子社	孙天武	1995	110	79.60	18	280.00	55	泡核桃
G-9	梭山查拉曹家梁子社	李明德	1975	130	86.00	23	370.00	25	泡核桃
G-10	水磨镇营地村李家丫口	邓成方	2080	300	114.60	15	686.00	200	泡核桃
G-11	水磨镇营地村李家丫口	李家发	2080	250	95.50	15	352.00	55	泡核桃
G-12	水磨镇营地村李家丫口	李德虎	2080	100	76.40	21	320.00	170	泡核桃
G-13	水磨镇营地村李家丫口	李家发	2080	150	66.90	12	266.40	140	泡核桃
G-14	水磨镇营地村五里排社	李开学	2140	210	101.90	19	408.00	30	泡核桃
G-15	水磨镇营地村五里排社	刘德成	2140	250	92.40	16	374.00	40	泡核桃
G-16	水磨镇营地村五里排社	王兴万	2140	180	73.20	16	252.00	25	泡核桃
G-17	龙头山镇光明村 11 社	李阳恒	1620	100	55.00	13	234.00	80	泡核桃
G-18	龙头山镇光明村谭家坪子社	张文安	1770	100	60.00	18	284.90	120	泡核桃
G-19	龙头山镇光明村 16 社	张文宝	1950	120	65.60	13	296.40	85	泡核桃
G-20	龙头山镇光明村 16 社	刘志荣	1855	140	86.00	18	450.00	110	泡核桃
G-21	龙头山镇龙井村新田	杨德寿	1680	260	122.60	22	667.10	110	泡核桃
G-22	龙头山镇龙井村甘水井社	张兴美	2100	130	70.10	14	306.00	85	泡核桃
G-23	火德红乡银厂村下海子	周立田	2000	100	74.20	22	270.00	10	泡核桃
G-24	火德红乡银厂村下海子	周开富	2000	100	82.80	16	484.00	无产量	夹棉核桃
G-25	文屏镇马鹿沟村	何大美	2102	160	77.10	16	323.00	25	泡核桃
G-26	江底乡水塘村飞来石	高玉荣	1890	150	86.00	20	414.00	170	泡核桃
G-27	江底乡水塘村飞来石	高玉林	1900	110	无主干	12	600.00	170	泡核桃
G-28	江底乡核桃坪	张登礼	1779	100	52.60	19	286.00	25	泡核桃
G-29	江底乡核桃坪	张永林	1779	150	70.10	20	440.00	15	泡核桃
G-30	江底乡核桃坪	张乾问	1844	300	89.20	14	204.00	挂少量果	泡核桃
G-31	江底乡核桃坪	张乾碧	1833	320	101.90	12	147.00	15	泡核桃
G-32	江底乡核桃坪	张登信	1830	150	82.80	22	266.00	20	夹棉核桃
G-33	龙头山龙井村甘水井社	李荣	1960	120	90.00	18	378.00	50	泡核桃

续表

编号	地址	户主	分布海拔 /m	树龄 / 年	胸径 / cm	树高 /m	冠幅 /m2	2011 年坚果产量 /kg	品种类型
G-34	龙头山龙井村甘水井社	李荣	1920	120	90.00	12.5	288.00	85	泡核桃
G-35	乐红乡官寨村朱家脑包社	赵有才	2032	110	87.00	15	563.50	55	泡核桃
G-36	乐红乡利外村杨家湾子社	董太章	1986	120	70.00	20	324.00	5	泡核桃
G-37	乐红乡利外村杨家湾社	龙为得	1986	250	92.00	22	342.00	85	泡核桃
G-38	乐红乡利外村杨家湾社	龙为笔	1986	250	73.20	22	315.00	85	泡核桃
G-39	乐红乡利外村杨家湾社	龙为成	1986	270	92.00	20	306.00	85	泡核桃
G-40	乐红乡利外村大寨子社	吴世林	2091	180	87.00	19	351.50	110	泡核桃
G-41	乐红乡利外村大寨子社	陈受张	2091	170	89.00	18	280.50	70	泡核桃
G-42	乐红乡利外村苏家寨子社	王富波	1913	120	74.80	20	506.00	70	泡核桃
G-43	乐红乡利外村大寨子社		1949	250	165.60	30	342.00	挂少量果	泡核桃
G-44	乐红乡利外村半边街社	吕相高	1727	170	113.00	16	380.00	170	泡核桃
G-45	乐红乡对竹村蚂蚁社	刘定彩	2055	200	125.80	17	572.00	90	铁核桃
G-46	乐红乡对竹村蚂蚁社	胡远才	2055	110	114.60	20	728.00	25	泡核桃
G-47	乐红乡对竹村蚂蚁社	陈跃亮	1998	220	143.30	25	712.50	225	铁核桃
G-48	乐红乡乐红村窝凼社	顾大发	1610	190	103.40	16	272.00	55	泡核桃
G-49	乐红乡乐红村窝凼社	刘福银	1590	200	113.00	19	288.00	150	铁核桃
G-50	龙头山镇八宝村西瓜地社	欧光海	2093	160	76.00	13	378.00	25	泡核桃
G-51	龙头山镇八宝村西瓜地社	丁元能	2128	150	89.00	19	552.00	不详	不详
G-52	龙头山镇翠屏村茶店子社	苏顺银	2112	170	116.00	18	576.00	不详	泡核桃
G-53	龙头山镇翠屏村大洼子社	张怀先	2084	200	97.50	20	728.00	不详	泡核桃
G-54	龙头山镇翠屏村大洼子社	熊光安	2084	200	81.20	18	420.00	150	泡核桃
G-55	江底乡箐脚村 2 社	道德美	2073	120	86.30	24	440.00	不详	泡核桃
G-56	江底乡箐脚村 2 社	高玉宪	2073	120	105.00	20	552.00	不详	泡核桃
G-57	江底乡黎家湾子	黎荣凯	2073	200	105.00	10	182.00	不详	泡核桃
G-58	江底乡黎家湾子	黎荣德	2073	200	97.10	17	756.00	不详	不详
G-59	江底乡黎家湾子	黎荣普	2073	200	95.50	19	552.00	不详	不详
G-60	文屏镇岩洞村落水洞	聂忠虎	1945	200	86.00	16	168.00	不详	不详
G-61	文屏镇岩洞村新冲	李兴宪	1945	140	78.00	20	360.00	50	泡核桃
G-62	文屏镇安阁 16 社	张正亮	2012	120	76.40	23	380.00	不详	不详
G-63	文屏镇岩洞村 16 社	易忠林	2012	110	78.00	22	420.00	120	不详
G-64	文屏镇安阁	周景成	1973	150	88.50	20	306.00	不详	不详
G-65	桃源乡 4 村小黑山	李兴士	2101	140	89.20	25	420.00	不详	泡核桃

续表

编号	地址	户主	分布海拔 /m	树龄 / 年	胸径 / cm	树高 /m	冠幅 /m2	2011 年坚果产量 /kg	品种类型
G-66	文屏镇安阁 19 社	赵泽民	1973	180	95.50	11	590.50	100	泡核桃
G-67	桃源乡桃源村		2013	120	120.00	25	407.00	200	泡核桃
G-68	桃源乡小黑山		2045	100	120.00	19	360.00	80	泡核桃
G-69	桃源乡小黑山		2060	260	90.00	26	332.50	50	泡核桃
G-70	桃源乡小黑山		2058	100	80.00	23	414.00	100	泡核桃

部分古树资源如图 3-8 至图 3-45 所示。

图 3-8　古树 G-1

梭山查拉卢家营社大园子，户主王永万，海拔 2140m，树龄 200 余年，胸径为 125.00cm，树高 25.00m，冠幅为 273.34m^2，泡核桃，年产坚果 110 余公斤。

图 3-9　古树 G-5

梭山查拉李家梁子社，户主王坤，海拔 2000m，树龄 120 余年，胸径为 66.90cm，树高 18.00m，冠幅为 226.10m^2，泡核桃，年产坚果 150 余公斤。

图 3-10　古树 G-6

梭山查拉李家梁子社，户主李志信，海拔 1830m，树龄 120 余年，胸径为 98.70cm，树高 23.00m，冠幅为 227.75m^2，小泡核桃，年产坚果 50 余公斤。

图 3-11 古树 G-10

水磨镇营地村李家丫口，户主邓成方，海拔 2080m，树龄 300 余年，胸径为 114.60cm，树高 15.00m，冠幅为 686.65m^2，泡核桃，年产坚果 200 余公斤。

图 3-12 古树 G-13

水磨镇营地村李家丫口，户主李家发，海拔 2080m，树龄 150 余年，胸径为 66.90cm，树高 12.00m，冠幅为 266.40m^2，泡核桃，年产坚果 140 余公斤。

图 3-13　古树 G-11

水磨镇营地村李家丫口，户主李家发，海拔 2080m，树龄 250 余年，胸径为 95.50cm，树高 15.00m，冠幅为 352.29m^2，泡核桃，年产坚果 50 余公斤。

图 3-14　古树 G-15

水磨镇营地村五里排社，户主刘德成，海拔 2140m，树龄 250 余年，胸径为 92.40cm，树高 16.00m，冠幅为 374.08m^2，泡核桃，年产坚果 40 余公斤。

图 3-15　古树 G-17

龙头山镇光明村 11 社，户主李阳恒，海拔 1620m，树龄 100 余年，胸径为 55.00cm，树高 13.00m，冠幅为 234.68m^2，泡核桃，年产坚果 80 余公斤。

图 3-16　古树 G-18

龙头山镇光明村谭家坪子社，户主张文安，海拔 1770m，树龄 100 余年，胸径为 60.00m，树高 18.00m，冠幅为 284.90m^2，泡核桃，年产坚果 120 余公斤。

图 3-17　古树 G-19

龙头山镇光明村 16 社，户主张文宝，海拔 1950m，树龄 120 余年，胸径为 65.60cm，树高 13.00m，冠幅为 296.40m^2，泡核桃，年产坚果 80 余公斤。

图 3-18　古树 G-20

龙头山镇光明村 16 社，户主刘志荣，海拔 1855m，树龄 140 余年，胸径为 86.00cm，树高 18.00m，冠幅为 450.56m^2，泡核桃，年产坚果 110 余公斤。

图 3-19　古树 G-24

火德红乡银厂村下海子社，户主周开富，海拔 2000m，树龄 100 余年，胸径为 82.80cm，树高 16.00m，冠幅为 484.78m^2，夹棉核桃，不结果。

图 3-20　古树 G-21

龙头山镇龙井村新田社，户主杨德寿，海拔 1680m，树龄 260 余年，胸径为 122.60cm，树高 22.00m，冠幅为 667.10m^2，泡核桃，年产坚果 110 余公斤。

图 3-21　古树 G-26

江底乡水塘村飞来石，户主高玉荣，海拔 1890m，树龄 150 余年，胸径为 86.00cm，树高 20.00m，冠幅为 414.53m^2，泡核桃，年产坚果 170 余公斤。

图 3-22　古树 G-30

江底乡核桃坪，户主张乾问，海拔 1844m，树龄 300 余年，胸径为 89.20cm，树高 14.00m，冠幅为 204.32m²，泡核桃，挂果量少。

图 3-23　古树 G-31

江底乡核桃坪，户主张乾碧，海拔 1833m，树龄 320 余年，胸径为 101.90cm，树高 12.00m，冠幅为 147.18m²，泡核桃，年产坚果 15 公斤。

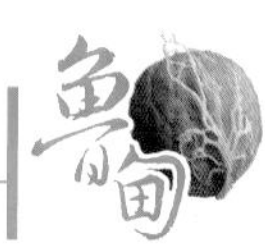

图 3-24　古树 G-33

龙头山龙井村甘水井社，户主李荣，海拔 1960m，树龄 120 余年，胸径为 90.00cm，树高 18.00m，冠幅为 378.10m^2，泡核桃，年产坚果 50 余公斤。

图 3-25　古树 G-34

龙头山龙井村甘水井社，户主李荣，海拔 1920m，树龄 120 余年，胸径为 90.00cm，树高 12.50m，冠幅为 288.77m^2，泡核桃，年产坚果 80 余公斤。

图 3-26　古树 G-35

乐红乡官寨村朱家脑包社，户主赵有才，海拔 2032m，树龄 110 余年，胸径为 87.00cm，树高 15.00m，冠幅为 563.50m^2，泡核桃，年产坚果 50 余公斤。

图 3-27　古树 G-37

乐红乡利外村杨家湾社，户主龙为得，海拔 1986m，树龄 250 余年，胸径为 92.00cm，树高 22.00m，冠幅为 342.88m^2，泡核桃，年产坚果 80 余公斤。

图 3-28　古树 G-42

乐红乡利外村苏家寨子社，户主王富波，海拔 1913m，树龄 120 余年，胸径为 74.80cm，树高 20.00m，冠幅为 506.61m^2，泡核桃，年产坚果 70 余公斤。

图 3-29　古树 G-43

乐红乡利外村大寨子社，海拔 1949m，树龄 250 余年，胸径为 165.60cm，树高 30.00m，冠幅为 342.09m^2，泡核桃，挂果量少。

图 3-30　古树 G-44

乐红乡利外村半边街社，户主吕相高，海拔 1727m，树龄 170 余年，胸径为 113.00cm，树高 16.00m，冠幅为 380.47m^2，泡核桃，年产坚果 170 余公斤。

图 3-31　古树 G-45

乐红乡对竹村蚂蚁社，户主刘定彩，海拔 2055m，树龄 200 余年，胸径为 125.80cm，树高 17.00m，冠幅为 572.62m^2，铁核桃，年产坚果 90 余公斤。

图 3-32　古树 G-50

龙头山镇八宝村西瓜地社，户主欧光海，海拔 20938m，树龄 160 余年，胸径为 76.00cm，树高 13.00m，冠幅为 378.86m^2，泡核桃，年产坚果 20 余公斤。

图 3-33　古树 G-47

乐红乡对竹村蚂蚁社，户主陈跃亮，海拔 1998m，树龄 220 余年，胸径为 143.30cm，树高 25.00m，冠幅为 712.50m^2，铁核桃，年产量 220 余公斤。

图 3-34　古树 G-49

乐红乡乐红村窝凼社，户主刘福银，海拔 1590m，树龄 200 余年，胸径为 113.00cm，树高 19.00m，冠幅为 288.16m^2，铁核桃，年产坚果 150 余公斤。

图 3-35　古树 G-51

龙头山镇八宝村西瓜地社，户主丁元能，海拔 2128m，树龄 150 余年，胸径为 89.00cm，树高 19.00m，冠幅为 552.19m^2，品质和产值不详。

图 3-36　古树 G-54

龙头山镇翠屏村大洼子社，户主熊光安，海拔 2084m，树龄 200 余年，胸径为 81.20cm，树高 18.00m，冠幅为 420.24m^2，泡核桃，年产坚果 150 余公斤。

图 3-37　古树 G-53

龙头山镇翠屏村大洼子社，户主张怀先，海拔 2084m，树龄 200 余年，胸径为 97.50cm，树高 20.00m，冠幅为 728.54m^2，泡核桃，产量不详。

图 3-38　古树 G-56

江底乡箐脚村 2 社，户主高玉宪，海拔 2073m，树龄 120 余年，胸径为 105.00cm，树高 20.00m，冠幅为 552.75m^2，泡核桃，产量不详。

图 3-39　古树 G-57

江底乡黎家湾子 2 社，户主黎荣凯，海拔 2073m，树龄 200 余年，胸径为 105.00cm，树高 10.00m，冠幅为 182.46m^2，品质和产量不详。

图 3-40　古树 G-58

江底乡黎家湾子 2 社，户主黎荣德，海拔 2073m，树龄 200 余年，
胸径为 97.10cm，树高 17.57m，冠幅为 756.00m^2。

图 3-41　古树 G-64

文屏镇安阁，户主周景成，海拔 1973m，树龄 150 余年，
胸径为 88.50cm，树高 20.00m，冠幅为 306.67m^2。

图 3-42　古树 G-66

文屏镇安阁 19 社，户主赵泽民，海拔 1973m，树龄 180 余年，胸径为 95.50cm，树高 11.00m，冠幅为 590.50m^2，泡核桃（露仁），年产坚果 100 余公斤。

图 3-43　古树 G-67

桃源乡小黑山，海拔 2045m，树龄 100 多年，胸径为 120.00cm，树高 19.00m，冠幅为 360.75m^2，泡核桃，丰产，年产坚果 80 余公斤。

图 3-44　古树 G-68

桃源乡桃源村，海拔 2013m，树龄为 120 余年，胸径 120.00cm，树高 25.00m，冠幅为 407.74m²，泡核桃，丰产，年产核桃坚果 200 余公斤。

图 3-45　古树 G-69

桃源乡小黑山，海拔 2060m，树龄 260 多年，胸径为 90.00cm，树高 26.0m，冠幅为 332.50m²，泡核桃，年产坚果 50 余公斤。

第三节　鲁甸原产核桃品种资源

一千万年前，核桃属植物起源于西南山地，六千多年前的鲁甸牛栏江流域就生长有茂密的野生铁核桃林，为鲁甸先民提供了天然食品。区域极为复杂的地理气候环境，不断推进鲁甸核桃进行外部形态与内部基因的演化，千百年的经济栽培又对鲁甸核桃进行了持续的人工优化，孕育了当今庞大而古老的鲁甸核桃变异群体，以及多样而珍贵的鲁甸核桃品种资源。调查表明，以鲁甸为中心的滇东北是世界核桃种质资源最富集的区域之一，是我国选育有特色、有影响力品种最有希望的地区。多年来，我们对区域丰富的品种资源进行了持续调查研究，选育出一批优良核桃品种供大规模生产推广，大大推动了区域核桃产业良种化进程（图 3-46 至图 3-49）。

部分品种参展第七届世界核桃大会，获得国内外专家的高度肯定（图 3-50、图 3-51）。可以预期，随着调查研究的深入，更多更优、更有特色的鲁甸核桃新品种将不断推出。

图 3-46　鲁甸核桃种质资源汇集

图 3-47　鲁甸核桃种质资源无性系测定园

图 3-48　核桃苗圃基地

图 3-49　丰产栽培示范园

图 3-50　鲁甸核桃参展第七届世界核桃大会

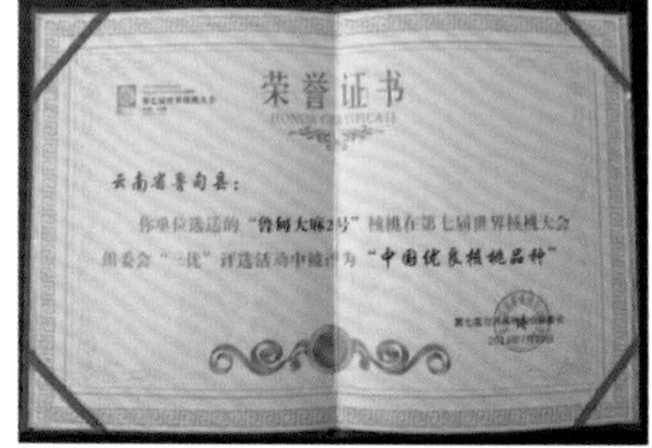

图 3-51　“鲁甸大麻 1 号”“鲁甸大麻 2 号”获得“中国优良核桃品种”称号

一、核桃优良品种

（一）鲁甸大麻 1 号（Juglans sigillata Dode.Ludiandama 1）（图 3-52 至图 3-65）

图3-52　母树

图3-53　枝、芽

图3-54　叶片

图 3-55　雌花

图 3-56　结果状

1. 主要物候期

该品种在鲁甸县4月上旬发芽，4月中旬雄花散粉，4月中下旬雌花盛花，雌花柱头微红，属于雄先型。果实9月下旬成熟，12月下旬落叶。

2. 植物学特性

高枝嫁接后3～4年试花试果，偏早结实品种类型。母树生长在龙头山镇龙井村，海拔1854m，树龄为38年，树势强，树姿开张，自然圆头形，树高15.0m，干径为49.0cm，分枝高2.3m，冠幅为218.79m^2。小叶为7～15片，11、13片居多，呈阔披针形；混合芽圆锥形，部分主芽有芽柄，主副芽距中。一年生枝呈红褐色，皮孔突出、密度稀。雌雄异花，每花枝平均着花3.0朵，每果枝平均坐果2.4个，冠幅投影面积产坚果0.34kg · m^{-2}。

3. 坚果经济性状

坚果扁圆球形，两肩平，底部较圆，缝合线突出、紧密，种尖钝尖，种壳麻；坚果三径均值为3.66cm，大果型品种；壳厚0.89mm，内褶壁退化，隔膜革质，易取仁；粒重14.44g，仁重7.23g，出仁率为50.07%；种仁瘦，白且饱满，食味香纯无涩，口感细腻。坚果仁含油率为72.60%，蛋白质含量为19.90%。

图3-57 丰产树

图3-58 丰产状

图3-59 坚果种仁

图3-60 核仁

4. 综合评价

该品种结实偏早、丰产、优质、耐贮藏，能明显避开晚霜危害，树体休眠期不易受冻害，2014 年通过云南省林木良种审定委员会品种审定，2013 年在第七届世界核桃大会上获得“中国优良核桃品种”称号。

图 3-62　2 年生树

图 3-61　1 年生树

图 3-63　3 年生树

图 3-64　4 年生树

图 3-65　5 年生树结果状

（二）鲁甸大麻 2 号（Juglans sigillata Dode.Ludiandama 2）（图 3-66 至图 3-78）

1. 主要物候期

该品种在鲁甸县 4 月上旬发芽，4 月中旬雄花散粉，4 月中下旬雌花盛花，雌花柱头黄绿色，属于雌雄同熟。果实 9 月下旬成熟，12 月下旬落叶。

图 3-66　母树

图 3-67　枝、芽

图 3-68　雌花

图 3-69　叶片

2. 植物学特性

高枝嫁接后 2 ～ 3 年结果，偏早结实品种类型。母树生长在龙头山镇龙井村，海拔 1870m，树龄为 40 年，树势强，树姿直立，自然半圆锥形，树高 6.5m，干径为 16.6cm，分枝高 1.2m，冠幅为 $46.8m^2$。小叶为 5 ～ 13 片，9 片居多，呈纺锤披针形；混合芽圆锥形，有芽柄，主副芽距中。一年生枝黄绿色，皮孔突出、中等密度。雌雄异花，每花枝平均着花 2.7 朵，每果枝平均坐果 2.3 个，冠幅投影面积产坚果 $0.43kg \cdot m^{-2}$。

3. 坚果经济性状

坚果扁圆球形，两肩平，底部较平，缝合线突出、紧密，种尖钝尖，种壳深麻；坚果三径均值为 3.99cm，大果型品种；壳厚 1.01mm，内褶壁退化，隔膜纸质，极易取仁；粒重 18.66g，仁重 9.43g，出仁率为 50.54%；种仁瘦，黄白饱满，食味香甜无涩，口感细腻。坚果仁含油率为 67.60%，蛋白质含量为 19.50%。

4. 综合评价

结实早、中熟（中秋节前）、丰产早、内堂挂果能力强，能明显避开晚霜危害，树体休眠期不易受冻害。2015 年通过云南省林木良种审定委员会品种审定，2013 年在第七届世界核桃大会获得“中国优良核桃品种”称号。

图 3-70　单枝结果状

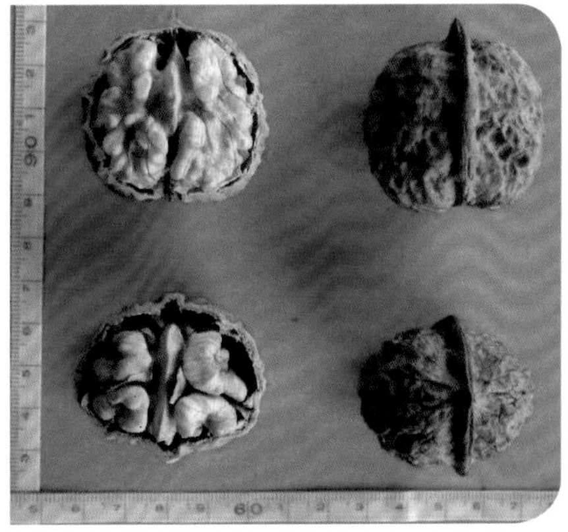

图 3-71　坚果种仁

图 3-72　2 年生树 | 图 3-75　5 年生树

图 3-73　3 年生树 | 图 3-76　6 年生树

图 3-74　4 年生树 | 图 3-77　7 年生树

图 3-78　8 年生树结果状

（三）鲁甸大泡 3 号（Juglans sigillata Dode.Ludiandapao 3）（图 3-79 至图 3-85）

1. 主要物候期

该品种在鲁甸县 4 月上旬发芽，4 月中旬雄花散粉，4 月中下旬雌花盛花，雌花柱头紫红色，属雄先型。果实 9 月下旬成熟，12 月下旬落叶。

图 3-79　母树

图 3-80　枝、芽

图 3-81　叶片

图 3-82　雌花

图 3-83　结果状

图 3-84　坚果

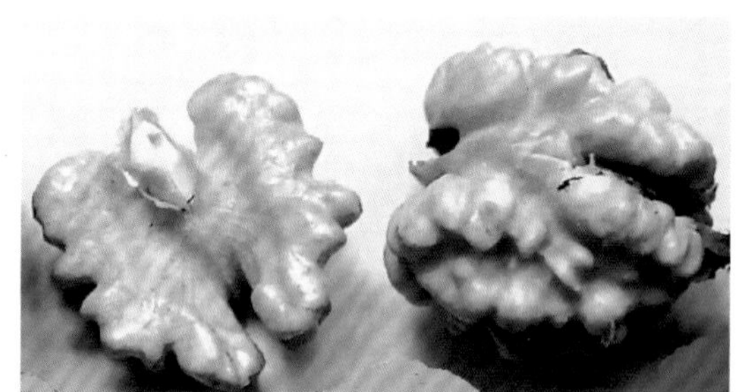
图 3-85　坚果种仁

2. 植物学特性

高枝嫁接后 3 ～ 5 年结果，晚实品种类型。母树生长在桃源乡桃源村小黑山社，海拔 2100m，东经 103°36′04″，北纬 27°08′08″。树龄为 50 年，树体高大，树势强，树姿直立开张，叶呈长披针形，叶片为 9 ～ 17 片，多为 9 ～ 13 片；在正常管理水平下枝叶茂盛、叶色深绿，主副芽明显，部分主芽有芽柄，主芽芽鳞裂开明显，成熟休眠枝深褐色。每花枝着花数 2.6 朵，每果枝坐果 2.4 个，冠幅投影面积产坚果 $0.32kg \cdot m^{-2}$。

3. 坚果经济性状

坚果扁圆球形，两肩平，底部稍突，缝合线突出、紧密，种尖钝尖，种壳浅麻；坚果三径均值为 3.97cm，大果型品种；壳厚 1.10mm，内褶壁退化，隔膜纸质，极易取仁；粒重 21.00g，仁重 11.20g，出仁率为 50.70%；种仁肥、浅紫饱满，食味香甜无涩，口感细腻。坚果仁含油率为 69.60%，蛋白质含量为 18.80%。

4. 综合评价

结实较早、中熟（中秋节前）、丰产早、内堂挂果能力强，能明显避开晚霜危害，树体休眠期不易受冻害。2015 年通过云南省林木良种审定委员会品种审定。

（四）云林 1 号（Juglans sigillata Dode.Yunlin 1）（图 3-86 至图 3-92）

1. 主要物候期

该品种在鲁甸县 4 月上旬发芽，4 月中旬雄花散粉，4 月下旬雌花盛花，雌花柱头微红，属于雄先型。果实 9 月中旬成熟，12 月下旬开始落叶。

图 3-86　母树

图 3-87　雌花

2. 植物学特性

母树生长在龙头山龙井村田边社，海拔 2149m，实生后代，树龄为 42 年，东经 103°20′25.6″，北纬 27°03′42.9″。树体、树势中等，树姿直立，自然圆头形，树高 11.0m，

图 3-88　枝、芽

图 3-89　叶片

干径为23.5cm，分枝高0.6m，冠幅为50.57m^2。小叶5～11片，9片居多，呈纺锤披针形；混合芽三角形，有芽柄，主副芽距中，主芽芽鳞裂开明显。成熟休眠枝深褐色，皮孔突出、中等密度。雌雄异花，每花枝平均着花3.4朵，每果枝平均坐果2.7个，冠幅投影面积产坚果0.36kg · m^{-2}。

3. 坚果经济性状

坚果扁圆球形，两肩平，底部较圆，缝合线突出、紧密，种尖钝尖，种壳浅麻；坚果三径均值为3.71cm，大果型品种；壳厚1.24mm，内褶壁退化，隔膜纸质，易取仁；粒重15.76g，仁重8.60g，出仁率为54.56%；种仁肥，灰白饱满，食味香纯无涩，口感细；坚果仁含油率为69.80%，蛋白质含量为19.60%。

图3-90　丰产状

图3-91　结果状

图3-92　坚果种仁

4. 综合评价

偏早结实：3 ～ 4 年生树高枝换接后 2 ～ 3 年开花结果，中熟，丰产；避晚霜能力强，树体休眠期不易受冻害。2013 年通过云南省林木良种审定委员会品种认定。

（五）云林 2 号（Juglans sigillata Dode.Yunlin 2）（图 3-93 至图 3-100）

1. 主要物候期

该品种在鲁甸县 4 月上旬发芽，4 月中旬雄花散粉，4 月下旬雌花盛花，雌花柱头黄绿色，属于雄先型。果实 9 月中旬成熟，12 月中旬落叶。

图 3-93　母树

图 3-94　雄花

2. 植物学特性

母树生长在龙头山八宝田家湾，海拔 1930m，实生后代，树龄为 60 年，东经 103°20′20.8″，北纬 27°04′42.8″。树体、树势强，树姿开张，自然开心形，树高 12.5m，干径为 58.4cm，分枝高 0.8m，冠幅为 366.30m^2。小叶为 5 ～ 9 片，9 片居多，呈阔披针形；混合芽三角形，无芽柄，主副芽距近，主芽芽鳞裂开明显。成熟休眠枝黄绿色，皮孔突出、密度稀。雌雄异花，每花枝平均着花 3.5 朵，每果枝平均坐果 2.8 个，冠幅投影面积产坚果 0.39kg · m^{-2}。

图 3-95　雌花

图 3-96　枝、芽

图 3-97　叶片

3. 坚果经济性状

坚果长扁圆球形，两肩圆，底部较圆，缝合线突出、紧密，种尖锐尖，种壳麻；坚果三径均值为3.59cm，壳厚0.92mm，内褶壁退化，隔膜纸质，易取仁；粒重13.70g，仁重6.95g，出仁率为50.73%；种仁瘦，黄白饱满，食味香甜无涩，口感细腻。坚果仁含油率为71.10%，蛋白质含量为18.20%。

图 3-98　丰产状

图 3-99　结果状

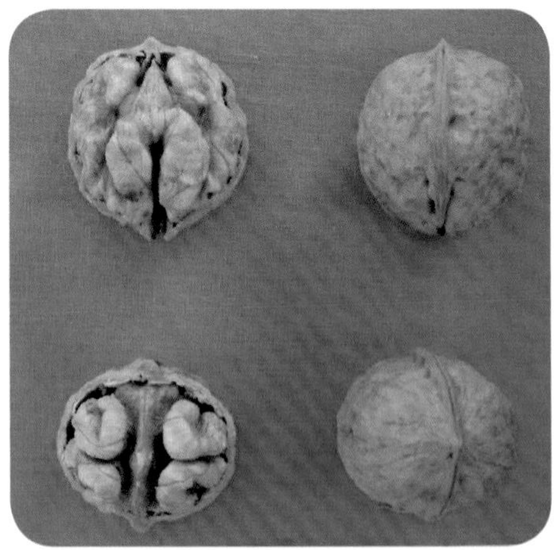

图 3-100　坚果种仁

4. 综合评价

偏早结实：3～4年生树高枝换接后2～3年开花结果，中熟，丰产；避晚霜能力

强，树体休眠期不易受冻害。2013 年通过云南省林木良种审定委员会品种认定。

（六）云林 3 号（Juglans sigillata Dode.Yunlin 3）（图 3-101 至图 3-108）

1. 主要物候期

该品种在鲁甸县 3 月下旬发芽，4 月上旬雄花散粉，4 月下旬雌花盛花，雌花柱头黄绿色，属于雄先型。果实 9 月中旬成熟，12 月下旬落叶。

图 3-101　母树

图 3-102　枝、芽

2. 植物学特性

母树生长在梭山乡查拉村李家坪子，海拔 1940m，实生后代，树龄为 20 年，东经 103°14′50.4″，北纬 27°16′45.6″。树体、树势中等，树姿直立，树形圆头形，树高 18.0m，干径为 26.0cm，分枝高 1.8m，冠幅为 48.73m^2。小叶为 7 ~ 11 片，7、9 枚居多，呈披针形；混合芽圆锥形，有芽柄，主副芽距中，主副芽明显，部分主芽有芽柄，主芽芽鳞裂开明显。成熟休眠枝深褐色，皮孔突出、中等密度。雌雄异花，每花枝平均着花 2.9 朵，每果枝平均坐果 2.5 个，冠幅投影面积产坚果 0.35kg · m^{-2}。

3. 坚果经济性状

坚果圆球形，两肩圆，底部较圆，缝合线稍突出、紧密，种尖钝尖，种壳浅麻；坚果三径均值为 3.41cm，壳厚 0.87mm，内褶壁发达，隔膜纸质，易取仁；粒重 11.69g，仁重 7.01g，出仁率为 59.99%；种仁肥，灰白饱满，食味香纯无涩，口感细。坚果仁含油率为 71.40%，蛋白质含量为 16.80%。

图 3-103　雌花

图 3-104　枝、芽

图 3-105　叶片

图 3-106　丰产状

图 3-107　单枝结果

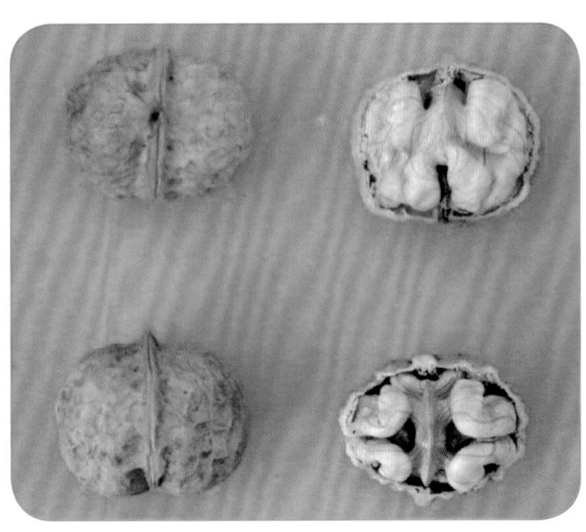

图 3-108　坚果种仁

4. 综合评价

偏早结实：3～4年生树高枝换接后2～3年开花结果，中熟，丰产；避晚霜能力强，树体休眠期不易受冻害。2013年通过云南省林木良种审定委员会品种认定。

（七）云林4号（Juglans sigillata Dode.Yunlin 4）（图3-109至图3-116）

1. 主要物候期

该品种在鲁甸县4月中旬发芽，4月下旬雄花散粉，4月下旬至5月上旬雌花盛花，雌花柱头淡黄色，属于雌雄同熟。果实9月中旬成熟，12月中旬落叶。

图3-109　母树

图3-110　发芽状

2. 植物学特性

母树生长在文屏镇马鹿沟村，海拔2130m，实生后代，树龄为40年，东经103°29′11.0″，北纬27°06′02.8″。树体、树势中等，树姿直立，自然圆头形，树高15.0m，干径为37.0cm，分枝高4.0m，冠幅为143.55m^2。小叶为5～11片，7片居多，呈阔披针形；混合芽三角形，无芽柄，无主副芽距，主副芽不明显，部分主芽有芽柄，主芽芽鳞裂开明显。成熟休眠枝红褐色，皮孔突出、中等密度。雌雄异花，每花枝平均着花3.3朵，每果枝平均坐果2.8个，冠幅投影面积产坚果0.49kg · m^{-2}。

3. 坚果经济性状

坚果扁圆球形，两肩圆，底部较圆，缝合线稍突出、紧密，种尖钝尖，种壳浅麻；坚果三径均值为3.48cm，壳厚0.75mm，内褶壁退化，隔膜纸质，极易取仁；粒重

12.08g，仁重 6.26g，出仁率为 51.82%；种仁瘦，浅紫饱满，食味香纯无涩，口感细。坚果仁含油率为 70.60%，蛋白质含量为 16.70%。

图 3-111　雌花

图 3-112　枝、芽

图 3-113 叶片

图 3-114　丰产状

图 3-115　单枝结果状

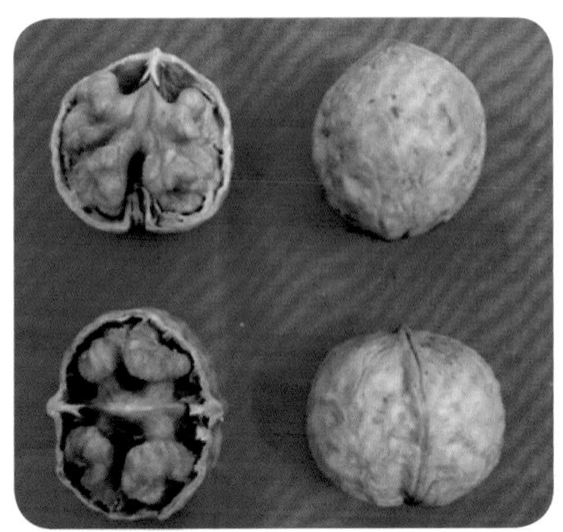
图 3-116　坚果种仁

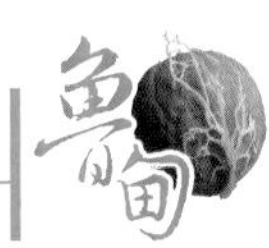

4. 综合评价

偏早结实：3 ～ 4 年生树高枝换接后 2 ～ 3 年开花结果，中熟，丰产；避晚霜能力强，树体休眠期不易受冻害。2013 年通过云南省林木良种审定委员会品种认定。

（八）云林 5 号（Juglans sigillata Dode.Yunlin 5）（图 3-117 至图 3-122）

1. 主要物候期

该品种在鲁甸县 3 月下旬发芽，4 月上旬雄花散粉，4 月中旬雌花盛花，雌花柱头微红、多黄白色，属于雄选型。果实 9 月中旬成熟，12 月中旬落叶。

2. 植物学特性

母树生长在鲁甸县龙头山镇沙坝村欧家老包社，户主为周仕民。实生后代，树龄为 100 年，海拔 1647m，东经 103°25′94″，北纬 27°07′05″。树体高大、树势强；在正常管理水平下枝叶茂盛、叶色深绿，小叶为纺锤披针形，7 ～ 15 片，多为 9、11 片；主副芽明显，部分主芽有芽柄，主芽芽鳞裂开明显，成熟休眠枝深褐色；每花枝平均着花 2.7 朵，每果枝平均坐果 2.3 个，冠幅投影面积产坚果 0.49kg · m^{-2}。

图 3-117　母树

图 3-118 枝、芽

图 3-119 叶片

图 3-120 柱头

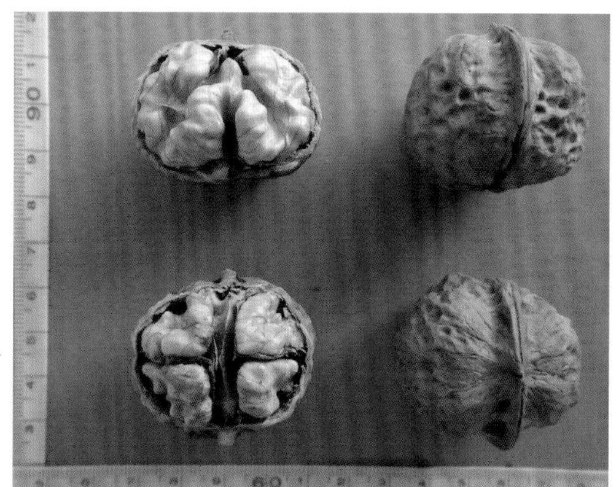
图 3-121 坚果种仁

图 3-122 结果状

3. 坚果经济性状

坚果短扁圆球形，两肩圆，底部平，缝合线突出、紧密，种尖钝尖，种壳浅麻；种

实中果型，三径均值为3.36cm，壳厚0.92mm，仁重13.47g，粒重7.66g，种实饱满，取仁易（能取整仁）、仁色浅灰白，出仁率为56.87%，含油率为69.80%，蛋白质含量为20.90%。食味香纯无涩味，口感细腻。

4. 综合评价

偏早结实：3～4年生树高枝换接后2～3年开花结果，中熟，丰产；避晚霜能力强，树体休眠期不易受冻害。2015年通过云南省林木良种审定委员会品种认定。

（九）云林6号（*Juglans sigillata* Dode.Yunlin 6）（图3-123至图3-128）

1. 主要物候期

该品种在鲁甸县3月下旬发芽，4月上旬雄花散粉，4月中、下旬雌花盛开，5～6月果实膨大，果实9月下旬成熟，12月下旬落叶。

2. 植物学特性

母树生长在鲁甸县龙头山镇龙井村，户主为徐照云。实生后代，树龄为60年，海拔1929m，东经103°26′65″，北纬27°02′38″。树体高大、树势强；在正常管理水平下枝叶茂盛、叶色深绿，小叶为阔披针形，7～13片，多为9～11片；主副芽明显，部分主芽有芽柄，主芽芽鳞裂开明显。成熟休眠枝为红褐色。每花枝平均着花2.8朵，每果

图3-123　母树、单枝结果、坚果种仁

图 3-124　丰产状

图 3-125　雌花柱头

图 3-127　枝

图 3-126　雄花

图 3-128　叶片

枝平均坐果 2.6 个，冠幅投影面积产坚果 0.43kg · m^{-2}。

3. 坚果经济性状

坚果扁圆球形，两肩圆，底部稍突，缝合线突出、紧密，种尖钝尖，种壳浅麻；种实中果型，三径均值为 3.52cm，种壳较光滑，壳厚 1.06mm，粒重 14.48g，仁重 7.93g，种实饱满，取仁易（能取整仁）、仁色黄白，出仁率为 54.79%，含油率为 68.90%，蛋白质含量为 22.20%，食味香，口感细。

4. 综合评价

偏早结实：3 ～ 4 年生树高枝换接后 2 ～ 3 年开花结果，中熟，连续丰产；避晚霜能力强，树体休眠期不易受冻害。2015 年通过云南省林木良种审定委员会品种认定。

（十）云林 7 号（*Juglans sigillata* **Dode.Yunlin 7**）（图 3-129 至图 3-136）

1. 主要物候期

该品种在鲁甸县 3 月下旬发芽，4 月上旬雄花散粉，4 月上旬雌花盛开，雌花柱头微红，属于雌先型。5 ～ 7 月为果实速生期，9 月上旬果实成熟，12 月中旬落叶。

2. 植物学特性

母树生长在龙头山镇光明村 16 社，海拔 1997m，树龄为 30 年，树势强，树姿直立，自然圆头形，树高 10.0m，干径为 32.0cm，分枝高 1.1m，冠幅为 91.81m^2。小叶 3 ～ 9 片，7、9 片居多，呈纺锤披针形；混合芽圆锥形，无芽柄，主副芽距近。一年生枝灰绿色，皮孔平滑、密度稀。雌雄异花，每花枝平均着花 2.6 朵，每果枝平均坐果 2.2 个，冠幅投影面积产坚果 0.36kg · m^{-2}。

3. 坚果经济性状

坚果呈长扁圆球形，两肩圆，底部较圆，缝合线突出、紧密，种尖钝尖，种壳浅麻；种实中果型，三径均值为 3.40cm，种壳刻纹大浅，壳厚 1.03mm，粒重 14.66g，仁重 8.51g，种实饱满，取仁易（能取整仁）、仁色黄白，出仁率为 58.05%，含油率为 69.40%，蛋白质含量为 18.90%。

图 3-129　母树

图 3-130　枝、芽

图 3-131　叶片

4. 综合评价

偏早结实：3 ～ 4 年生树高枝换接后 2 年开花结果，中熟，连续丰产性好；避晚霜能力强，树体休眠期不易受冻害。2016 年通过云南省林木良种审定委员会品种认定。

图 3-132　雌花

图 3-133 雄花

图 3-134　单枝结果

图 3-135　坚果种仁

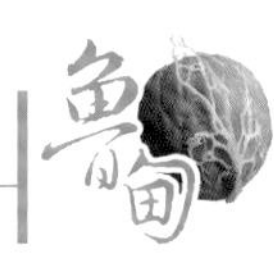

图 3-136　丰产状

（十一）云林 8 号（*Juglans sigillata* Dode.Yunlin 8）（图 3-137 至图 3-143）

1. 主要物候期

该品种在鲁甸县 3 月下旬发芽，4 月中旬雄花散粉，4 月下旬雌花盛花，雌花柱头黄绿色，属于雄先型。5 ～ 7 月为果实速生期，9 月中下旬果实成熟，12 月下旬落叶。

2. 植物学特性

母树生长在小寨乡赵家海村新坪社，海拔 1977m，树龄为 20 年，树势强，树姿直立，自然圆头形，树高 8.0m，干径为 15.9cm，分枝高 2.2m，冠幅为 20.63m^2。小叶 9 ～ 13 片，呈阔披针形；混合芽三角形，无芽柄，主副芽距近。一年生枝灰绿色，皮孔突出、中等密度。雌雄异花，每花枝平均着花 2.8 朵，每果枝平均坐果 2.4 个，冠幅投影面积产坚果 0.33kg · m^{-2}。

3. 坚果经济性状

坚果扁圆球形，两肩平，底部稍突，缝合线稍突起、紧密牢固，种尖钝尖，种壳浅麻；种实中果型，三径均值为 3.28cm，种壳刻纹大浅，壳厚 1.06mm，粒重 14.50g，仁重 7.95g，种实饱满，取仁易、仁色黄白，出仁率为 54.86%，含油率为 65.40%，蛋白质含量为 23.70%。食味香纯无涩味、口感细腻。

4. 综合评价

偏早结实：3 ～ 4 年生树高枝换接后 2 ～ 3 年开花结果，中熟，丰产性好；避晚霜能力强，树体休眠期不易受冻害。2016 年通过云南省林木良种审定委员会品种认定。

图 **3-137**　母树

图 **3-139**　雌花

图 **3-140**　雄花

图 **3-138**　枝、芽

图 **3-141**　结果状

图 **3-142**　坚果种仁

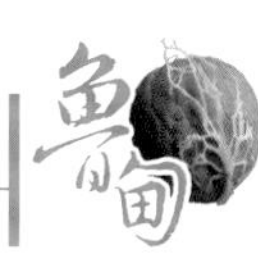

图 3-143　丰产结果状

（十二）云林 9 号（*Juglans sigillata* Dode.Yunlin 9）（图 3-144 至图 3-151）

1. 主要物候期

该品种在鲁甸县 4 月上旬发芽，4 月中旬雄花散粉，4 月下旬雌花盛花，雌花柱头黄绿色，属于雌先型。5 ～ 7 月为果实速生期，9 月上旬果实成熟，12 月下旬落叶。

2. 植物学特性

母树生长在桃源乡桃源村，海拔 1894m，树龄为 27 年，树势强，树姿直立，自然圆头形，树高 13.0m，干径为 35.0cm，分枝高 1.3m，冠幅为 110.98m^2。小叶为 5 ～ 13 片，7、9、11 片居多，呈披针形；混合芽三角形，无芽柄，主副芽距近。一年生枝黄色，皮孔较突出、中等密度。雌雄异花，每花枝平均着花 3.3 朵，每果枝平均坐果 2.6 个，冠幅投影面积产坚果 0.39kg · m^{-2}。

3. 坚果经济性状

坚果扁圆球形，两肩圆，底部较圆，缝合线突出、紧密，种尖钝尖，种壳麻；坚果三径均值为 3.80cm，壳厚 1.00mm，内褶壁退化，隔膜纸质，极易取仁；粒重 13.77g，仁重 7.05g，出仁率为 51.20%；种仁白且饱满，食味香纯无涩，口感细。坚果仁含油率为 71.10%，蛋白质含量为 18.20%。

图 3-144　母树

图 3-145　枝、芽

图 3-146　叶片

图 3-147　雌花

图 3-148　雄花

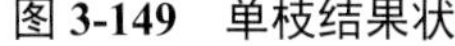

图 3-149　单枝结果状

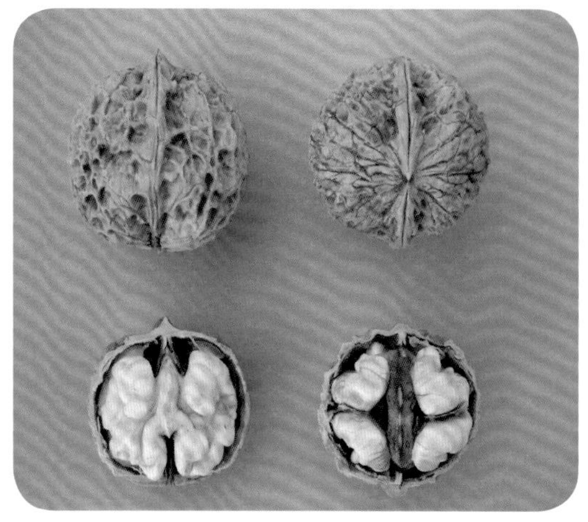

图 3-150　坚果种仁

图 3-151　丰产结果状

4. 综合评价

优质，中熟，丰产；避晚霜能力强，树体休眠期不易受冻害。2016 年通过云南省林木良种审定委员会品种认定。

二、鲁甸核桃优良无性系

（一）滇鲁 X001（*Juglans sigillata* Dode.Dianlu X001）（图 3-152 至图 3-158）

1. 主要物候期

该品种在鲁甸县 3 月中旬发芽，3 月下旬雄花散粉，4 月上中旬雌花盛花，雌花柱头颜色黄绿色，属于雄先型。果实 9 月上旬成熟，12 月上旬落叶。

2. 植物学特性

母树生长在火德红乡银厂村下海子社，海拔 1936m，树龄为 30 年，树势中等，树姿直立，自然开心形，树高 6.5m，干径为 14.6cm，冠幅为 $33.67m^2$。小叶为 5 ～ 11 片，9 片居多，呈阔披针形；混合芽长三角形，无芽柄，主副芽距近。一年生枝灰绿色，皮孔突出、中等密度。雌雄异花，每花枝平均着花 3.1 朵，每果枝平均坐果 2.3 个，冠幅投影面积产坚果 $0.24kg \cdot m^{-2}$。

图 3-152　母树

图 3-153　雄花

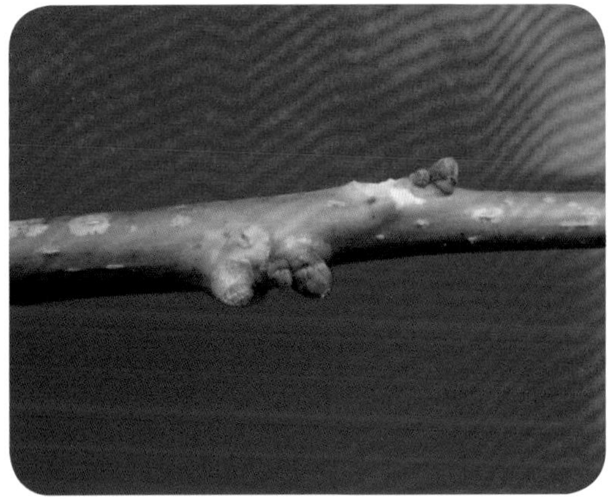
图 3-154　枝、芽

图 3-155　雌花

图 3-156　结果状

图 3-157　鲜果

3. 坚果经济性状

坚果圆球形，两肩圆，底部较圆，缝合线平且紧密，种尖钝尖，种壳浅麻，果型美观；坚果三径均值为 2.92cm，壳厚 0.66mm，内褶壁退化，隔膜纸质，极易取仁；粒重 8.32g，仁重 5.30g，出仁率 63.70%；种仁肥，黄白饱满，食味香纯无涩，口感细。坚果仁含油率为 67.60%，蛋白质含量为 19.50%。

4. 霜冻情况

近 10 年有 1 年霜冻，未见减产和绝产；2011 年雄花被冻，但不影响散粉，雌花未受冻。

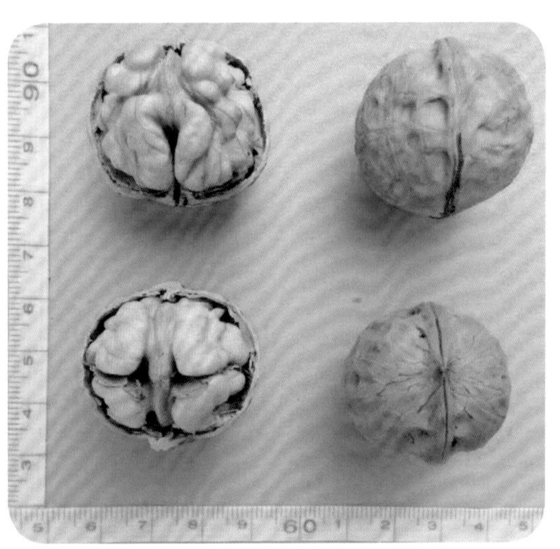

图 3-158　坚果种仁

（二）滇鲁 X002（*Juglans sigillata* Dode.Dianlu X002）（图 3-159 至图 3-163）

1. 主要物候期

该品种在鲁甸县 3 月上旬发芽，3 月下旬雄花散粉，4 月上旬雌花盛花，雌花柱头颜色淡黄色，属于雄先型。果实 9 月上旬成熟，12 月中旬落叶。

2. 植物学特性

母树生长在火德红乡银厂村王家坪子社台脚地，海拔 2020m，树龄为 100 多年，树势强，树姿半开张，自然开心形，树高 14.0m，干径为 58.60cm，分枝高 1.8m，冠幅为 99.08m^2。小叶为 5 ～ 9 片，7、9 片居多，呈阔披针形；混合芽圆锥形，无芽柄，主副芽距近。一年生枝红褐色，皮孔平滑、中等密度。雌雄异花，每花枝平均着花 2.9 朵，每果枝平均坐果 2.3 个，冠幅投影面积产坚果 0.25kg · m^{-2}。

图 3-159 母树

图 3-160 枝、芽

图 3-161 雌花

图 3-162 结果状

图 3-163 坚果种仁

3. 坚果经济性状

坚果扁圆球形，两肩圆，底部较平，缝合线紧密突出，种尖钝尖，种壳浅麻；坚果三径均值为 2.66cm，壳厚 0.82mm，内褶壁退化，隔膜纸质，易取仁；粒重 6.54g，仁重 3.55g，出仁率为 54.28%；种仁肥，黄白饱满，食味香纯无涩，口感细腻。坚果仁含油率为 71.80%，蛋白质含量为 16.80%。

4. 霜冻情况

近 10 年有 2 年霜冻，其中 1 年绝产，1 年减产；2011 年雄花芽、顶芽受冻，侧芽部分受冻。

（三）滇鲁 X003（*Juglans sigillata* Dode.Dianlu X003）（图 3-164 至图 3-168）

1. 主要物候期

该品种在鲁甸县 3 月上旬发芽，3 月下旬雄花散粉，4 月中旬雌花盛花，雌花柱头颜色淡黄色，属于雄 先型。果实 9 月上旬成熟，12 月中旬落叶。

2. 植物学特性

母树生长在乐红乡利外村山脚社，海拔 2025m，树龄为 90 年，树势强，树姿直立，树高 20.0m，干径为 65.0cm，分枝高 1.9m，冠幅为 95.00m^2。小叶为 5 ～ 9 片，呈阔披针形；混合芽三角形，无芽柄，主副芽距近。一年生枝绿色，皮孔较突出、密度稀。雌雄异花，每花枝平均着花 2.5 朵，每果枝平均坐果 2.0 个，冠幅投影面积产坚果 0.32$kg \cdot m^{-2}$。

图 3-164　母树

图3-165　发芽

图 3-166　雌花

3. 坚果经济性状

坚果圆球形，两肩平，底部较圆，缝合线稍突出、紧密，种尖钝尖，种壳麻；坚果三径均值为 2.99cm，壳厚 0.90mm，内褶壁退化，隔膜纸质，易取仁；粒重 8.84g，仁重 5.10g，出仁率为 57.69%；种仁瘦，黄白饱满，食味香甜无涩，口感细。坚果仁含油率为 71.70%，蛋白质含量为 17.70%。

4. 霜冻情况

近 10 年有 2 年霜冻，2 年减产；2011 年顶芽受冻，但影响不大。

图 3-167 结果状

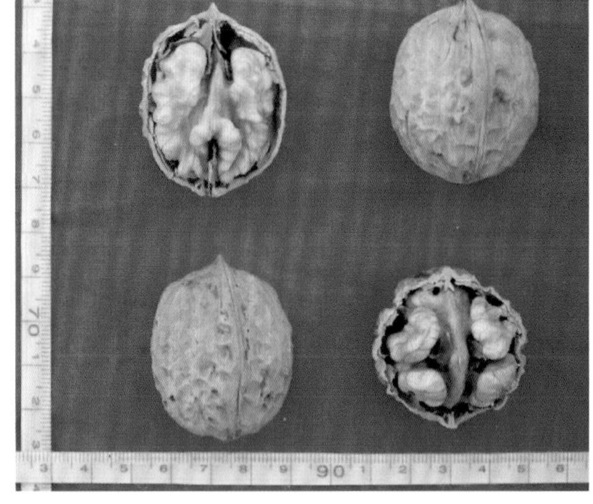

图 3-168 坚果种仁

（四）滇鲁 X004（*Juglans sigillata* Dode.Dianlu X004）（图 3-169 至图 3-175）

1. 主要物候期

该品种在鲁甸县 3 月上旬发芽，4 月中旬雄花散粉，4 月上旬雌花盛花，雌花柱头微红，属于雌先型。果实 9 月上旬成熟，12 月上旬落叶。

图 3-169 母树

图 3-170　枝、芽

图 3-171　雄花序

图 3-172　雌花

图 3-173　丰产状

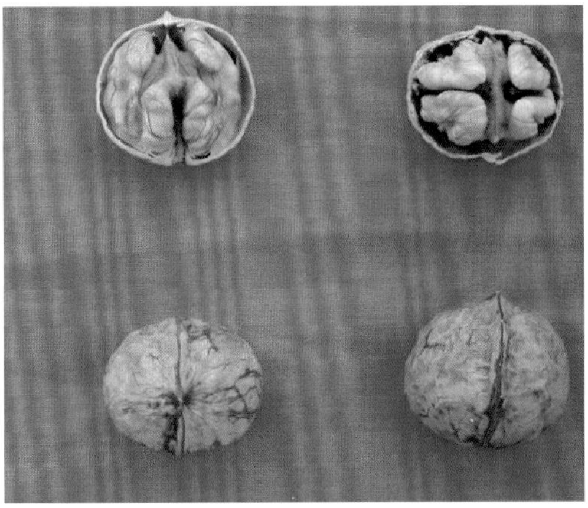

图 3-174　坚果种仁

图 3-175　结果状

2. 植物学特性

母树生长在龙头山镇八宝村西瓜地社，海拔 2093m，树龄为 35 年，树势强，树姿开张，自然开心形，树高 10.5m，干径为 32.4cm，分枝高 1.0m，冠幅为 63.87m^2。小叶为 7 ～ 13 片，9、11 片居多，呈阔披针形；混合芽长圆形，无芽柄，主副芽距近。一年生枝黄绿色，皮孔突出、中等密度。雌雄异花，每花枝平均着花 3.4 朵，每果枝平均坐果 3.1 个，冠幅投影面积产坚果 0.39kg · m^{-2}。

3. 坚果经济性状

坚果圆球形，两肩圆，底部较圆，缝合线稍突出、紧密，种尖钝尖，种壳浅麻；坚果三径均值为 2.61cm，壳厚 0.70mm，内褶壁退化，隔膜纸质，极易取仁；粒重 5.99g，仁重 3.59g，出仁率为 59.90%；种仁瘦，黄白饱满，食味香纯无涩，口感细。坚果仁含油率为 68.40%，蛋白质含量为 20.20%。

4. 霜冻情况

近 10 年未受霜冻。

（五）滇鲁 X005（*Juglans sigillata* Dode.Dianlu X005）（图 3-176 至图 3-180）

1. 主要物候期

该品种在鲁甸县 3 月上旬发芽，4 月上旬雄花散粉，4 月中旬雌花盛花，雌花柱头黄绿色，属于雄先型。果实 8 月下旬成熟，12 月上旬落叶。

图 **3-176**　母树

图 **3-177**　枝、芽

2. 植物学特性

母树生长在龙头山镇光明村 11 社，海拔 1620m，树龄为 100 年，树势强，树姿半开张，自然开心形，树高 13.0m，干径为 55.0cm，分枝高 2.8m，冠幅为 234.99m^2。小叶为 5～9 片，5、7 片居多，呈纺锤披针形；混合芽长圆形，无芽柄，主副芽距近。一年生枝灰绿色，皮孔突出、中等密度。雌雄异花，每花枝平均着花 2.3 朵，每果枝平均坐果 2.1 个，冠幅投影面积产坚果 0.43kg · m^{-2}。

3. 坚果经济性状

坚果扁圆球形，两肩平，底部较圆，缝合线突出、紧密，种尖钝尖，种壳浅麻；坚果三径均值为 2.97cm，壳厚 0.94mm，内褶壁退化，隔膜骨质，易取仁；粒重 9.09g，仁

重 4.65g，出仁率为 51.16%；种仁瘦，黄白饱满，食味香纯无涩，口感细。坚果仁含油率为 69.40%，蛋白质含量为 19.20%。

图 3-178　雌花

图 3-179　结果状

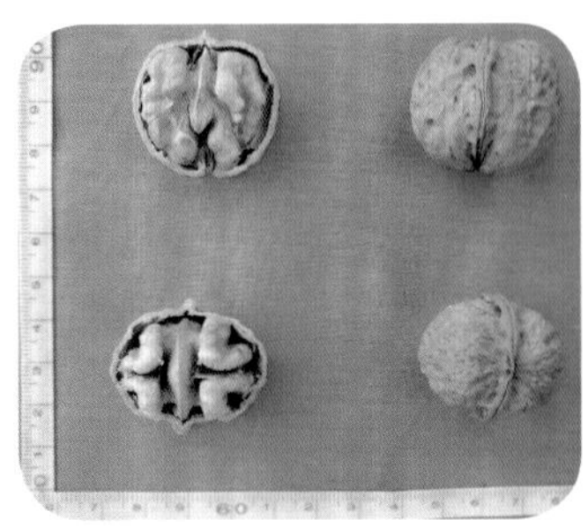

图 3-180　坚果种仁

4. 霜冻情况

近 10 年未受霜冻。

（六）滇鲁 X006（*Juglans sigillata* Dode.Dianlu X006）（图 3-181 至图 3-187）

1. 主要物候期

该品种在鲁甸县 3 月中旬发芽，3 月下旬雄花散粉，3 月下旬雌花盛花，雌花柱头微红，属于雌先型。果实 9 月上旬成熟，12 月下旬落叶。

2. 植物学特性

母树生长在龙头山镇光明村谭家坪子社，海拔 1770m，树龄为 100 多年，树势强，树姿半开张，自然开心形，树高 18.0m，干径为 60.0cm，分枝高 0.5m，冠幅为 284.97m^2。小叶为 5 ～ 9 片，7、9 片居多，呈纺锤披针形；混合芽长三角形，有芽柄，主副芽距中。一年生枝灰绿色，皮孔突出、密度密。雌雄异花，每花枝平均着花 2.4 朵，每果枝平均坐果 2.1 个，冠幅投影面积产坚果 0.56kg · m^{-2}。

图 3-181　母树

图 3-182　雄花

3. 坚果经济性状

坚果短扁圆球形，两肩圆，底部较圆，缝合线稍突出、紧密，种尖锐尖，种壳浅麻;坚果三径均值为 2.91cm，壳厚 0.60mm，内褶壁退化，隔膜纸质，易取仁；粒重 8.92g，仁重 5.84g，出仁率为 65.47%；种仁肥，灰白饱满，食味香纯无涩，口感细。坚果仁含油率为 69.00%，蛋白质含量为 20.90%。

图 3-183　枝、芽

图 3-184　雌花

图 3-185　结果状

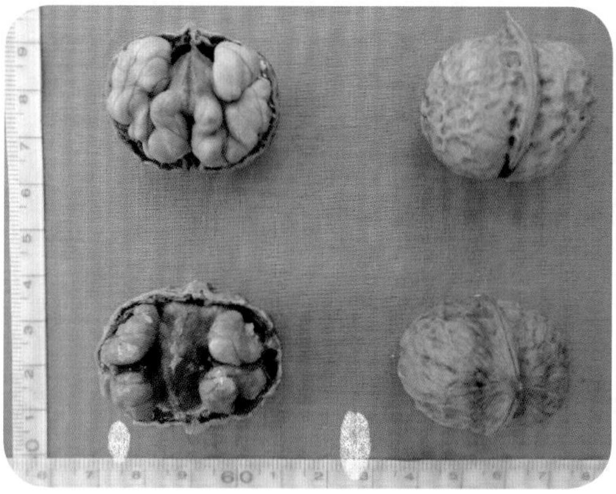

图 3-186　坚果种仁

图 3-187　青果形状

4. 霜冻情况

近 10 年未受霜冻。

（七）滇鲁 X008（*Juglans sigillata* Dode.Dianlu X008）（图 3-188 至图 3-192）

1. 主要物候期

该品种在鲁甸县 3 月上旬发芽，4 月中旬雄花散粉，4 月上中旬雌花盛花，雌花柱头淡黄色，属于雄先型。果实 9 月上旬成熟，12 月中旬落叶。

图 3-188　母树

2. 植物学特性

母树生长在梭山乡查拉村陈家梁子社，海拔 2136m，树龄为 30 年，树势强，树姿开张，自然圆头形，树高 15.0m，干径这 63.5cm，分枝高 1.4m，冠幅为 195.85m^2。小叶为 5 ～ 11 片，呈披针形；混合芽圆锥形，无芽柄，主副芽距近。一年生枝黄绿色，皮孔突出、中等密度。雌雄异花，每花枝平均着花 2.5 朵，每果枝平均坐果 2.4 个，冠幅投影面积产坚果为 0.31kg · m^{-2}。

图 **3-189**　雌花

图 **3-190**　枝、芽

3. 坚果经济性状

坚果呈椭圆球形，两肩圆，底部较圆，缝合线稍突出、紧密，种尖锐尖，种壳浅麻；坚果三径均值为2.92cm，壳厚0.96mm，内褶壁退化，隔膜纸质，易取仁；粒重8.16g，仁重4.45g，出仁率为54.53%；种仁瘦，黄白饱满，食味香甜无涩，口感细。坚果仁含油率为66.90%，蛋白质含量为20.90%。

图3-191 结果状

图3-192 坚果种仁

4. 霜冻情况

近10年内有2年受霜冻，导致减产。

（八）滇鲁X009（*Juglans sigillata* Dode. Dianlu X009）（图3-193至图3-197）

1. 主要物候期

该品种在鲁甸县3月中旬发芽，4月中旬雄花散粉，4月下旬雌花盛花，雌花柱头微红，属于雌雄同熟。果实9月上旬成熟，12月上旬落叶。

2. 植物学特性

母树生长在小寨乡小寨村白龙井社，海拔1962m，树龄为30年，树势强，树姿直立，自然圆头形，树高12.0m，干径为41.0cm，分枝高0.6m，冠幅为106.89m^2。小叶为7～11片，呈披针形；混合芽三角形，无芽柄，主副芽距近。一年生枝黄绿色，皮孔突出、中等密度。雌雄异花，每花枝平均着花2.6朵，每果枝平均坐果2.3个，冠幅投影面积产坚果0.23$kg \cdot m^{-2}$。

3. 坚果经济性状

坚果圆球形，两肩圆，底部较平，缝合线稍突出、紧密，种尖钝尖，种壳浅麻；坚果三径均值为2.97cm，壳厚1.33mm，内褶壁退化，隔膜革质，易取仁；粒重10.71g，仁重5.93g，出仁率为55.37%；种仁肥，黄白饱满，食味香纯无涩，口感细。坚果仁含油率为70.20%，蛋白质含量为20.10%。

4. 霜冻情况

近 10 年内未受霜冻。

图 3-193　母树

图 3-194　雌花

图 3-195　丰产状

图 3-196　结果状

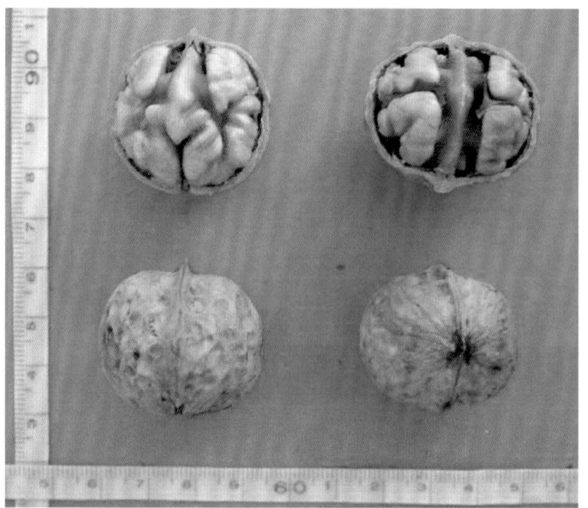
图 3-197　坚果种仁

（九）滇鲁 X010（*Juglans sigillata* Dode.Dianlu X010）（图 3-198 至图 3-202）

1. 主要物候期

该品种在鲁甸县 3 月中旬发芽，4 月上旬雄花散粉，4 月中旬雌花盛花，雌花柱头黄绿色，属于雄先型。果实 8 月下旬成熟，12 月上旬落叶。

2. 植物学特性

母树生长在小寨乡小寨村窝子箐社，海拔 1815m，树龄为 78 年，树势强，树姿直

图 3-198　母树

图 3-199　枝、芽
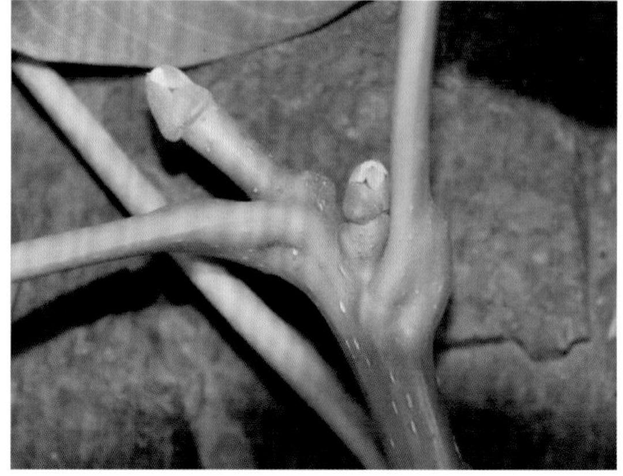

立，自然开心形，树高 13.0m，干径为 38.0cm，分枝高 2.0m，冠幅为 104.86m^2。小叶为 7 ～ 13 片，9、11 片居多，呈披针形；混合芽三角形，有芽柄，主副芽距中。一年生枝红褐色，皮孔较突出、中等密度。雌雄异花，每花枝平均着花 2.7 朵，每果枝平均坐果 2.3 个，冠幅投影面积产坚果 0.22kg · m^{-2}。

3. 坚果经济性状

坚果扁圆球形，两肩圆，底部较圆，缝合线突出、紧密，种尖钝尖，种壳麻；坚果三径均值为 2.85cm，壳厚 1.11mm，内褶壁退化，隔膜纸质，易取仁；粒重 9.44g，仁重 4.83g，出仁率为 51.16%；种仁肥，灰白饱满，食味香纯无涩，口感细。

4. 霜冻情况

近 10 年内未受霜冻。

图 3-200　雌花

图 3-201　结果状

图 3-202　坚果

5. 主要营养成分

坚果仁含油率为 69.8%，蛋白质含量为 19.6%。

（十）滇鲁 X025（*Juglans sigillata* Dode.Dianlu X025）（图 3-203 至图 3-208）

1. 主要物候期

该品种在鲁甸县 3 月中旬发芽，4 月上旬雄花散粉，4 月中旬雌花盛花，雌花柱头微红，属于雄先型。果实 9 月中旬成熟，12 月下旬落叶。

2. 植物学特性

母树生长在小寨乡小寨村营山社，海拔 1944m，树龄为 20 年，树势强，树姿直立，自然圆锥形，树高 8.0m，干径为 20.8cm，分枝高 0.4m，冠幅为 72.32m^2。小叶为 7 ～ 11 片，9 片居多，呈阔披针形；混合芽圆锥形，无芽柄，主副芽距近。一年生枝黄绿色，皮孔突出、中等密度。雌雄异花，每花枝平均着花 2.5 朵，每果枝平均坐果 2.1 个，冠幅投影面积产坚果 0.23kg · m^{-2}。

3. 坚果经济性状

坚果短扁圆球形，两肩平，底部较平，缝合线突出、松，种尖钝尖，种壳麻；坚果三径均值为 2.91cm，壳厚 0.61mm，内褶壁退化，隔膜纸质，极易取仁；粒重 7.15g，仁重 4.16g，出仁率为 58.22%；种仁肥，黄白饱满，食味香纯无涩，口感细。

图 3-203　母树

图 3-204　雄花

图 3-205　雌花

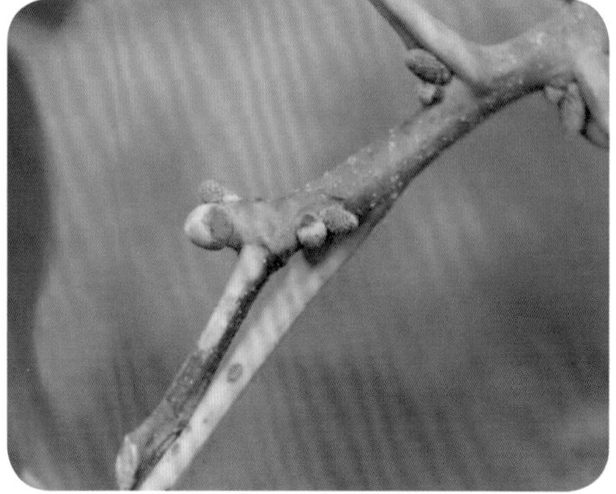

图 3-206　枝、芽

图 3-207　结果状

图 3-208　坚果种仁

4. 霜冻情况

近 10 年未受冻害。

（十一）滇鲁 Z001（*Juglans sigillata* Dode.Dianlu Z001）（图 3-209 至图 3-214）

1. 主要物候期

该品种在鲁甸县 3 月上旬发芽，4 月上旬雄花散粉，4 月下旬雌花盛花，雌花柱头淡黄色，属于雌先型。果实 9 月中旬成熟，12 月下旬落叶。

图 3-209　母树

图 3-210　枝、芽

2. 植物学特性

母树生长在火德红乡李家山村鹰哥咀社，海拔 1841m，树龄为 21 年，树势强，树姿直立，自然开心形，树高 9.5m，干径为 35.7cm，基部丛生，冠幅为 51.54m^2。小叶为 7 ～ 15 片，呈披针形；混合芽圆锥形，有芽柄，主副芽距稀。一年生枝黄绿色，皮孔较突出、密度稀。雌雄异花，每花枝平均着花 2.7 朵，每果枝平均坐果 2.3 个，冠幅投影面积产坚果 0.41kg · m^{-2}。

图 3-211 发芽

图 3-212 雌花

图 3-213 雄花散粉

图 3-214 结果状及青果

3. 坚果经济性状

坚果短扁圆球形，两肩平，底部较圆，缝合线突出、紧密，种尖锐尖，种壳麻；坚果三径均值为 3.46cm，壳厚 0.73mm，内褶壁退化，隔膜革质，易取仁；粒重 13.54g，仁重 8.57g，出仁率为 63.29%；种仁肥，白且饱满，食味香纯无涩，口感细腻。坚果仁含油率为 71.31%，蛋白质含量为 19.92%。

4. 霜冻情况

近 10 年内未受霜冻。

（十二）滇鲁 Z002（*Juglans sigillata* Dode.Dianlu Z002）（图 3-215 至图 3-221）

1. 主要物候期

该品种在鲁甸县 3 月上旬发芽，3 月下旬雄花散粉，4 月上旬雌花盛花，雌花柱头红色，属于雄先型。果实 9 月上旬成熟，12 月中旬落叶。

2. 植物学特性

母树生长在江底乡江底村核桃坪社核桃坪，海拔 1779m，树龄为 100 多年，树势中等，树姿直立，自然开心形，树高 19.0m，干径为 52.6cm，分枝高 1.5m，冠幅为 286.76m^2。小叶为 7 ～ 9 片，呈阔披针形；混合芽三角形，无芽柄，主副芽距近。一年生枝褐色，皮孔突出、中等密度。雌雄异花，每花枝平均着花 2.9 朵，每果枝平均坐果

2.2 个，冠幅投影面积产坚果 0.21kg · m^{-2}。

3. 坚果经济性状

坚果短扁圆球形，两肩平，底部较平，缝合线稍突出、紧密，种尖钝尖，种壳浅麻；坚果三径均值为 3.44cm，壳厚 1.00mm，内褶壁退化，隔膜革质，易取仁；粒重 13.98g，仁重 8.19g，出仁率为 58.58%；种仁肥，紫色饱满，食味香甜微涩，口感细。坚果仁含油率为 70.22%，蛋白质含量为 17.53%。

4. 霜冻情况

近 10 年内有 2 年受霜冻影响导致减产。

图 3-215　母树

图 3-216　枝、芽

图 3-217　雄花

图 3-218　雌花

图 3-219　结果状

图 3-220　丰产状

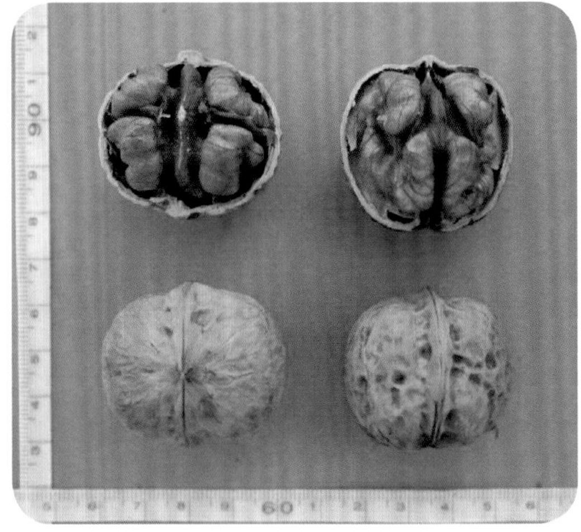
图 3-221　坚果种仁

（十三）滇鲁 Z003（*Juglans sigillata* Dode.Dianlu Z003）（图 3-222 至图 3-227）

1. 主要物候期

该品种在鲁甸县 3 月上旬发芽，3 月下旬雄花散粉，4 月上旬雌花盛花，雌花柱头淡黄色，属于雄先型。果实 9 月上旬成熟，12 月下旬落叶。

图 3-222　母树

图 3-223　雄花

2. 植物学特性

母树生长在江底乡水塘村大庆社，海拔 1740m，树龄为 30 年，树势强，树姿直立，自然开心形，树高 10.0m，干径为 31.2cm，分枝高 1.1m，冠幅为 81.66m^2。小叶为 9 ～ 13 片，呈披针形；混合芽三角形，无芽柄，主副芽距近。一年生枝绿色，皮孔突出、密度稀。雌雄异花，每花枝平均着花 2.2 朵，每果枝平均坐果 2.0 个，冠幅投影面积产坚果 0.37kg · m^{-2}。

图 3-224 雌花

图 3-225 枝、芽

3. 坚果经济性状

坚果短扁圆球形，两肩圆，底部尖突，缝合线稍突出、紧密，种尖钝尖，种壳麻；坚果三径均值为 3.12cm，壳厚 0.81mm，内褶壁退化，隔膜纸质，易取仁；粒重 8.60g，仁重 5.08g，出仁率为 59.06%；种仁肥，灰白饱满，食味香纯无涩，口感细。坚果仁含油率为 68.47%，蛋白质含量为 25.04%。

4. 霜冻情况

近 10 年内未受霜冻。

图 3-226 结果状

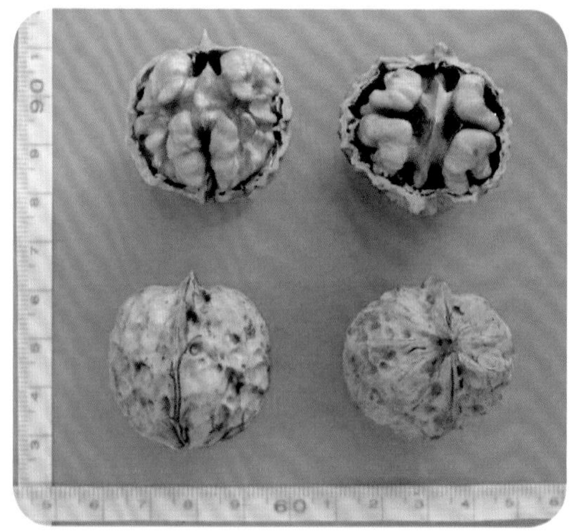

图 3-227 坚果种仁

（十四）滇鲁 Z004（*Juglans sigillata* Dode.Dianlu Z004）（图 3-228 至图 3-233）

1. 主要物候期

该品种在鲁甸县 3 月上中旬发芽，4 月上中旬雄花散粉，4 月中旬雌花盛花，雌花柱头淡黄色，属于雌雄同熟。果实 9 月上旬成熟，12 月中旬落叶。

图 3-228　母树

图 3-229　枝、芽

2. 植物学特性

母树生长在江底乡水塘村飞来石社，海拔 1973m，树龄为 12 年，树势强，树姿直立，自然圆头形，树高 8.0m，干径为 23.6cm，分枝高 1.7m，冠幅为 60.12m^2。小叶为 9 ～ 15 片，呈披针形；混合芽圆锥形，无芽柄，无主副芽距。一年生枝黄绿色，皮孔突出、中等密度。雌雄异花，每花枝平均着花 2.8 朵，每果枝平均坐果 2.6 个，冠幅投影面积产坚果 0.50kg · m^{-2}。

图 3-230　雄花

图 3-231　雌花

3. 坚果经济性状

坚果圆球形，两肩平，底部较平，缝合线突出、紧密，种尖钝尖，种壳浅麻；坚果三径均值为 3.02cm，壳厚 0.85mm，内褶壁退化，隔膜纸质，极易取仁；粒重 9.17g，仁重 5.07g，出仁率 55.29%；种仁肥，黄白饱满，食味香纯无涩，口感细腻。

图 3-232　结果状

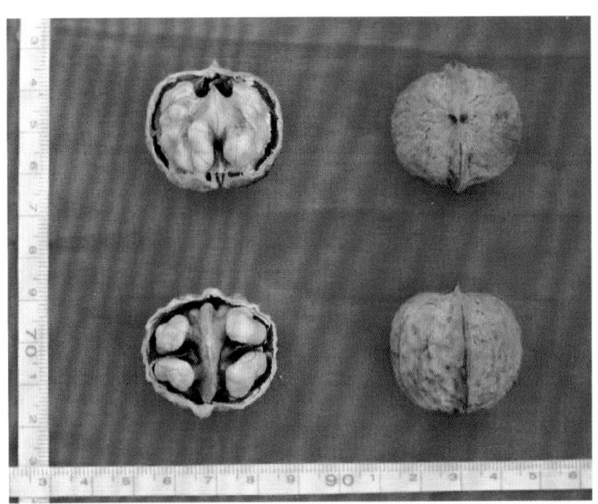

图 3-233　坚果种仁

4. 霜冻情况

近 10 年内未受霜冻。

5. 主要营养成分

坚果仁含油率为 70.96%，蛋白质含量为 20.54%。

（十五）滇鲁 Z006（*Juglans sigillata* Dode.Dianlu Z006）（图 3-234 至图 3-241）

1. 主要物候期

该品种在鲁甸县 3 月上旬发芽，4 月上旬雄花散粉，4 月中旬雌花盛花，雌花柱头淡黄色，属于雌雄同熟。果实 9 月上旬成熟，12 月中旬落叶。

图 3-234　母树

图 3-235　雄花

图 3-236　雄花散粉

图 3-237　雌花

图 3-238　枝、芽

图 3-239　结果状

图 3-240　坚果种仁

图 3-241　丰产状

2. 植物学特性

母树生长在龙头山镇龙井村水槽子社，海拔 1914m，树龄为 38 年，树势强，树姿开张，自然圆头形，树高 15.0m，干径为 47.8cm，分枝高 4.5m，冠幅为 117.35m^2。小叶为 7～13 片，9、11 片居多，呈纺锤披针形；混合芽圆锥形，有芽柄，主副芽距近。一年生枝黄绿色，皮孔突出、中等密度。雌雄异花，每花枝平均着花 2.8 朵，每果枝平均坐果 2.4 个，冠幅投影面积产坚果 0.34kg · m^{-2}。

3. 坚果经济性状

坚果扁圆球形，两肩圆，底部较圆，缝合线突出、紧密，种尖锐尖，种壳浅麻；坚果三径均值为 3.30cm，壳厚 0.67mm，内褶壁退化，隔膜纸质，易取仁；粒重 11.50g，仁重 7.54g，出仁率为 65.56%；种仁肥，灰白饱满，食味香甜无涩，口感细。坚果仁含油率为 71.58%，蛋白质含量为 16.87%。

4. 霜冻情况

近 10 年内有 1 年受霜冻，导致减产。

（十六）滇鲁 Z008（*Juglans sigillata* Dode.Dianlu Z008）（图 3-242 至图 3-247）

1. 主要物候期

该品种在鲁甸县 3 月上旬发芽，4 月上旬雄花散粉，4 月下旬雌花盛花，雌花柱头黄绿色，属于雄先型。果实 9 月中旬成熟，12 月下旬落叶。

图 3-242 母树

图 3-243 枝、芽

2. 植物学特性

母树生长在龙头山镇龙井村水槽子社，海拔 1895m，树龄为 28 年，树势强，树姿开张，自 然开心形，树高 9.0m，干径为 39.0cm，分枝高 0.5m，冠幅为 93.59m^2。小叶为 7～13 片，9、11 片居多，呈纺锤披针形；混合芽三角形，无芽柄，主副芽距近。一年生枝红褐色，皮孔突出、中等密度。雌雄异花，每花枝平均着花 2.6 朵，每果枝平均坐果 2.5 个，冠幅投影面积产坚果 0.45kg · m^{-2}。

图 3-244　雌花

图 3-245　结果状

3. 坚果经济性状

坚果短扁圆球形，两肩平，底部较圆，缝合线稍突出、紧密，种尖钝尖，种壳浅麻；坚果三径均值为 3.24cm，壳厚 0.78mm，内褶壁退化，隔膜革质，易取仁；粒重 11.18g，仁重 7.21g，出仁率为 64.49%；种仁肥，灰白饱满，食味香纯微涩，口感细。坚果仁含油率为 71.62%，蛋白质含量为 17.39%。

4. 霜冻情况

近 10 年内未受霜冻。

图 3-246　单枝结果状

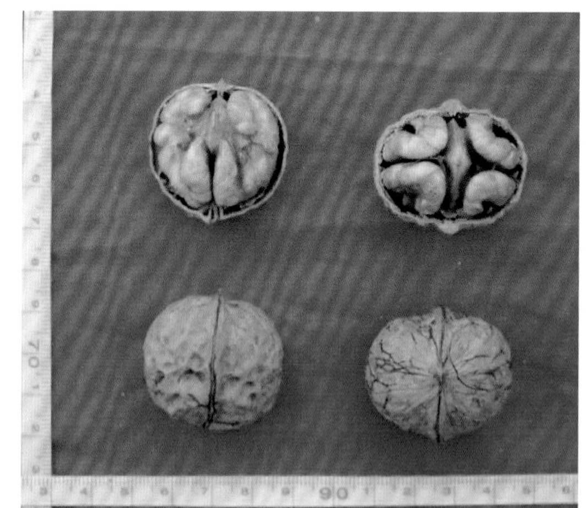

图 3-247　坚果种仁

（十七）滇鲁 Z009（*Juglans sigillata* Dode.Dianlu Z009）（图 3-248 至图 3-253）

1. 主要物候期

该品种在鲁甸县 3 月中旬发芽，3 月下旬雄花散粉，4 月上旬雌花盛花，雌花柱头黄

绿色，属于雄先型。果实 8 月中旬成熟，12 月中旬落叶。

图 3-248　母树

图 3-249　枝、芽

2. 植物学特性

母树生长在龙头山镇沙坝村欧家脑包社，海拔 1615m，树龄 40 年，树势强，树姿直立，自然开心形，树高 9.0m，干径为 40.0cm，分枝高 3.0m，冠幅为 $121.46m^2$。小叶为 5 ～ 13 片，9、11 片居多，呈纺锤披针形；混合芽圆锥形，有芽柄，主副芽距中。一年生枝绿色，皮孔突出、中等密度。雌雄异花，每花枝平均着花 2.6 朵，每果枝平均坐果 2.0 个，冠幅投影面积产坚果 $0.46kg \cdot m^{-2}$。

3. 坚果经济性状

坚果短扁圆球形，两肩凹，底部较平，缝合线稍突出、紧密，种尖锐尖，种壳麻；坚果三径均值为 3.07cm，壳厚 1.03mm，内褶壁发达，隔膜纸质，易取仁；粒重 10.64g，仁重 5.82g，出仁率为 54.70% ；种仁肥，白且饱满，食味香纯无涩，口感细。坚果仁含油率为 70.38%，蛋白质含量为 19.72%。

图 3-250　雌花

图 3-251　雄花序

图 3-252 结果状

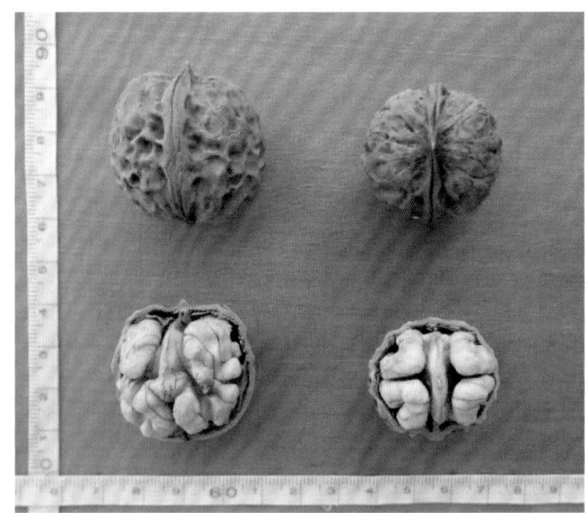
图 3-253 坚果种仁

4. 霜冻情况

近 10 年内未受霜冻。

（十八）滇鲁 Z010（*Juglans sigillata* Dode.Dianlu Z010）（图 3-254 至图 3-259）

1. 主要物候期

该品种在鲁甸县 3 月上旬发芽，4 月上旬雄花散粉，4 月中旬雌花盛花，雌花柱头微红色，属于雌雄同熟。果实 9 月中旬成熟，12 月下旬落叶。

图 3-254 母树

图 3-255 雄花

2. 植物学特性

母树生长在水磨镇营地村李家丫口社，海拔 2043m，树龄为 32 年，树势强，树姿直

立，自然圆锥形，树高 12.6m，干径为 30.8cm，分枝高 2.0m，冠幅为 88.74m²。小叶为 7 ～ 11 片，呈披针形；混合芽圆锥形，无芽柄，主副芽距近。一年生枝褐色，皮孔突出、密度稀。雌雄异花，每花枝平均着花 2.7 朵，每果枝平均坐果 2.1 个，冠幅投影面积产坚果 0.34kg · m⁻²。

3. 坚果经济性状

坚果扁圆球形，两肩圆，底部较圆，缝合线平、紧密，种尖钝尖，种壳浅麻；坚果三径均值为 3.42cm，壳厚 0.81mm，内褶壁退化，隔膜纸质，易取仁；粒重 13.11g，仁重 8.27g，出仁率为 63.08%；种仁肥，浅紫饱满，食味香纯无涩，口感细。坚果仁含油率为 70.25%，蛋白质含量为 19.26%。

4. 霜冻情况

近 10 年内有 2 年霜冻，导致绝产。

图 3-256　雌花

图 3-257　枝、芽

图 3-258　结果状

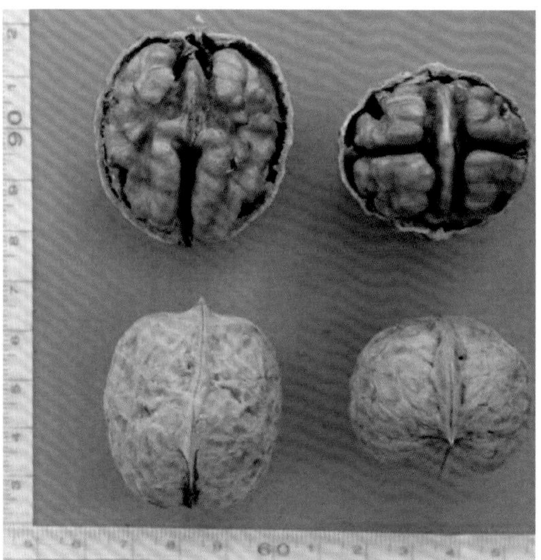

图 3-259　坚果种仁

（十九）滇鲁 Z011（*Juglans sigillata* Dode.Dianlu Z011）（图 3-240 至图 3-266）

1. 主要物候期

在鲁甸县 3 月中旬发芽，3 月下旬雄花散粉，4 月中旬雌花盛花，雌花柱头淡黄色，属于雌雄同熟。果实 9 月中旬成熟，12 月上旬落叶。

图 3-260　母树

图 3-261　枝、芽

2. 植物学特性

母树生长在梭山乡查拉村陈家梁子社，海拔 1970m，树龄为 40 年，树势强，树姿直立，自然圆头形，树高 15.0m，干径为 43.0cm，分枝高 2.6m，冠幅为 110.58m^2。小叶为 6 ～ 13 片，呈阔披针形；混合芽圆锥形，无芽柄，主副芽距近。一年生枝褐色，皮孔突出、中等密度。雌雄异花，每花枝平均着花 2.4 朵，每果枝平均坐果 2.0 个，冠幅投影面积产坚果 0.27$kg \cdot m^{-2}$。

图 3-262　雄花序

图 3-263　雌花

3. 坚果经济性状

坚果短扁圆球形，两肩圆，底部较圆，缝合线突出、紧密，种尖钝尖，种壳麻；坚果三径均值为3.16cm，壳厚0.98mm，内褶壁退化，隔膜纸质，易取仁；粒重9.89g，仁重5.04g，出仁率为50.96%；种仁肥，浅紫饱满，食味香甜无涩，口感细。坚果仁含油率为69.54%，蛋白质含量为18.15%。

4. 霜冻情况

近10年内有2年受霜冻，导致1年绝产，1年减产。

图3-264　丰产状

图3-265　结果状

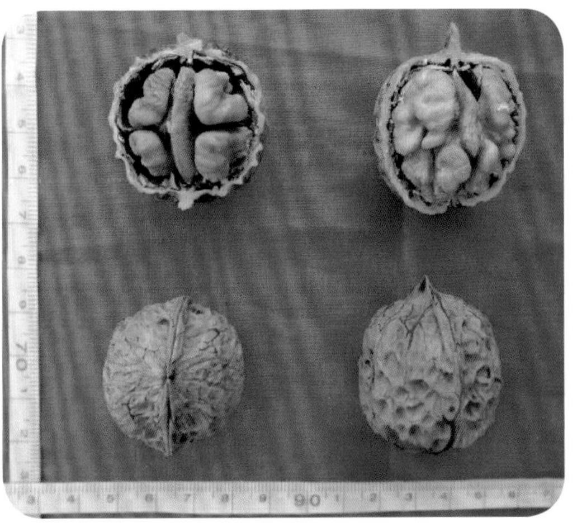

图3-266　坚果种仁

（二十）滇鲁 Z013（*Juglans sigillata* Dode.Dianlu Z013）（图 3-267 至图 3-272）

1. 主要物候期

该品种在鲁甸县 3 月中旬发芽，4 月上旬雄花散粉，4 月中旬雌花盛花，雌花柱头黄绿色，属于雄先型。果实 9 月上旬成熟，12 月上旬落叶。

2. 植物学特性

母树生长在文屏镇马鹿沟村二塘社，海拔 2087m，树龄为 40 年，树势强，树姿半开张，自然开心形，树高 12.0m，干径为 36.3cm，分枝高 2.1m，冠幅为 182.70m^2。小叶为 3 ～ 9 片，7 片居多，呈阔披针形；混合芽三角形，无芽柄，主副芽距近。一年生枝黄绿色，皮孔突出、密度稀。雌雄异花，每花枝平均着花 3.0 朵，每果枝平均坐果 2.5 个，冠幅投影面积产坚果 0.38kg · m^{-2}。

3. 坚果经济性状

坚果扁圆球形，两肩平，底部较圆，缝合线稍突出、紧密，种尖锐尖，种壳浅麻；坚果三径均值为 3.12cm，壳厚 0.84mm，内褶壁退化，隔膜革质，易取仁；粒重 8.58g，仁重 4.94g，出仁率为 57.58%；种仁瘦，黄白饱满，食味香甜无涩，口感细。坚果仁含油率为 71.46%，蛋白质含量为 16.76%。

4. 霜冻情况

近 10 年内有 2 年受霜冻。

图 3-268　枝、芽

图 3-267　母树

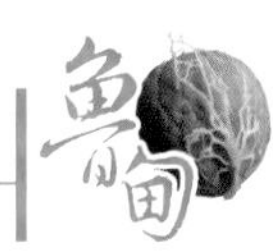

图 3-269 雌花

图 3-270 丰产状

图 3-271 结果状

图 3-272 坚果种仁

（二十一）滇鲁 Z015（*Juglans sigillata* Dode.Dianlu Z015）（图 3-273 至图 3-278）

1. 主要物候期

该品种在鲁甸县 3 月上旬发芽，4 月上旬雄花散粉，4 月中旬雌花盛花，雌花柱头微红，属于雄先型。果实 9 月上旬成熟，12 月中旬落叶。

2. 植物学特性

母树生长在小寨乡郭家村卯家梁子，海拔 1773m，树龄为 58 年，树势强，树姿直立，自然圆头形，树高 17.0m，干径为 58.0cm，分枝高 2.1m，冠幅为 210.09m^2。小叶为 7 ～ 13 片，9、11 片居多，呈披针形；混合芽三角形，无芽柄，主副芽距近。一年生枝灰绿色，皮孔突出、中等密度。雌雄异花，每花枝平均着花 2.8 朵，每果枝平均坐果 2.1 个，冠幅投影面积产坚果 0.32kg · m^{-2}。

3. 坚果经济性状

坚果圆球形，两肩圆，底部较圆，缝合线突出、紧密，种尖钝尖，种壳麻；坚果三径均值为3.16cm，壳厚0.95mm，内褶壁退化，隔膜纸质，极易取仁；粒重9.49g，仁重5.63g，出仁率为59.33%；种仁肥，黄白饱满，食味香纯无涩，口感细。坚果仁含油率为66.71%，蛋白质含量为21.23%。

图3-273　母树

图3-274　雄花

图3-275　雌花

图3-276　枝、芽

图3-277　结果状

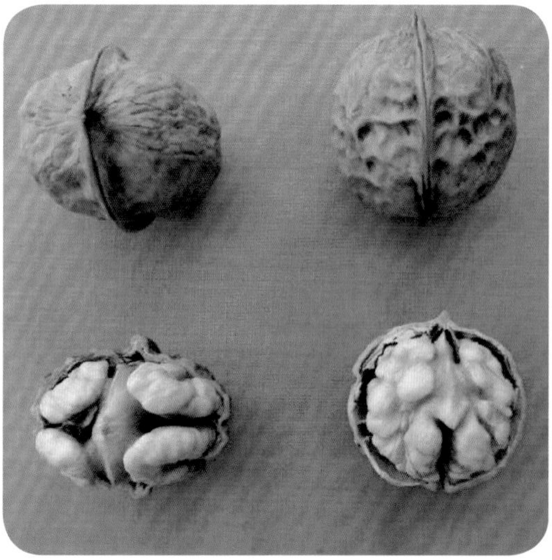

图3-278　坚果种仁

4. 霜冻情况

近 10 年内未受霜冻。

（二十二）滇鲁 Z016（*Juglans sigillata* Dode.Dianlu Z016）（图 3-279 至图 3-284）

1. 主要物候期

该品种在鲁甸县 3 月下旬发芽，4 月上旬雄花散粉，4 月中旬雌花盛花，雌花柱头黄绿色，属于雄先型。果实 9 月上旬成熟，12 月中旬落叶。

图 3-279　母树

图 3-280　枝、芽

2. 植物学特性

母树生长在小寨乡赵家海村，海拔 1856m，树龄为 30 年，树势强，树姿直立，自然圆头形，树高 9.0m，干径为 38.2cm，分枝高 1.0m，冠幅为 $210.46m^2$。小叶为 9 ～ 11 片，呈阔披针形；混合芽圆锥形，无芽柄，主副芽距近。一年生枝红褐色，皮孔突出、中等密度。雌雄异花，每花枝平均着花 2.4 朵，每果枝平均坐果 2.0 个，冠幅投影面积产坚果 $0.33kg \cdot m^{-2}$。

图 3-281　雌花

图 3-282　丰产状

3. 坚果经济性状

坚果圆球形，两肩圆，底部较圆，缝合线突出、紧密，种尖钝尖，种壳浅麻；坚果三径均值为3.44cm，壳厚0.65mm，内褶壁退化，隔膜纸质，极易取仁；粒重12.16g，仁重8.33g，出仁率为68.50%；种仁肥，白且饱满，食味香纯无涩，口感细。坚果仁含油率为71.27%，蛋白质含量为19.38%。

4. 霜冻情况

近10年内有1年受冻，但不影响结果。

图3-283　结果状

图3-284　坚果种仁

（二十三）滇鲁Z061（*Juglans sigillata* Dode.Dianlu Z061）（图3-285至图3-290）

1. 主要物候期

该品种在鲁甸县3月上旬发芽，4月上旬雄花散粉，4月中旬雌花盛花，雌花柱头微红，属于雌雄同熟。果实9月中旬成熟，12月上旬落叶。

图3-285　母树

图3-286　雄花

2. 植物学特性

母树生长在小寨乡小寨村白龙井社，海拔 1968m，树龄为 100 多年，树势强，树姿直立，自然开心形，树高 12.0m，干径为 52.0cm，分枝高 1.2m，冠幅为 272.13m^2。小叶为 5 ～ 11 片，7、9 片居多，呈阔披针形；混合芽长圆形，无芽柄，主副芽距近。一年生枝黄绿色，皮孔突出、中等密度。雌雄异花，每花枝平均着花 2.7 朵，每果枝平均坐果 2.1 个，冠幅投影面积产坚果 0.30kg · m^{-2}。

图 3-287　雌花

图 3-288　雄花

3. 坚果经济性状

坚果圆球形，两肩圆，底部较圆，缝合线稍突、紧密，种尖锐尖，种壳光滑；坚果三径均值为 3.41cm，壳厚 0.82mm，内褶壁退化，隔膜纸质，易取仁；粒重 13.06g，仁重 7.57g，出仁率为 57.96%；种仁肥，黄白饱满，食味香纯无涩，口感细。

4. 霜冻情况

近 10 年内 2 年受霜冻，导致减产。

图 3-289　结果状

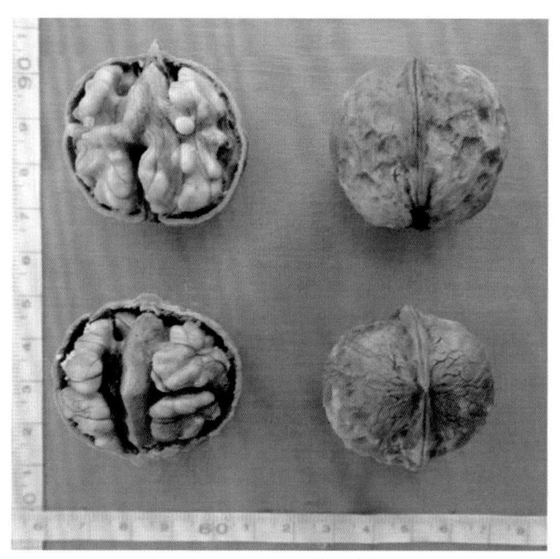

图 3-290　坚果种仁

（二十四）滇鲁 Z064（*Juglans sigillata* Dode.Dianlu Z064）（图 3-291 至图 3-297）

1. 主要物候期

该品种在鲁甸县 3 月上旬发芽，3 月下旬雄花散粉，4 月中旬雌花盛花，雌花柱头微红，属于雄先型。果实 9 月中旬成熟，12 月上旬落叶。

图 3-291　母树

图 3-292　枝、芽

图 3-293　雌花

图 3-294　雄花

2. 植物学特性

母树生长在小寨乡赵家海村大地社，海拔 1816m，树龄为 100 多年，树势强，树姿半开张，自然圆头形，树高 16.0m，干径为 65.0cm，分枝高 1.3m，冠幅为 462.99m^2。小叶为 9 ～ 13 片，11 片居多，呈阔披针形；混合芽圆锥形，无芽柄，主副芽距近。一年生枝绿色，皮孔较突出、密度稀。雌雄异花，每花枝平均着花 2.3 朵，每果枝平均坐果 2.0 个，冠幅投影面积产坚果 0.29kg · m^{-2}。

3. 坚果经济性状

坚果圆球形，两肩圆，底部较圆，缝合线突出、紧密，种尖锐尖，种壳光滑；坚果三径均值为3.23cm，壳厚0.72mm，内褶壁退化，隔膜革质，易取仁；粒重8.56g，仁重5.53g，出仁率为64.60%；种仁瘦，灰白饱满，食味香纯无涩，口感细。

4. 霜冻情况

近10年内未受霜冻。

图3-295　丰产状

图3-296　结果状

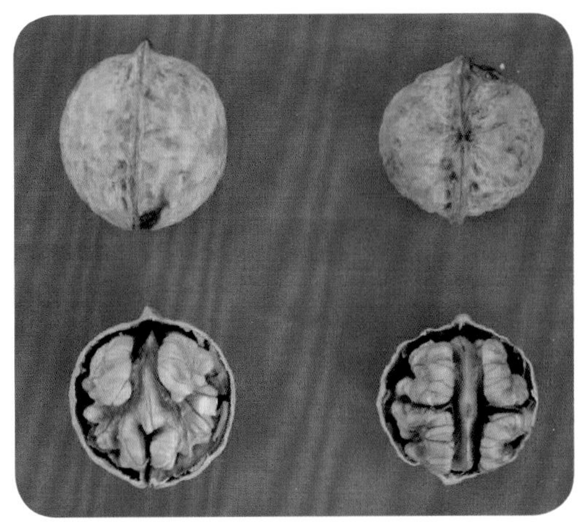

图3-297　坚果种仁

（二十五）滇鲁 Z273（*Juglans sigillata* Dode.Dianlu Z273）（图 3-298 至图 3-304）

1. 主要物候期

该品种在鲁甸县 3 月上旬发芽，3 月下旬雄花散粉，4 月上旬雌花盛花，雌花柱头黄绿色，属于雌先型。果实 9 月上旬成熟，12 月中旬落叶。

图 3-298　母树

图 3-299　雄花

2. 植物学特性

母树生长在乐红乡利外村，海拔 1710m，树龄为 8 年，树势强，树姿直立，自然圆头形，树高 8.0m，干径为 17.2cm，分枝高 1.3m，冠幅为 39.25m^2。小叶为 7 ～ 15 片，11、13 片居多，呈披针形；混合芽三角形，无芽柄，主副芽距近。一年生枝绿色，皮孔突出、中等密度。雌雄异花，每花枝平均着花 2.9 朵，每果枝平均坐果 2.4 个，冠幅投影面积产坚果 0.26kg · m^{-2}。

图 3-300　雌花

图 3-301　枝、芽

3. 坚果经济性状

坚果扁圆球形，两肩平，底部较圆，缝合线突出、紧密，种尖锐尖，种壳麻；坚果三径均值为 3.23cm，壳厚 0.83mm，内褶壁退化，隔膜革质，取仁较易；粒重 11.49g，仁重 7.40g，出仁率为 64.40%；种仁浅紫饱满，食味香纯。

4. 霜冻情况

近 10 年内未受霜冻。

图 3-302　结果状

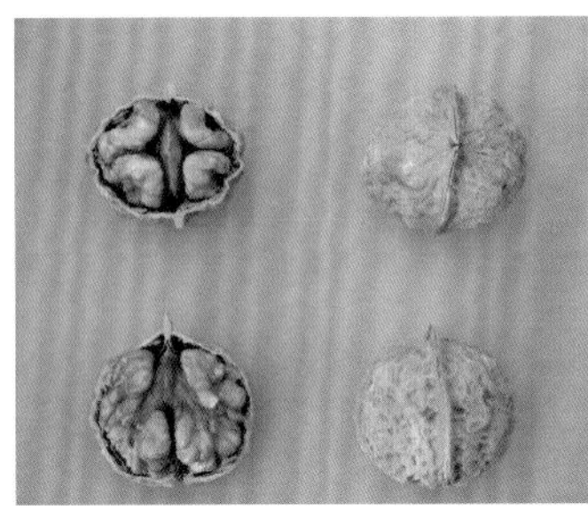

图 3-303　坚果种仁

图 3-304　丰产状

（二十六）滇鲁 D004（*Juglans sigillata* Dode.Dianlu D004）（图 3-305 至图 3-311）

1. 主要物候期

该品种在鲁甸县 3 月上旬发芽，3 月下旬雄花散粉，4 月中旬雌花盛花，雌花柱头鲜红色，属于雄先型。果实 9 月上旬成熟，12 月上旬落叶。

2. 植物学特性

母树生长在水磨镇营地村张家脑包社，海拔 2111m，树龄为 11 年，树势强，树姿直立，自然圆锥形，树高 6.1m，干径为 21.1cm，分枝高 0.6m，冠幅为 35.28m^2。小叶为 5～9 片，呈阔披针形；混合芽圆锥形，无芽柄，主副芽距近。一年生枝 紫黑色，皮孔突出、

图 3-305　母树

图 3-306　枝、芽

图 3-307　发芽

图 3-308　雌花

图 3-309　结果状

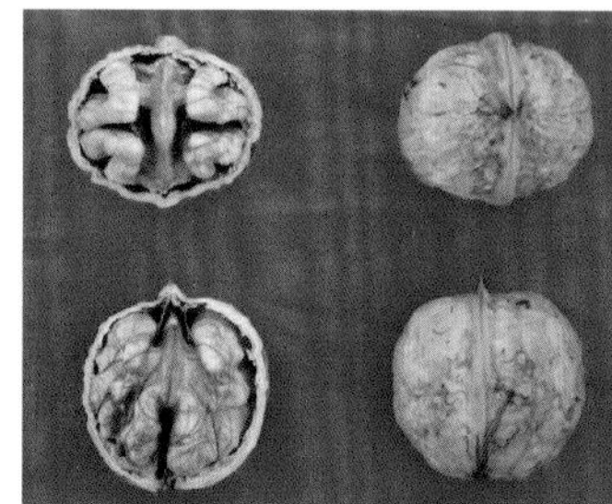

图 3-310　坚果种仁

图 3-311　丰产状

中等密度。雌雄异花，每花枝平均着花 2.7 朵，每果枝平均坐果 2.1 个，冠幅投影面积产坚果 0.48kg · m^{-2}。

3. 坚果经济性状

坚果扁圆球形，两肩圆，底部较圆，缝合线稍突出、紧密，种尖锐尖，种壳浅麻；坚果三径均值为 3.63cm，壳厚 1.35mm，内褶壁退化，隔膜纸质，易取仁；粒重 13.77g，仁重 7.26g，出仁率为 52.77%；种仁瘦，灰白饱满，食味香纯无涩，口感细。坚果仁含油率为 65.51%，蛋白质含量为 20.53%。

4. 霜冻情况

近 10 年内有 1 年受霜冻，导致减产。

（二十七）滇鲁 D008（*Juglans sigillata* Dode.Dianlu D008）（图 3-312 至图 3-317）

1. 主要物候期

该品种在鲁甸县 3 月上旬发芽，4 月上旬雄花散粉，4 月中旬雌花盛花，雌花柱头黄绿色，属于雄先型。果实 9 月中旬成熟，12 月上旬落叶。

2. 植物学特性

母树生长在火德红乡南筐村，海拔 1356m，树龄为 15 年，树势中等，树姿直立，

图 3-312　母树

图 3-313　枝、芽

图 3-314　雄花

图 3-315　雌花

图 3-316　结果状

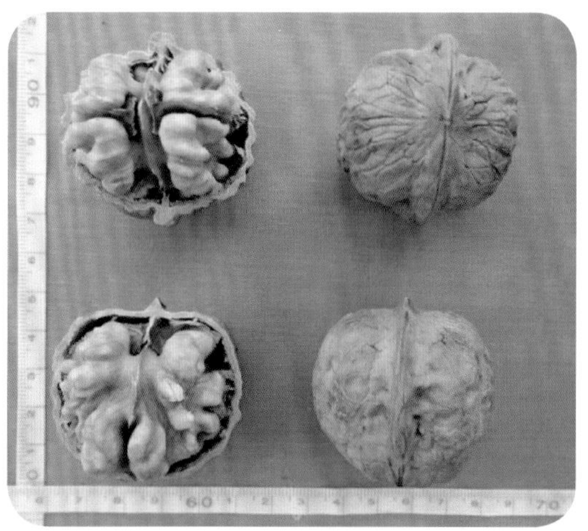

图 3-317　坚果种仁

自然圆头形，树高 10.0m，干径为 35.0cm，分枝高 2.4m，冠幅为 115.56m^2。小叶为 5 ～ 9 片，7 片居多，呈阔披针形；混合芽长圆形，无芽柄，主副芽距近。一年生枝黄绿色，皮孔较突出、密度稀。雌雄异花，每花枝平均着花 2.6 朵，每果枝平均坐果 2.2 个，冠幅投影面积产坚果 0.26kg · m^{-2}。

3. 坚果经济性状

坚果扁圆球形，两肩平，底部较圆，缝合线突出、紧密，种尖钝尖，种壳浅麻；坚果三径均值为 4.05cm，壳厚 1.23mm，内褶壁退化，隔膜革质，易取仁；粒重 21.21g，仁重 10.83g，出仁率为 51.06%；种仁肥，黄白饱满，食味香甜无涩，口感细。

4. 霜冻情况

近 10 年内未受霜冻。

三、鲁甸核桃优良单株

1. 滇鲁 X018（图 3-318 至图 3-321）

母树生长在江底乡水井村天星洞。坚果短扁圆球形，两肩平，底部较平，缝合线突出且紧密，种尖钝尖，种壳麻；坚果三径均值为 2.91cm，壳厚 0.86mm，内褶壁退化，隔膜革质，极易取仁；粒重 7.86g，仁重 4.75g，出仁率为 60.40%；种仁肥，黄白饱满，食味香甜无涩，口感细。

图 3-318　母树

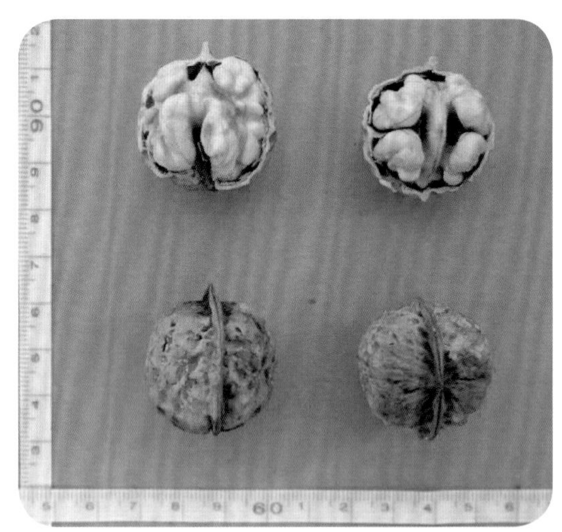

图 3-319　坚果种仁

2. 滇鲁 X020（图 3-322 至图 3-324）

母树生长在龙头山镇八宝田家湾。坚果短扁圆球形，两肩圆，底部较圆，缝合线平且紧密，种尖锐尖，种壳浅麻；坚果三径均值为 2.72cm，壳厚 0.87mm，内褶壁退化，隔膜纸质，极易取仁；粒重 7.56g，仁重 4.13g，出仁率 54.66%；种仁瘦，白且饱满，食味香纯无涩，口感细。

图 3-320　丰产状

图 3-321　结果状

图 3-322　母树

图 3-323　结果状

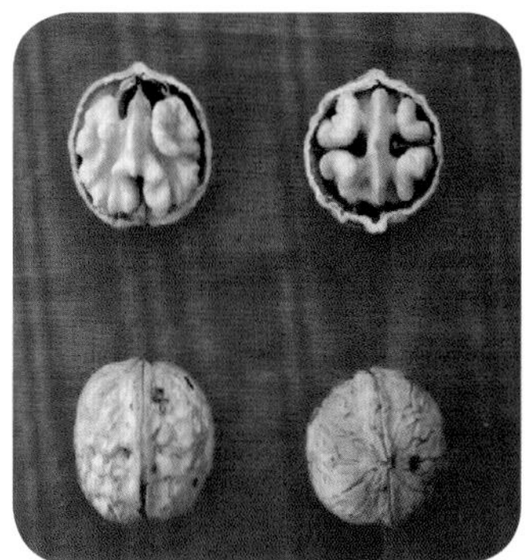

图 3-324　坚果种仁

3. 滇鲁 X021（图 3-325 至图 3-327）

母树生长在龙头山镇新民村。坚果扁圆球形，两肩平，底部较平，缝合线稍突、紧密，种尖钝尖，种壳浅麻；坚果三径均值为 2.96cm，壳厚 0.99mm，内褶壁退化，隔膜纸质，易取仁；粒重 10.22g，仁重 5.50g，出仁率为 53.87%；种仁肥，黄白饱满，食味香纯无涩，口感细。

4. 滇鲁 X024（图 3-328 至图 3-330）

母树生长在小寨乡小寨村营山社。坚果扁圆球形，两肩平，底部较平，缝合线稍突、牢固，种尖钝尖，种壳浅麻；坚果三径均值为 2.99cm，壳厚 0.83mm，内褶壁退化，隔膜纸质，极易取仁；粒重 8.26g，仁重 4.81g，出仁率为 58.27%；种仁瘦，浅紫饱满，食味香甜无涩，口感细。

5. 滇鲁 X071（图 3-331 至图 3-333）

母树生长在乐红乡红布村老伙房社。坚果短扁圆球形，两肩圆，底部较平，缝合线

图 3-325　母树

图 3-326　结果状

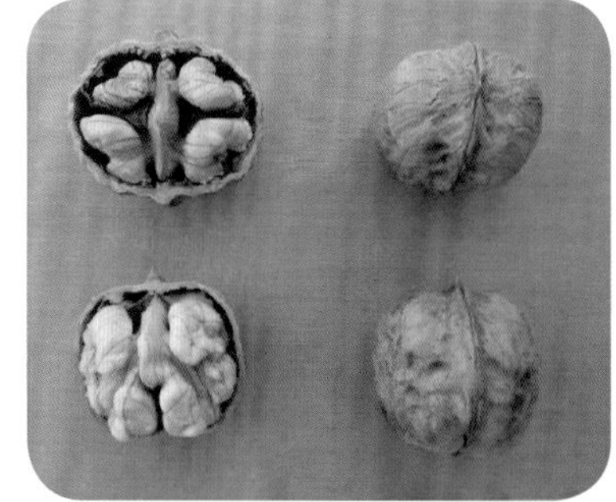
图 3-327　坚果种仁

图 3-328　母树

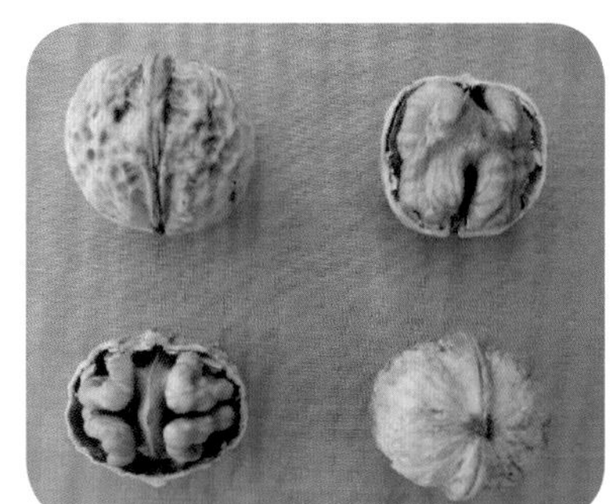
图 3-329　坚果种仁

图 3-330　结果状

平且紧密，种尖钝尖，种壳浅麻；坚果三径均值为 2.37cm，壳厚 0.57mm，内褶壁退化，隔膜革质，易取仁；粒重 5.22g，仁重 3.11g，出仁率为 59.58%；种仁肥，黄色饱满，食味香纯无涩，口感细。

图 3-331　母树

图 3-332　坚果种仁

图 3-333　结果状

6. 滇鲁 X072（图 3-333）

母树生长在小寨乡梨园村铜厂社。坚果圆球形，两肩圆，底部较圆，缝合线稍突、紧密，种尖钝尖，种壳光滑；坚果三径均值为 2.67cm，壳厚 0.85mm，内褶壁退化，隔膜纸质，易取仁；粒重 7.55g，仁重 4.53g，出仁率为 60.03%；种仁肥，黄白饱满，食味香纯无涩，口感细。

7. 滇鲁 X073（图 3-335）

母树生长在梭山乡查拉村水井坝。坚果扁圆球形，两肩平，底部较圆，缝合线稍突、紧密，种尖钝尖，种壳浅麻；坚果三径均值为 2.69cm，壳厚 1.17mm，内褶壁退化，隔膜革质，易取仁；粒重 6.69g，仁重 3.45g，出仁率为 51.57%；种仁肥，黄白饱满，食味香甜无涩，口感细。

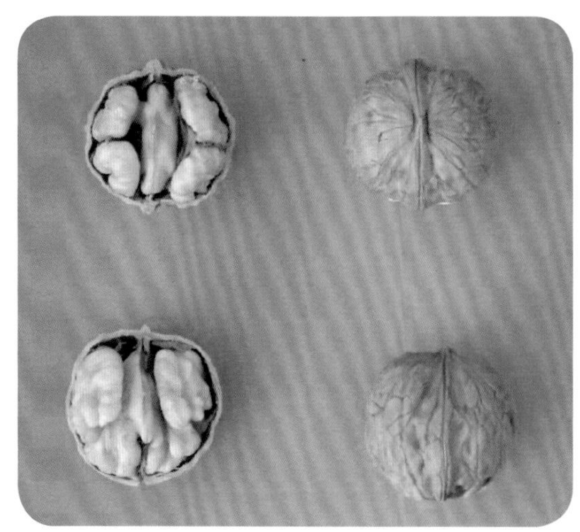

图 3-334　坚果种仁

图 3-335　母树、结果状、坚果种仁

8. 滇鲁 X074（图 3-336）

母树生长在龙头山镇翠屏街。坚果圆球形，两肩平，底部较平，缝合线突出、紧密，种尖钝尖，种壳浅麻；坚果三径均值为 2.71cm，壳厚 0.67mm，内褶壁发达，隔膜

纸质，易取仁；粒重 7.33g，仁重 3.94g，出仁率为 53.75%；种仁肥，黄白饱满，食味香纯无涩，口感细。

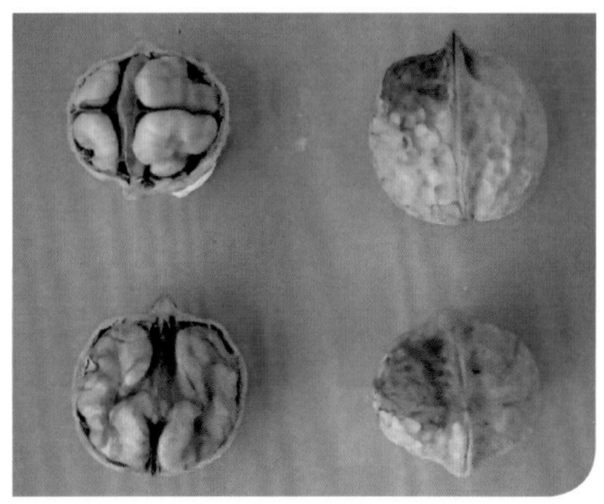

图 3-336　母树、结果状、坚果种仁

9. 滇鲁 X075（图 3-337 至图 3-340）

母树生长在龙头山镇龙井村。坚果扁圆球形，两肩圆，底部较圆，缝合线稍突、紧

图 3-337　母树

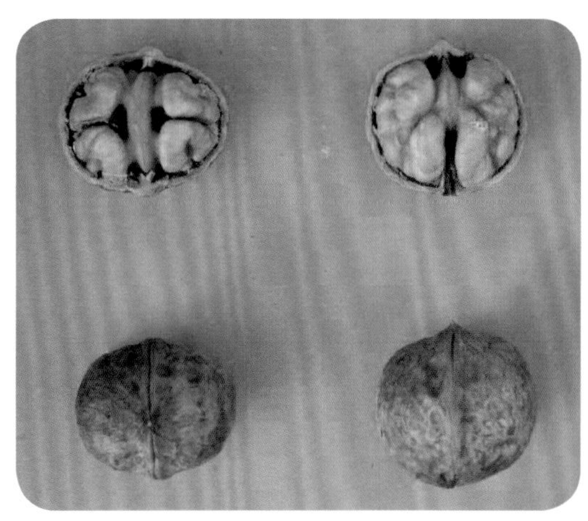

图 3-338　坚果种仁

密，种尖钝尖，种壳浅麻；坚果三径均值为2.84cm，壳厚0.87mm，内褶壁退化，隔膜骨质，易取仁；粒重7.32g，仁重4.93g，出仁率为67.35%；种仁肥，浅紫饱满，食味香纯无涩，口感细。

图 3-339　丰产状

图 3-340　结果状

10. 滇鲁 X076（图 3-341）

母树生长在龙头山镇龙井村天生堂社。坚果短扁圆球形，两肩平，底部较圆，缝合线稍突、紧密，种尖钝尖，种壳浅麻；坚果三径均值为2.89cm，壳厚1.12mm，内褶壁退化，隔膜纸质，易取仁；粒重8.91g，仁重4.85g，出仁率为54.43%；种仁肥，深紫饱满，食味香纯无涩，口感细。

图 3-341　母树、结果状、坚果种仁

11. 滇鲁 X077（图 3-342 至图 3-345）

母树生长在火德红乡银厂村吕家院子。坚果扁圆球形，两肩圆，底部较圆，缝合线稍突、紧密，种尖钝尖，种壳光滑；坚果三径均值为 2.90cm，壳厚 0.70mm，内褶壁退化，隔膜骨质，易取仁；粒重 8.20g，仁重 4.53g，出仁率为 55.24%；种仁瘦，白且饱满，食味香纯无涩，口感细。

图 3-342　母树

图 3-343　丰产状

图 3-344　结果状

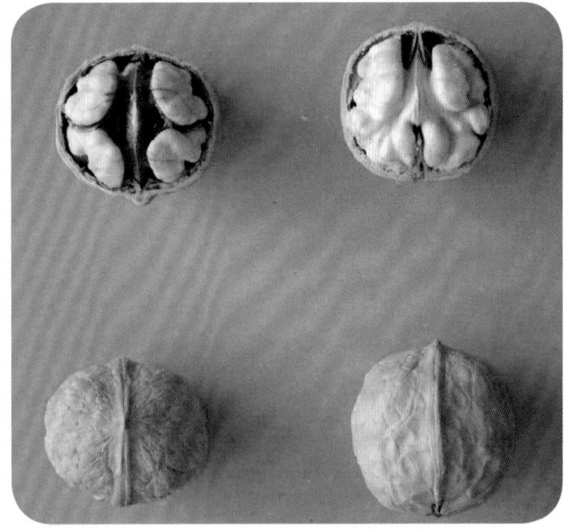

图 3-345　坚果种仁

12. 滇鲁 X078（图 3-346 至图 3-349）

母树生长在龙头山镇翠屏青山社。坚果短扁圆球形，两肩平，底部较平，缝合线突出、紧密，种尖钝尖，种壳浅麻；坚果三径均值为 2.94cm，壳厚 1.08mm，内褶壁退化，隔膜纸质，易取仁；粒重 9.18g，仁重 5.10g，出仁率为 55.56%；种仁肥，黄白饱满，食味香纯无涩，口感细腻。

图 3-346　母树

图 3-347　丰产状

图 3-348　结果状

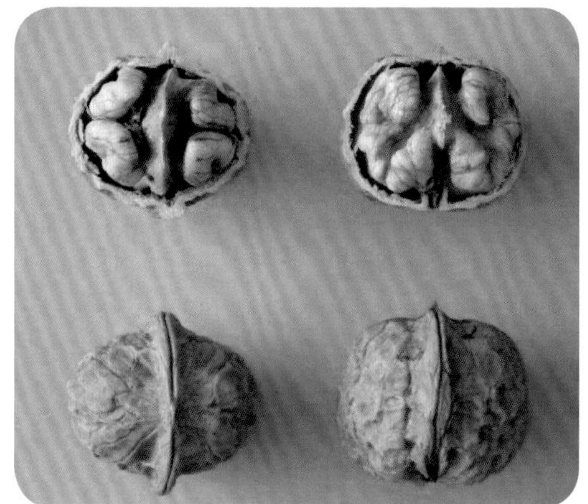
图 3-349　坚果种仁

13. 滇鲁 X079（图 3-350 至图 3-351）

母树生长在龙头山镇沿河村郭家冲。坚果短扁圆球形，两肩平，底部较圆，缝合线

图 3-350　母树

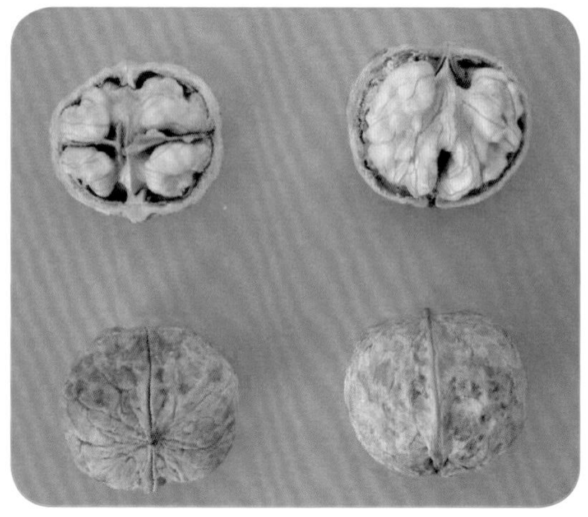
图 3-351　坚果种仁

平且紧密，种尖钝尖，种壳光滑；坚果三径均值为 2.94cm，壳厚 0.87mm，内褶壁退化，隔膜骨质，极易取仁；粒重 8.79g，仁重 4.11g，出仁率为 46.76%；种仁肥，黄白饱满，食味香甜无涩，口感细。

14. 滇鲁 Z022（图 3-352）

母树生长在火德红乡银厂村吕家院子。坚果扁圆球形，两肩平，底部较圆，缝合线突出、紧密，种尖锐尖，种壳浅麻；坚果三径均值为 3.02cm，壳厚 0.96mm，内褶壁退化，隔膜纸质，极易取仁；粒重 9.17g，仁重 5.41g，出仁率为 58.99%；种仁瘦，黄白饱满，食味香甜无涩，口感细。

图 3-352　母树、结果状、坚果种仁

15. 滇鲁 Z023（图 3-353）

母树生长在火德红乡银厂村下海子社。坚果扁圆球形，两肩圆，底部较圆，缝合线稍突、紧密，种尖锐尖，种壳光滑；坚果三径均值为 3.37cm，壳厚 0.84mm，内褶壁退化，隔膜纸质，易取仁；粒重 10.77g，仁重 6.12g，出仁率为 56.8%；种仁瘦，黄白饱满，食味香纯无涩，口感细。

图 3-353　母树、结果状、坚果种仁

16. 滇鲁 Z025（图 3-354 至图 3-356）

母树生长在江底乡核桃坪。坚果扁圆球形，两肩圆，底部较平，缝合线平且松，种尖钝尖，种壳浅麻；坚果三径均值为 3.23cm，壳厚 0.95mm，内褶壁退化，隔膜革质，易取仁；粒重 11.8g，仁重 6.20g，出仁率为 52.54%；种仁肥，浅紫饱满，食味香纯无涩，口感细腻。

17. 滇鲁 Z028（图 3-357 至图 3-359）

母树生长在江底乡麻窝荡。坚果椭圆球形，两肩圆，底部较圆，缝合线稍突、紧密，种尖钝尖，种壳浅麻；坚果三径均值为 3.46cm，壳厚 0.76mm，内褶壁退化，隔膜纸质，易取仁；粒重 10.57g，仁重 5.93g，出仁率为 56.1%；种仁肥，黄白饱满，食味香纯无涩，口感细。

18. 滇鲁 Z033（图 3-360 至图 3-363）

母树生长在江底乡水塘飞来石。坚果长扁圆球形，两肩圆，底部较圆，缝合线稍突、紧密，种尖锐尖，种壳浅麻；坚果三径均值为 3.12cm，壳厚 1.02mm，内褶壁退化，

隔膜纸质，易取仁；粒重 9.53g，仁重 5.4g，出仁率为 56.66%；种仁肥，黄白饱满，食味香纯无涩，口感细。

图 3-354　母树

图 3-355　结果状

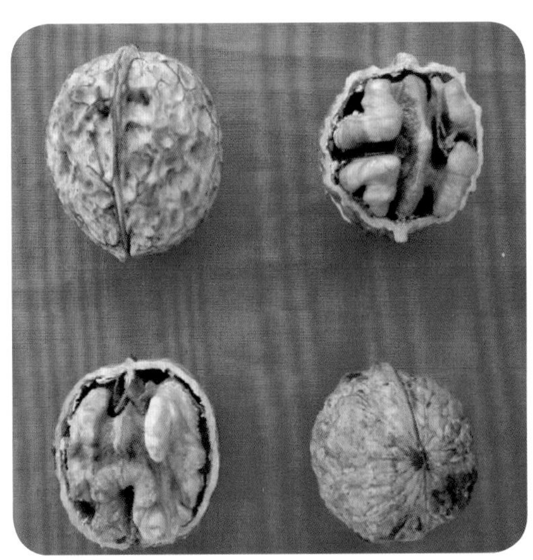

图 3-356　坚果种仁

图 3-357　母树

图 3-358　结果状

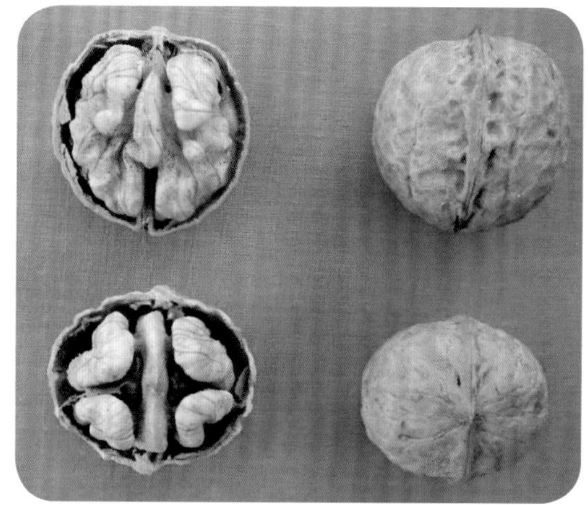

图 3-359　坚果种仁

图 3-360　母树

图 3-361　丰产状

图 3-362　结果状

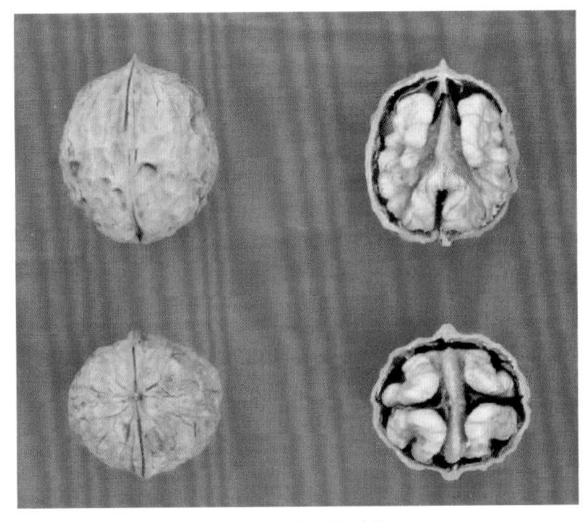

图 3-363　坚果种仁

19. 滇鲁 Z037（图 3-364）

母树生长在乐红乡乐红村李家湾。坚果椭圆球形，两肩圆，底部较圆，缝合线平、紧密牢固，种尖锐尖，种壳浅麻；坚果三径均值为 3.01cm，壳厚 0.85mm，内褶壁退化，隔膜

图 3-364　母树、结果状、坚果种仁

纸质，易取仁；粒重 9.32g，仁重 5.23g，出仁率为 56.12%；种仁肥，黄白饱满，食味香纯无涩，口感细。

图 3-365　坚果种仁

20. 滇鲁 Z042（图 3-365）

母树生长在龙头山镇新民村甘家梁子。坚果扁圆球形，肩部削肩，底部较圆，缝合线平、紧密，种尖锐尖，种壳浅麻；坚果三径均值为 3.14cm，壳厚 0.77mm，内褶壁发达，隔膜骨质，易取仁；粒重 9.58g，仁重 4.98g，出仁率为 51.98%；种仁瘦，黄白饱满，食味香纯无涩，口感细。

21. 滇鲁 Z052（图 3-366）

母树生长在水磨镇营地村李家丫口。坚果扁圆球形，两肩圆，底部较圆，缝合线突出、

图 3-366　母树、结果状、坚果种仁

紧密牢固，种尖锐尖，种壳浅麻；坚果三径均值为3.23cm，壳厚0.75mm，内褶壁退化，隔膜纸质，极易取仁；粒重10.56g，仁重6.34g，出仁率为60.04%；种仁肥，黄白饱满，食味香纯无涩，口感细。

22. 滇鲁Z054（图3-367）

母树生长在梭山乡黑寨村半坡社。坚果梭形，两肩圆，底部尖突，缝合线稍突、松，种尖锐尖，种壳浅麻；坚果三径均值为3.28cm，壳厚0.55mm，内褶壁退化，隔膜骨质，极易取仁；粒重8.85g，仁重5.39g，出仁率为60.9%；种仁瘦，白且饱满，食味香纯无涩，口感细。

图3-367　母树、结果状、坚果种仁

23. 滇鲁Z062（图3-368）

母树生长在小寨乡小寨村白龙井。小寨乡小寨村白龙井。坚果扁圆球形，肩部凹，底部较圆，缝合线稍突、紧密，种尖锐尖，种壳浅麻；坚果三径均值为3.34cm，壳厚 1.03mm，内褶壁退化，隔膜纸质，极易取仁；粒重 11.71g，仁重 6.62g，出仁率为 56.36%；种仁肥，黄白饱满，食味香甜无涩，口感细。

图 3-368　母树、结果状、坚果种仁

24. 滇鲁 Z265（图 3-369 至图 3-371）

母树生长在龙头山镇新民村。坚果圆球形，两肩圆，底部较平，缝合线稍突、紧密，种尖钝尖，种壳浅麻；坚果三径均值为 3.03cm，壳厚 0.57mm，内褶壁退化，隔膜纸质，易取仁；粒重 9.65g，仁重 6.42g，出仁率为 66.53%；种仁肥，黄白饱满，食味香纯微涩，口感细。

25. 滇鲁 Z266（图 3-372 至图 3-375）

母树生长在龙头山镇沿河村康家坪子。坚果长扁圆球形，两肩平，底部较圆，缝合线稍突、紧密，种尖钝尖，种壳浅麻；坚果三径均值为 3.06cm，壳厚 1.21mm，内褶壁退化，隔膜纸质，易取仁；粒重 10.13g，仁重 5.51g，出仁率为 54.39%；种仁瘦，浅紫饱满，食味香纯微涩，口感细。

图 3-369　母树

图 3-370　结果状

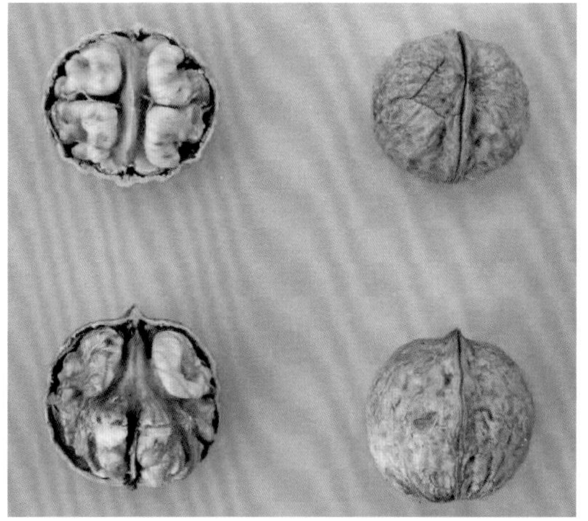

图 3-371　坚果种仁

图 3-372　母树

图 3-373　丰产状

图 3-374　结果状

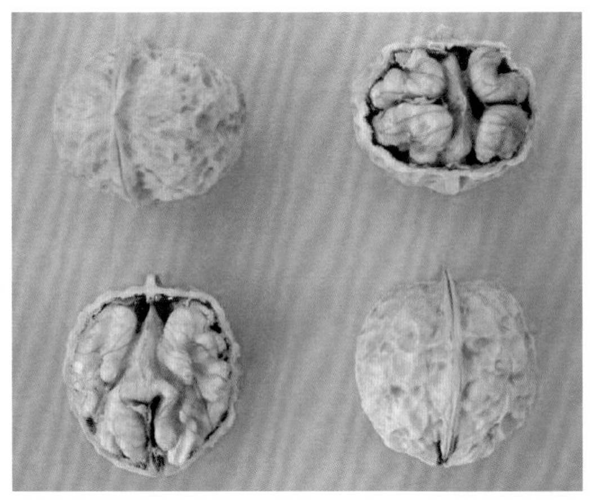
图 3-375　坚果种仁

26. 滇鲁 Z267（图 3-376 至图 3-378）

母树生长在龙头山镇龙井村甘水井社。坚果短扁圆球形，两肩平，底部较平，缝合线稍突、紧密，种尖钝尖，种壳麻；坚果三径均值为 3.08cm，壳厚 0.76mm，内褶壁退化，隔膜纸质，极易取仁；粒重 9.43g，仁重 5.11g，出仁率为 54.19%；种仁瘦，白且饱满，食味香甜无涩，口感细。

图 3-376　母树及丰产状

图 3-377　结果状

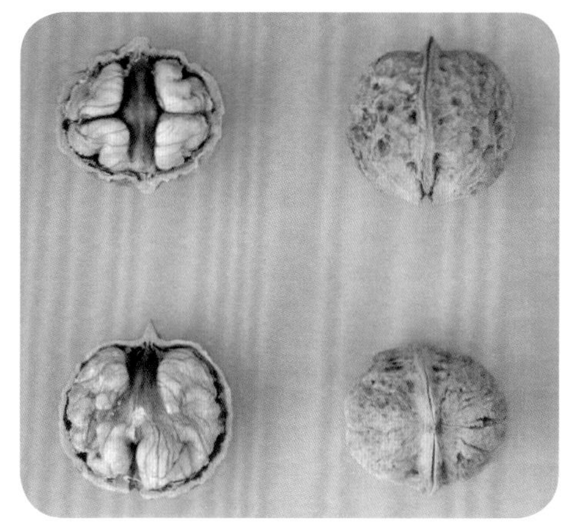

图 3-378　坚果种仁

27. 滇鲁 Z268（图 3-379）

母树生长在梭山乡查拉村李家梁子。坚果短扁圆球形，两肩平，底部较圆，缝合线稍突且松，种尖钝尖，种壳浅麻；坚果三径均值为 3.10cm，壳厚 0.82mm，内褶壁退化，隔膜纸质，易取仁；粒重 10.48g，仁重 5.95g，出仁率为 56.77%；种仁肥，黄白饱满，食味香甜无涩，口感细。

图 3-379　母树、结果状、坚果种仁

28. 滇鲁 Z269（图 3-380）

母树生长在梭山乡黑寨村半坡社。坚果扁圆球形，两肩平，底部较平，缝合线稍突、紧密，种尖钝尖，种壳浅麻; 坚果三径均值为3.11cm，壳厚0.98mm，内褶壁退化，隔膜纸质，易取仁；粒重 10.61g，仁重 5.47g，出仁率为 51.56%；种仁瘦，黄白饱满，食味香甜无涩，口感细腻。

图 3-380　母树、结果状、坚果种仁

29. 滇鲁 Z270（图 3-381 至图 3-383）

母树生长在龙头山镇胡家湾子社。坚果扁圆球形，两肩圆，底部较平，缝合线突出、紧密，种尖锐尖，种壳浅麻；坚果三径均值为 3.12cm，壳厚 0.68mm，内褶壁退化，隔膜纸质，易取仁；粒重 8.98g，仁重 4.81g，出仁率为 53.56%；种仁瘦，黄白饱满，食味香纯无涩，口感细。

图 3-381　结果状

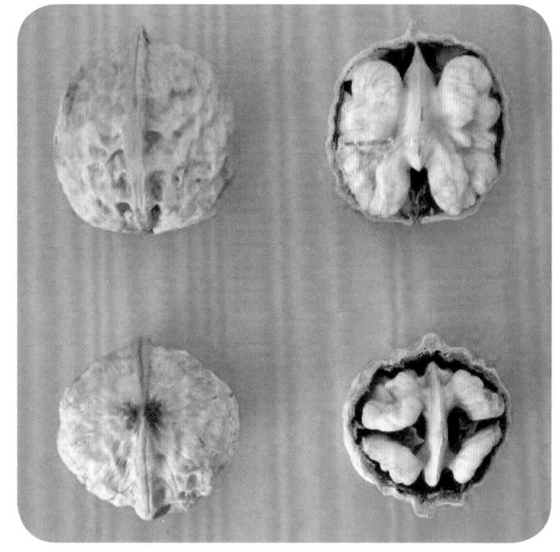

图 3-382　坚果种仁

图 3-383　母树

30. 滇鲁 Z271（图 3-384 至图 3-386）

母树生长在龙头山镇龙井村旱谷地社。坚果扁圆球形，两肩圆，底部较圆，缝合线平、紧密，种尖锐尖，种壳麻；坚果三径均值为 3.19cm，壳厚 0.81mm，内褶壁退化，隔膜骨质，极易取仁；粒重 10.67g，仁重 5.59g，出仁率为 52.39%；种仁肥，黄白饱满，食味香甜微涩，口感细。

图 3-384　母树

图 3-385　结果状

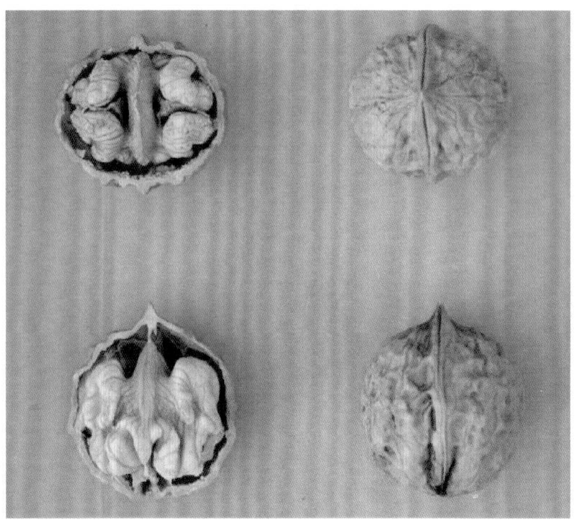

图 3-386　坚果种仁

31. 滇鲁 Z272（图 3-387 至图 3-389）

母树生长在龙头山镇新民村甘家梁子。坚果锥形，肩部削肩，底部较圆，缝合线稍突、紧密，种尖钝尖，种壳浅麻；坚果三径均值为 3.22cm，壳厚 1.04mm，内褶壁退化，隔膜革质，易取仁；粒重 11.13g，仁重 6.32g，出仁率为 56.78%；种仁肥，黄白饱满，食味香甜无涩，口感细腻。

图 3-387　丰产状

图 3-388　母树

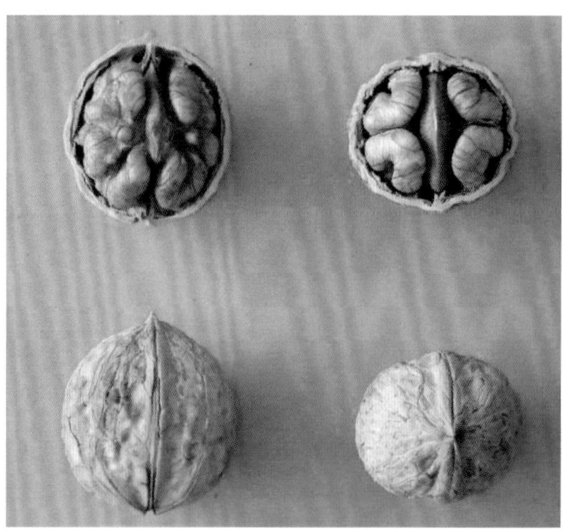

图 3-389　坚果种仁

32. 滇鲁 Z274（图 3-390 至图 3-392）

母树生长在龙头山光明村上寨子社。坚果短扁圆球形，两肩圆，底部较圆，缝合线突出、紧密，种尖钝尖，种壳浅麻；坚果三径均值为 3.25cm，壳厚 0.93mm，内褶壁退化，隔膜骨质，易取仁；粒重 12.43g，仁重 6.41g，出仁率为 51.57%；种仁肥，黄白饱满，食味香纯无涩，口感细。

图 3-390　母树

图 3-391　结果状

图 3-392　坚果种仁

33. 滇鲁 Z275（图 3-393 至图 3-395）

母树生长在龙头山镇沙坝村祭龙山社。坚果方形，两肩平，底部较平，缝合线稍突、紧密，种尖钝尖，种壳浅麻；坚果三径均值为 3.25cm，壳厚 0.84mm，内褶壁退化，隔膜纸质，易取仁；粒重 10.14g，仁重 5.53g，出仁率为 54.54%；种仁瘦，白且饱满，食味香甜无涩，口感细。

图 3-393　母树

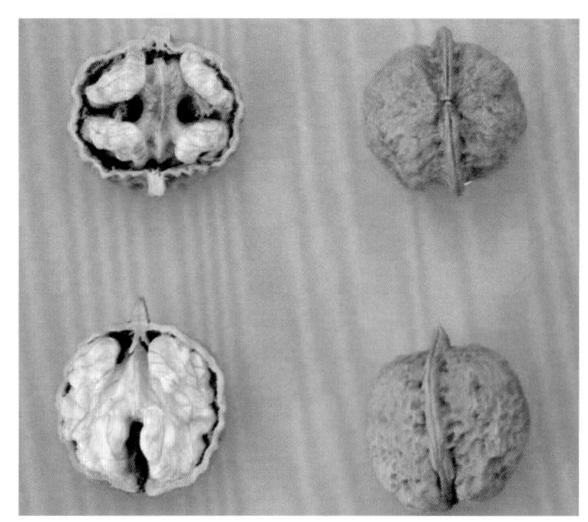

图 3-394　坚果种仁

图 3-395　丰产状

34. 滇鲁 Z276（图 3-396 至图 3-399）

母树生长在梭山乡查拉村李家梁子。坚果扁圆球形，两肩平，底部较平，缝合线突出、紧密，种尖钝尖，种壳麻；坚果三径均值为3.26cm，壳厚0.78mm，内褶壁发达，隔膜革质，易取仁；粒重10.95g，仁重5.38g，出仁率为49.13%；种仁瘦，黄白饱满，食味香纯无涩，口感细腻。

图 3-396　母树

图 3-397　丰产状

图 3-398　结果状

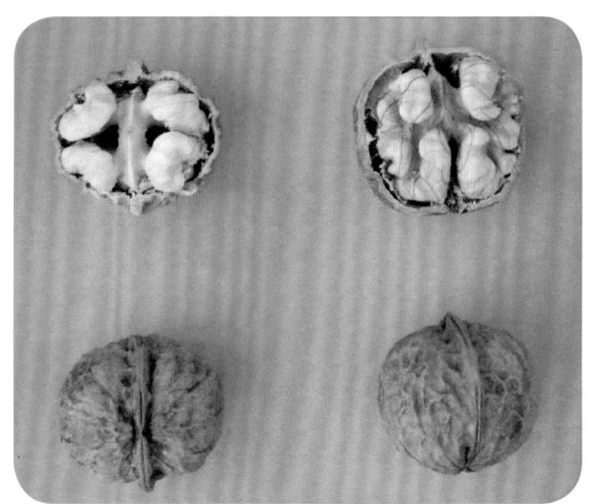
图 3-399　坚果种仁

35. 滇鲁 Z277（图 3-400）

母树生长在龙头山镇龙井村旱谷地社。坚果扁圆球形，两肩圆，底部较平，缝合线稍突、紧密，种尖锐尖，种壳浅麻；坚果三径均值为3.27cm，壳厚0.81mm，内褶壁退化，隔膜纸质，易取仁；粒重11.68g，仁重6.99g，出仁率为59.85%；种仁肥，黄白饱满，食味香纯无涩，口感细。

36. 滇鲁 Z278（图 3-401 至图 3-403）

母树生长在龙头山镇龙井村甘水井社。坚果扁圆球形，两肩圆，底部较平，缝合线突出、紧密，种尖钝尖，种壳浅麻；坚果三径均值为3.29cm，壳厚0.82mm，内褶壁退化，

隔膜骨质，易取仁；粒重 11.51g，仁重 6.84g，出仁率为 59.43%；种仁肥，黄白饱满，食味香纯无涩，口感细。

图 3-400　母树、结果状、坚果种仁

图 3-401　母树

图 3-402　坚果种仁

37. 滇鲁 Z279（图 3-404）

母树生长在小寨乡梨园村陈家松林。坚果圆球形，两肩圆，底部较平，缝合线突出、

紧密，种尖锐尖，种壳浅麻；坚果三径均值为3.30cm，壳厚0.56mm，内褶壁退化，隔膜纸质，极易取仁；粒重9.24g，仁重4.98g，出仁率为53.9%；种仁瘦，白且饱满，食味香纯无涩，口感细。

图3-403　丰产状

图3-404　母树、结果状、坚果种仁

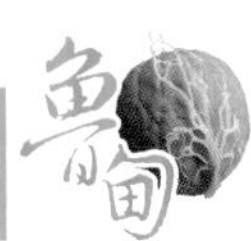

38. 滇鲁 Z280（图 3-405）

母树生长在龙头山镇八宝村西瓜地社核桃林。坚果心形，两肩圆，底部较圆，缝合线稍突、紧密，种尖钝尖，种壳浅麻；坚果三径均值为3.33cm，壳厚0.96mm，内褶壁退化，隔膜革质，易取仁；粒重11.57g，仁重5.83g，出仁率为50.39%；种仁肥，黄白饱满，食味香纯微涩，口感细。

图 3-405　母树、结果状、坚果种仁

39. 滇鲁 D018（图 3-406 ~ 图 3-408）

母树生长在小寨乡郭家村小水井。坚果长扁圆球形，两肩平，底部较圆，缝合线稍突、紧密，种尖钝尖，种壳浅麻；坚果三径均值为3.52cm，壳厚1.17mm，内褶壁退化，隔膜革质，易取仁；粒重15.54g，仁重8.49g，出仁率为54.63%；种仁肥，黄白饱满，食味香纯无涩，口感细。

40. 滇鲁 D019（图 3-409 ~ 图 3-411）

母树生长在小寨乡小寨村白龙井。坚果圆球形，两肩圆，底部较圆，缝合线稍突、紧密，种尖钝尖，种壳浅麻；坚果三径均值为 3.63cm，壳厚 0.92mm，内褶壁退化，隔膜纸质，易取仁；粒重 14.27g，仁重 7.82g，出仁率为 54.8%；种仁肥，灰白饱满，食味香纯无涩，口感细。

图 3-406　母树

图 3-407　结果状

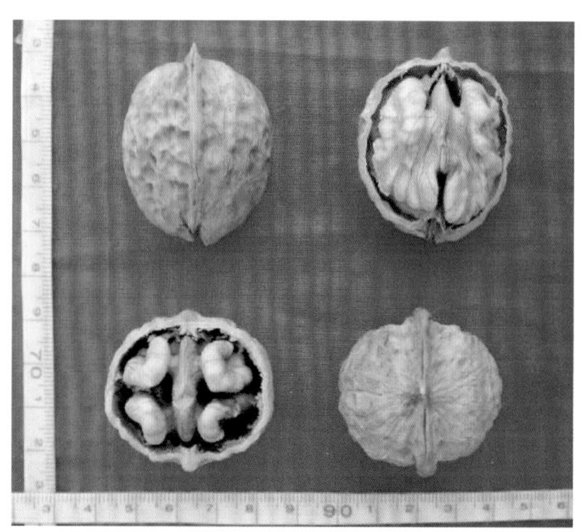

图 3-408　坚果种仁

图 3-409　母树

图 3-410　结果状

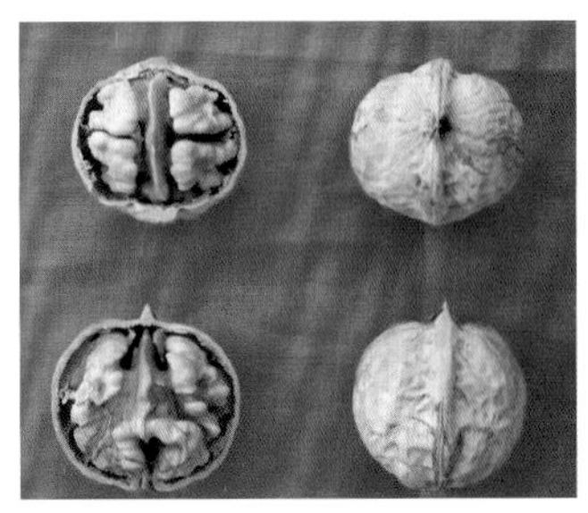

图 3-411　坚果种仁

41. 滇鲁 D020（图 3-412）

母树生长在小寨乡小寨村白龙井。坚果圆球形，两肩圆，底部较平，缝合线突出、紧密，种尖钝尖，种壳浅麻；坚果三径均值为 3.53cm，壳厚 0.96mm，内褶壁退化，隔膜纸质，易取仁；粒重 14.94g，仁重 8.18g，出仁率为 54.75%；种仁肥，黄白饱满，食味香纯无涩，口感细腻。

图 3-412　母树、结果状、坚果种仁

42. 滇鲁 D088（图 3-413 至图 3-415）

母树生长在梭山乡查拉李家梁子。坚果短扁圆球形，两肩平，底部较平，缝合线稍突且松，种尖锐尖，种壳麻；坚果三径均值为 3.38cm，壳厚 0.88mm，内褶壁退化，隔膜革质，易取仁；粒重 11.9g，仁重 7.35g，出仁率为 61.76%；种仁肥，浅紫饱满，食味香甜无涩，口感细腻。

图 3-413　母树

图 3-414　结果状

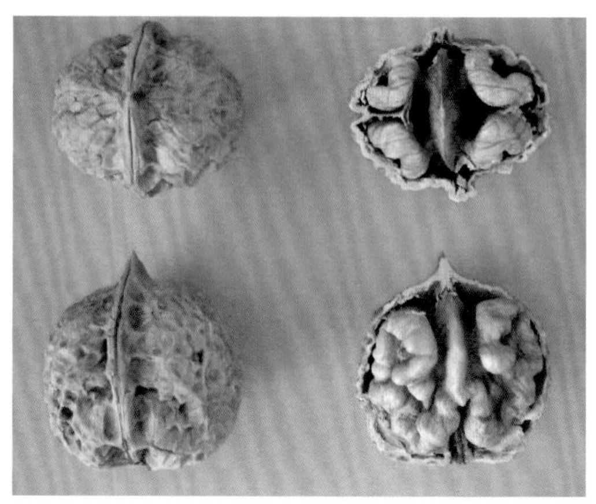

图 3-415　坚果种仁

43. 滇鲁 D089（图 3-416 ~ 图 3-418）

母树生长在龙头山镇八宝村田家湾。坚果扁圆球形，两肩平，底部较圆，缝合线稍突、紧密，种尖钝尖，种壳浅麻；坚果三径均值为 3.39cm，壳厚 0.69mm，内褶壁退化，隔膜纸质，易取仁；粒重 11.91g，仁重 6.31g，出仁率为 52.98%；种仁肥，黄白饱满，食味香甜无涩，口感细。

图 3-416　母树

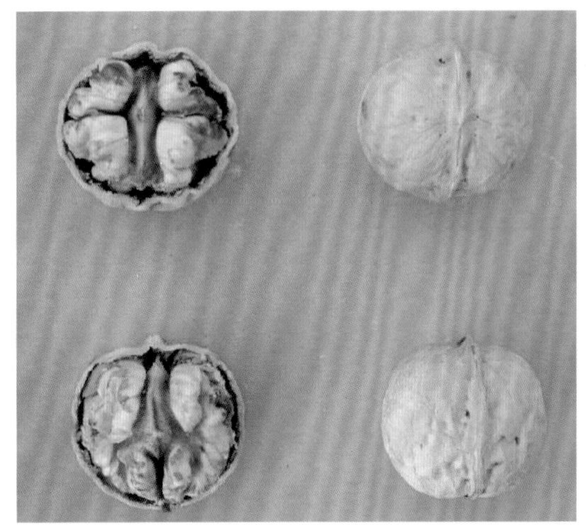

图 3-417　坚果种仁

图 3-418　丰产状

44. 滇鲁 D090（图 3-419）

母树生长在龙头山镇龙井村蔡园子社。坚果扁圆球形，两肩平，底部较圆，缝合线突出、紧密，种尖钝尖，种壳麻；坚果三径均值为 3.40cm，壳厚 1.06mm，内褶壁退化，隔膜骨质，易取仁；粒重 13.91g，仁重 6.87g，出仁率为 49.39%；种仁瘦，黄白饱满，食味香纯无涩，口感细。

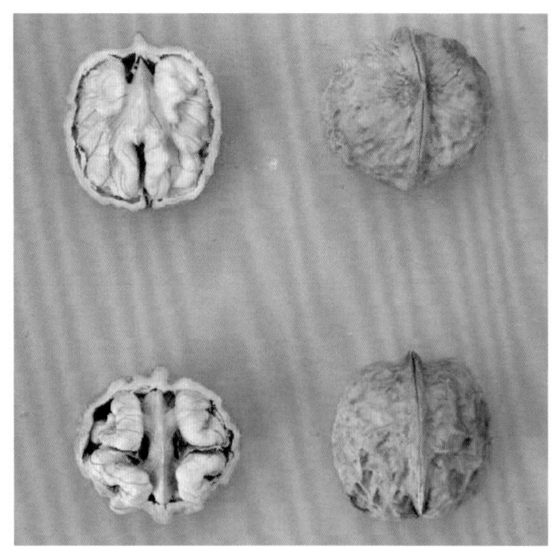

图 3-419　坚果种仁

45. 滇鲁 D091（图 3-420）

母树生长在梭山乡查拉李家坪子。坚果扁圆球形，两肩圆，底部较圆，缝合线突出、紧密，种尖钝尖，种壳浅麻；坚果三径均值为 3.42cm，壳厚 0.88mm，内褶壁退化，隔膜纸质，极易取仁；粒重 12.03g，仁重 5.73g，出仁率为 47.63%；种仁瘦，黄白饱满，食味香纯无涩，口感细。

图 3-420　母树、结果状、坚果种仁

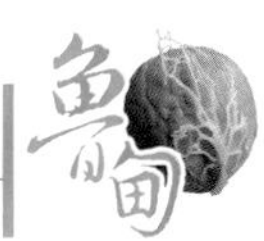

46. 滇鲁 D092（图 3-421 ~图 3-424）

母树生长在龙头山镇沿河村郭家冲。坚果扁圆球形，两肩平，底部较圆，缝合线稍突、紧密，种尖锐尖，种壳浅麻；坚果三径均值为 3.45cm，壳厚 1.02mm，内褶壁退化，隔膜革质，易取仁；粒重 13.82g，仁重 7.43g，出仁率为 53.76%；种仁肥，黄白饱满，食味香纯无涩，口感细。

图 3-421 母树

图 3-422 丰产状

图 3-423 结果状

图 3-424 坚果种仁

47. 滇鲁 D094（图 3-425 至图 3-427）

母树生长在龙头山镇龙井村天生堂社。坚果扁圆球形，两肩平，底部较圆，缝合线稍突、紧密，种尖钝尖，种壳浅麻；坚果三径均值为 3.60cm，壳厚 0.78mm，内褶壁退化，隔膜纸质，易取仁；粒重 15.12g，仁重 8.36g，出仁率为 54.89%；种仁瘦，灰白饱满，食味香纯无涩，口感细。

图 3-425　母树

图 3-426　结果状

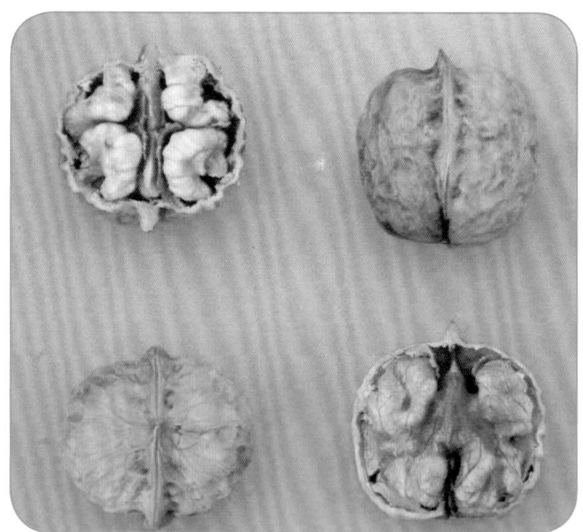

图 3-427　坚果种仁

48. 滇鲁 D095（图 3-428）

母树生长在梭山乡查拉村李家梁子社。坚果短扁圆球形，两肩平，底部较平，缝合线稍突、紧密，种尖钝尖，种壳深麻；坚果三径均值为3.61cm，壳厚0.82mm，内褶壁发达，隔膜骨质，易取仁；粒重14.12g，仁重7.01g，出仁率为49.65%；种仁肥，黄白饱满，食味香纯无涩，口感细。

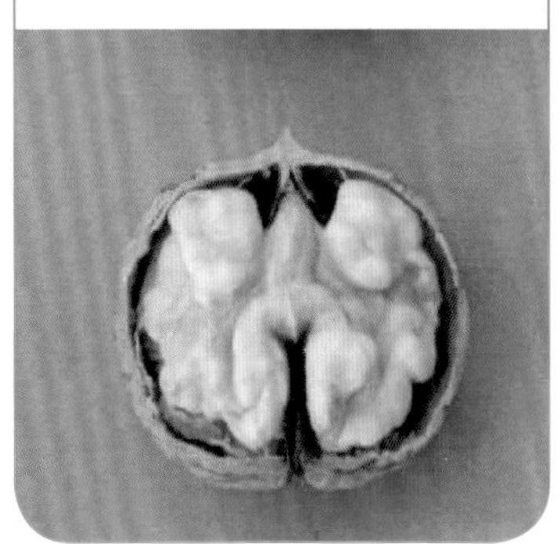

图 3-428　母树、结果状、坚果种仁

49. 滇鲁 D096（图 3-429 至图 3-431）

母树生长在江底乡箐脚。坚果长扁圆球形，两肩平，底部较圆，缝合线突出、紧密，种尖钝尖，种壳浅麻；坚果三径均值为 3.68cm，壳厚 0.83mm，内褶壁退化，隔膜纸质，易取仁；粒重 15.11g，仁重 7.60g，出仁率为 50.30%；种仁瘦，黄白饱满，食味香甜无涩，口感细腻。

图 3-429　母树

图 3-430　结果状

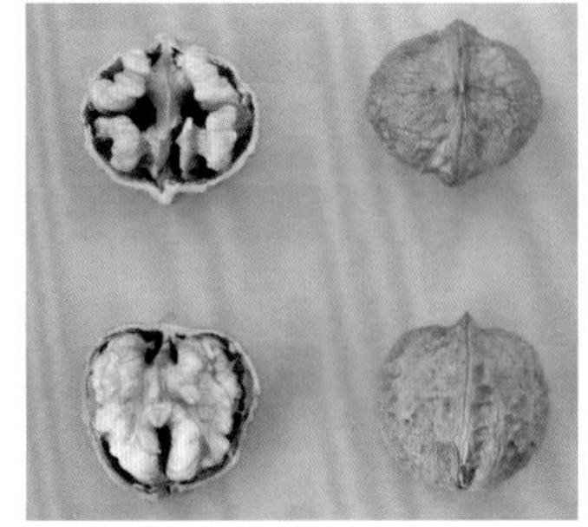

图 3-431　坚果种仁

50. 滇鲁 D097（图 3-432）

母树生长在龙头山镇龙井村旱谷地社。坚果长扁圆球形，两肩圆，底部尖突，缝合线稍突、紧密，种尖钝尖，种壳浅麻；坚果三径均值为 3.73cm，壳厚 1.24mm，内褶壁退化，隔膜骨质，易取仁；粒重 17.07g，仁重 7.83g，出仁率为 45.87%；种仁瘦，黄白饱满，食味香甜微涩，口感细。

图 3-432　母树、坚果种仁

51. 滇鲁 D098（图 3-433）

母树生长在文屏镇安阁村。坚果扁圆球形，两肩平，底部较圆，缝合线稍突、紧密，种尖钝尖，种壳浅麻；坚果三径均值为 3.88cm，壳厚 0.80mm，内褶壁发达，隔膜骨质，较易取仁；粒重 16.58g，仁重 7.49g，出仁率为 45.17%；种仁瘦，黄白饱满，食味香甜无涩，口感细。

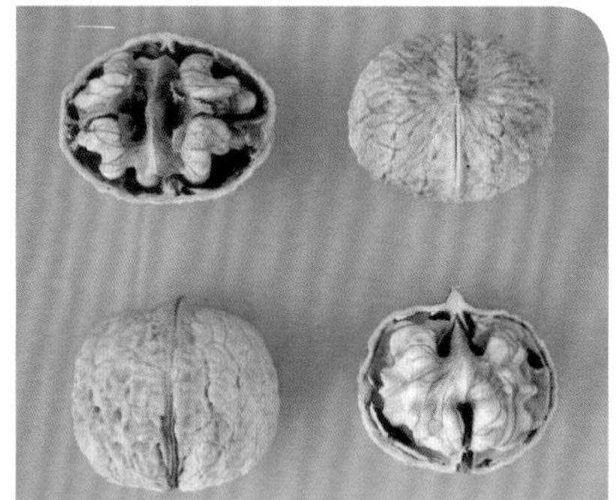

图 3-433　母树、结果状、坚果种仁

四、鲁甸核桃单株（表 3-3）

表 3-3　鲁甸县核桃单株描述

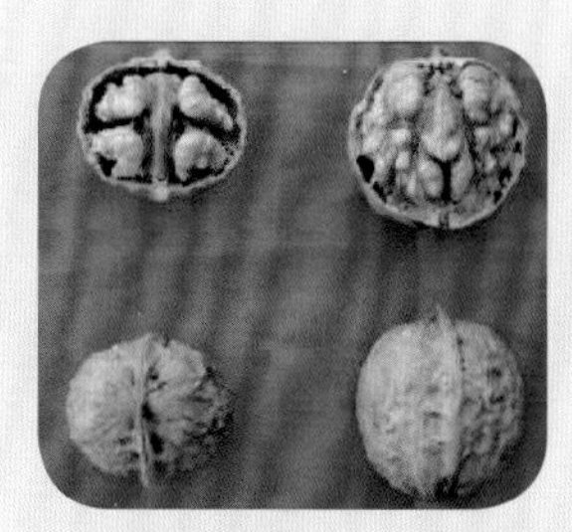	1. 滇鲁 D007：母树生长于文屏镇安阁，坚果长扁圆球形，种壳麻；坚果三径均值为 3.53cm，壳厚 0.83mm，隔膜纸质，极易取仁；粒重 11.60g，仁重 7.31g，出仁率为 62.96%；种仁瘦，仁色黄白，食味香纯微涩，口感细
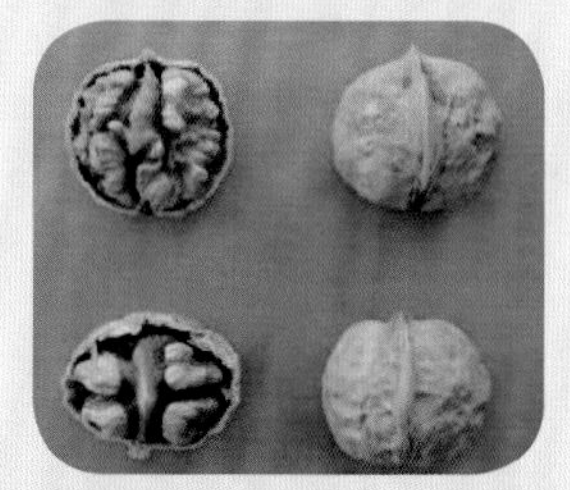	2. 滇鲁 D009：母树生长于江底乡洗羊塘村，坚果扁圆球形，种壳浅麻；坚果三径均值为 3.69cm，壳厚 0.79mm，隔膜骨质，极易取仁；粒重 15.50g，仁重 8.61g，出仁率为 55.55%；种仁肥，仁色黄白，食味香甜，口感细
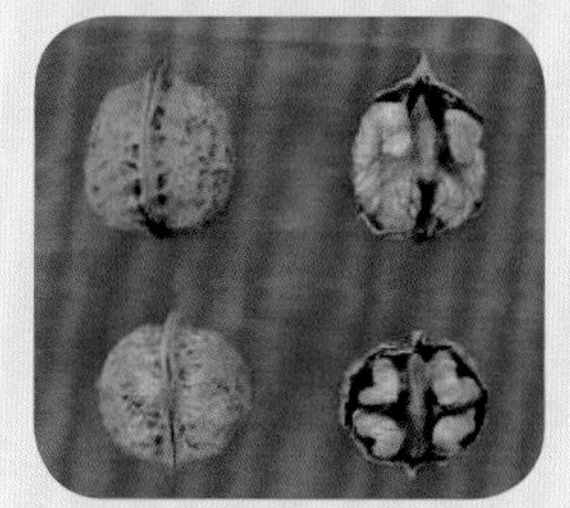	3. 滇鲁 D010：母树生长于乐红乡官寨村核桃寨，坚果扁圆球形，种壳浅麻；坚果三径均值为 4.26cm，壳厚 0.49mm，隔膜纸质，极易取仁；粒重 8.48g，仁重 5.72g，出仁率为 67.45%；种仁瘦，仁色黄色，食味香甜无涩味，口感细
	4. 滇鲁 D011：母树生长于乐红乡乐红村顾家湾，坚果心形，种壳麻；坚果三径均值为 3.69cm，壳厚 1.17mm，隔膜纸质，易取仁；粒重 16.20g，仁重 7.76g，出仁率为 47.81%；种仁肥，仁色浅紫，食味香纯无涩味，口感细
	5. 滇鲁 D012：母树生长于乐红乡利外村营盘社，坚果扁圆球形，种壳深麻；坚果三径均值为 3.79cm，壳厚 0.95mm，隔膜纸质，易取仁；粒重 15.60g，仁重 9.54g，出仁率为 61.26%；种仁肥，仁色黄白，食味香纯无涩味，口感细

	6. 滇鲁 D014：母树生长于龙头山镇龙井村水槽子社，坚果梭形，种壳麻；坚果三径均值为 3.75cm，壳厚 0.92mm，隔膜骨质，较易取仁；粒重 15.10g，仁重 7.16g，出仁率为 47.29%；种仁瘦，仁色黄白，食味香纯微涩，口感细
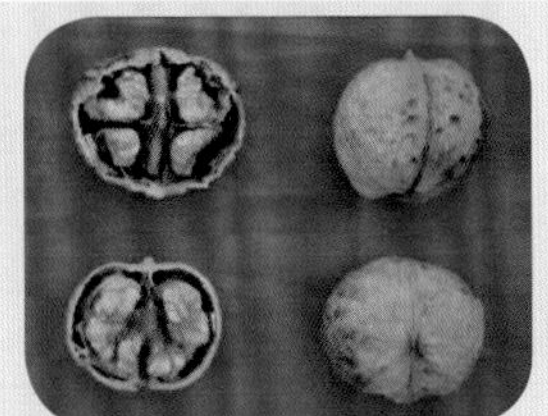	7. 滇鲁 D015：母树生长于龙头山镇欧家老包，坚果短扁圆球形，种壳浅麻；坚果三径均值为 3.53cm，壳厚 0.96mm，隔膜纸质，极易取仁；粒重 13.20g，仁重 6.36g，出仁率为 48.07%；种仁肥，仁色灰白，食味香纯无涩味，口感细
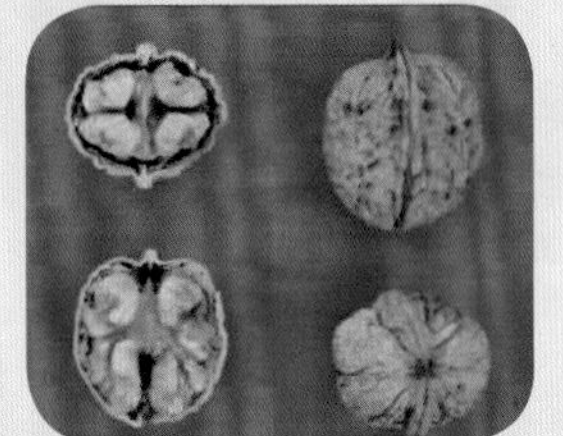	8. 滇鲁 D016：母树生长于龙头山镇龙井村，坚果长扁圆球形，种壳麻；坚果三径均值为 3.51cm，壳厚 1.20mm，隔膜骨质，极易取仁；粒重 11.60g，仁重 8.05g，出仁率为 55.34%；种仁瘦，仁色黄白，食味香纯微涩，口感细
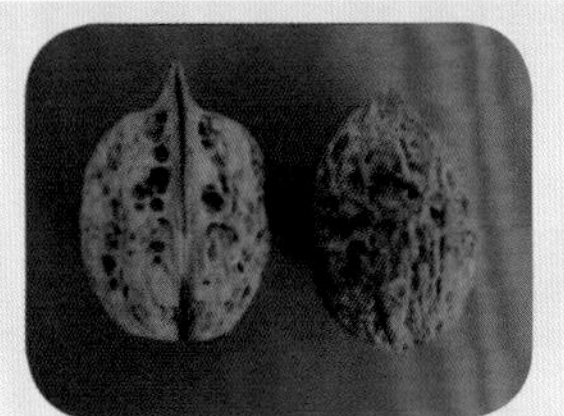	9. 滇鲁 D017：母树生长于文屏镇马鹿沟，坚果长扁圆球形，种壳麻；坚果三径均值为 3.87cm，壳厚 0.82mm，隔膜纸质，极易取仁；粒重 13.70g，仁重 7.06g，出仁率为 51.61%；种仁瘦，仁色黄白，食味香纯无涩味，口感细
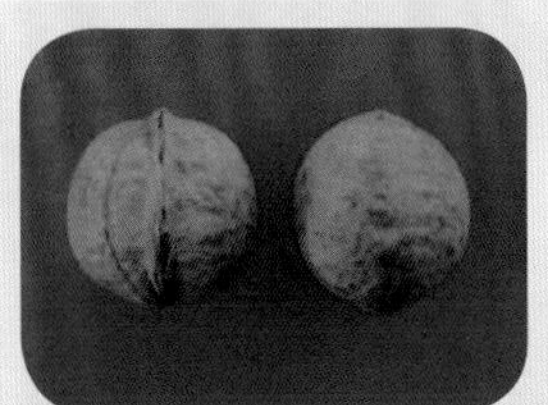	10. 滇鲁 D021：母树生长于小寨乡白龙井村，坚果圆球形，种壳光滑；坚果三径均值为 3.50cm，壳厚 1.187mm，隔膜革质，易取仁；粒重 11.00g，仁重 4.66g，出仁率为 42.4%；种仁瘦，仁色黄色，食味香纯无涩味，口感细
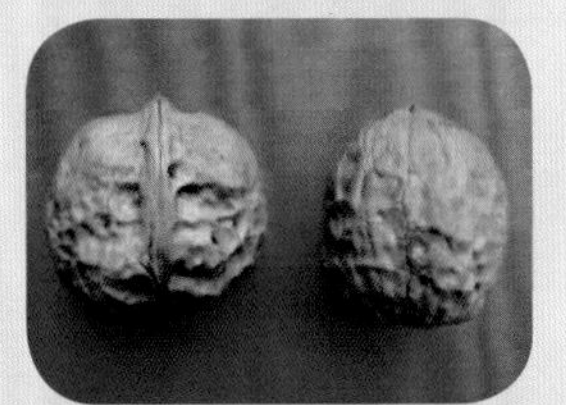	11. 滇鲁 D022：母树生长于火德红乡银厂村上海子社，坚果扁圆球形，种壳浅麻；坚果三径均值为 3.51cm，壳厚 1.35mm，隔膜骨质，较易取仁；粒重 15.50g，仁重 7.92g，出仁率为 51.06%；种仁瘦，仁色黄白，食味香纯微涩，口感细
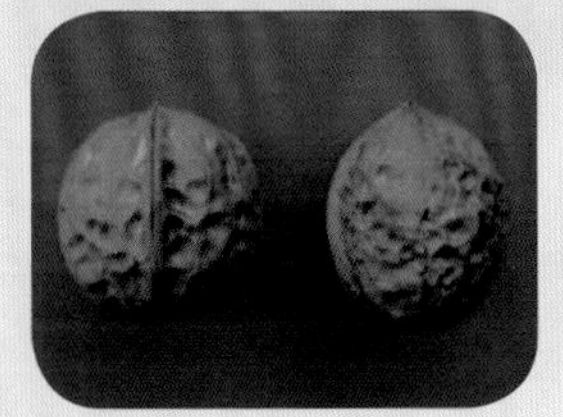	12. 滇鲁 D023：母树生长于梭山乡查拉村包家梁子，坚果扁圆球形，种壳麻；坚果三径均值为 3.5cm，壳厚 1.02mm，隔膜骨质，易取仁；粒重 11.40g，仁重 4.52g，出仁率为 39.58%；种仁瘦，仁色黄色，食味香纯微涩，口感细

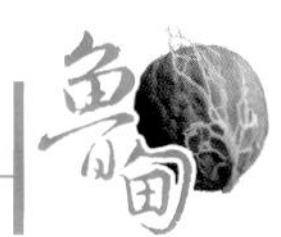

13. 滇鲁 D024：母树生长于梭山乡密所村，坚果扁圆球形，种壳麻；坚果三径均值为 3.51cm，壳厚 1.45mm，隔膜纸质，易取仁；粒重 13.40g，仁重 5.44g，出仁率为 40.72%；种仁瘦，仁色黄色，食味香纯微涩，口感细

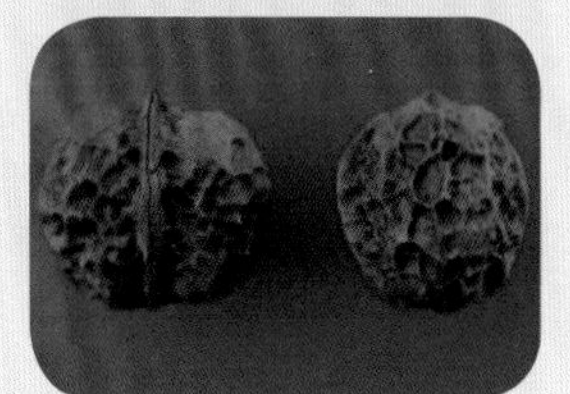

14. 滇鲁 D025：母树生长于龙头山镇西瓜地，坚果长扁圆球形，种壳麻；坚果三径均值为 3.52cm，壳厚 1.22mm，隔膜骨质，易取仁；粒重 13.30g，仁重 6.56g，出仁率为 49.5%；种仁瘦，仁色黄色，食味香甜微涩，口感细

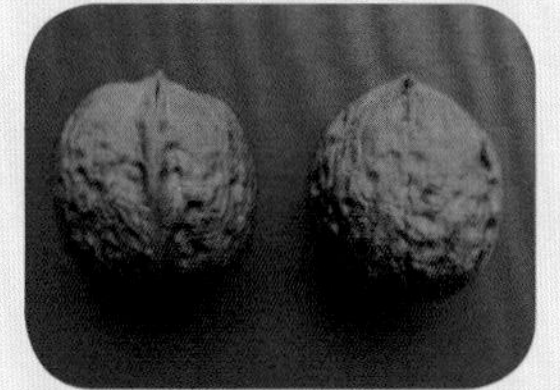

15. 滇鲁 D026：母树生长于文屏镇马鹿沟 7 社，坚果长椭圆球形，种壳麻；坚果三径均值为 3.52cm，壳厚 1.59mm，隔膜革质，易取仁；粒重 13.30g，仁重 6.16g，出仁率为 46.28%；种仁瘦，仁色浅紫，食味香甜无涩味，口感粗

16. 滇鲁 D027：母树生长于小寨乡赵家海村新坪社，坚果扁圆球形，种壳浅麻；坚果三径均值为 3.52cm，壳厚 1.01mm，隔膜骨质，易取仁；粒重 12.40g，仁重 6.66g，出仁率为 53.54%；种仁肥，仁色黄白，食味香纯无涩味，口感细

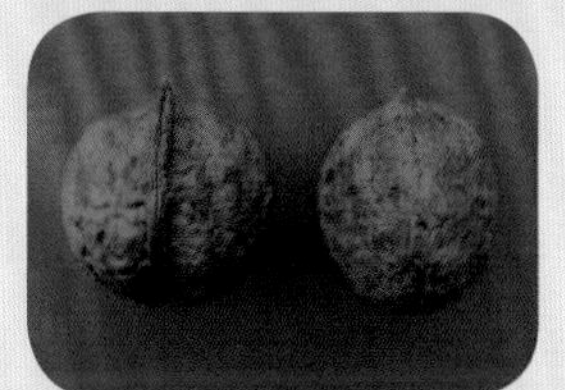

17. 滇鲁 D028：母树生长于龙头山镇龙井村，坚果圆球形，种壳浅麻；坚果三径均值为 3.53cm，壳厚 1.06mm，隔膜革质，易取仁；粒重 13.40g，仁重 7.32g，出仁率为 54.79%；种仁肥，仁色黄白，食味香纯微涩，口感细腻

18. 滇鲁 D029：母树生长于江底乡水塘村牛棚，坚果倒卵形，种壳浅麻；坚果三径均值为为 3.54cm，壳厚 1.08mm，隔膜骨质，极易取仁；粒重 12.10g，仁重 5.87g，出仁率为 48.39%；种仁瘦，仁色黄白，食味香甜，口感细

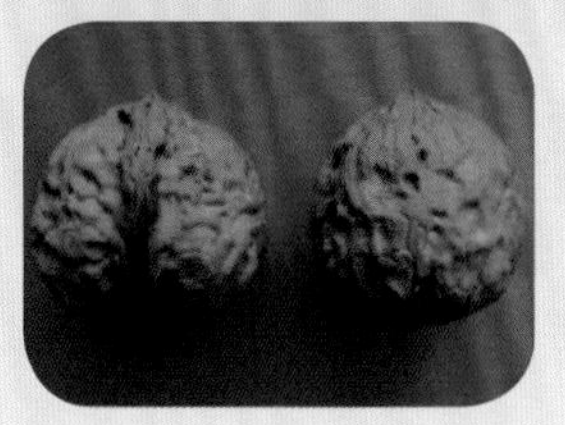

19. 滇鲁 D030：母树生长于江底乡核桃坪，坚果圆球形，种壳浅麻；坚果三径均值为 3.55cm，壳厚 1.26mm，隔膜革质，易取仁；粒重 14.70g，仁重 7.02g，出仁率为 47.92%；种仁瘦，仁色黄，食味香甜无涩味，口感粗

20. 滇鲁 D031：母树生长于龙头山镇八宝，坚果扁圆球形，种壳浅麻；坚果三径均值为 3.56cm，壳厚 0.817mm，隔膜纸质，易取仁；粒重 13.50g，仁重 7.8g，出仁率为 57.95%；种仁肥，仁色黄色，食味香甜微涩，口感细

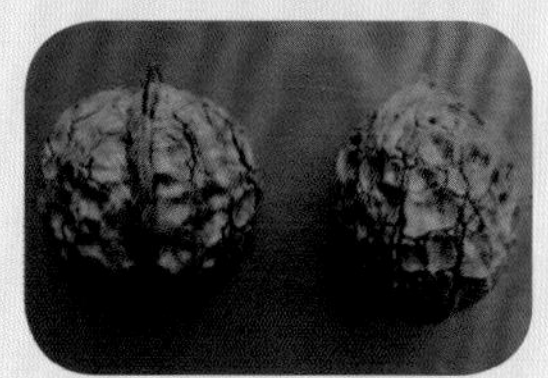

21. 滇鲁 D032：母树生长于龙头山镇龙井村，坚果扁圆球形，种壳麻；坚果三径均值为 3.57cm，壳厚 1.68mm，隔膜革质，较易取仁；粒重 16.60g，仁重 7.06g，出仁率为 42.48%；种仁肥，仁色紫，食味香甜微涩味，口感细

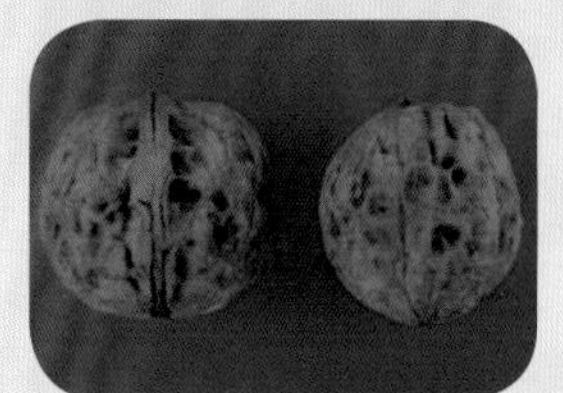

22. 滇鲁 D033：母树生长于火德红乡南筐村马家沟，坚果扁圆球形，种壳浅麻；坚果三径均值为 3.57cm，壳厚 1.15mm，隔膜革质，易取仁；粒重 17.80g，仁重 9.40g，出仁率为 52.96%；种仁瘦，仁色黄白，食味香纯微涩，口感细

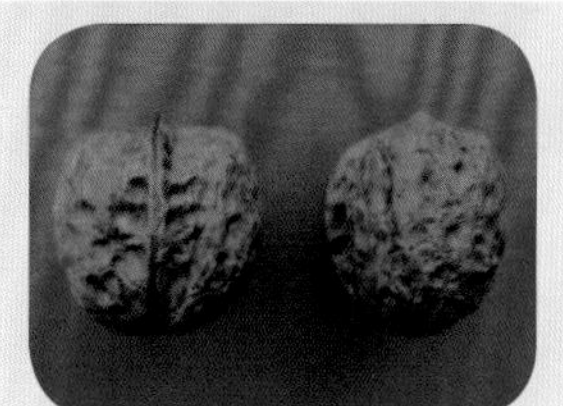

23. 滇鲁 D034：母树生长于江底乡核桃坪，坚果长扁圆球形，种壳浅麻；坚果三径均值为 3.58cm，壳厚 1.00mm，隔膜骨质，较易取仁；粒重 15.00g，仁重 7.22g，出仁率为 48.07%；种仁肥，仁色黄，食味香纯无涩味，口感细

24. 滇鲁 D035：母树生长于乐红乡红布村毛家寨子，坚果扁圆球形，种壳浅麻；坚果三径均值为 3.59cm，壳厚 1.17mm，隔膜骨质，易取仁；粒重 14.60g，仁重 7.44g，出仁率为 50.95%；种仁瘦，仁色黄色，食味香纯无涩味，口感粗

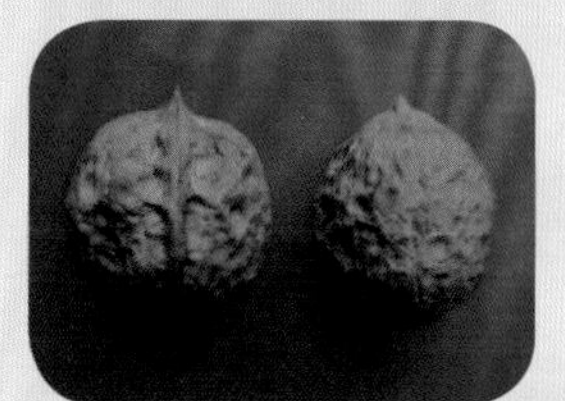

25. 滇鲁 D036：母树生长于桃源乡桃源村 33 小组，坚果扁圆球形，种壳浅麻；坚果三径均值为 3.60cm，壳厚 1.22mm，隔膜骨质，易取仁；粒重 12.50g，仁重 5.25g，出仁率为 41.93%；种仁瘦，仁色黄色，食味香甜无涩味，口感细

26. 滇鲁 D037：母树生长于水磨镇嵩平村，坚果长扁圆球形，种壳浅麻；坚果三径均值为 3.59cm，壳厚 1.49mm，隔膜骨质，较易取仁；粒重 14.60g，仁重 6.76g，出仁率为 46.46%；种仁肥，仁色灰，食味香纯微涩，口感细

27. 滇鲁 D038：母树生长于乐红乡利外村，坚果圆球形，种壳浅麻；坚果三径均值为 3.57cm，壳厚 1.588mm，隔膜骨质，易取仁；粒重 16.90g，仁重 7.16g，出仁率为 42.37%；种仁瘦，仁色黄色，食味香甜微涩味，口感细

28. 滇鲁 D039：母树生长于江底乡洗羊塘，坚果扁圆球形，种壳浅麻；坚果三径均值为 3.60cm，壳厚 0.87mm，隔膜纸质，极易取仁；粒重 13.70g，仁重 7.62g，出仁率为 55.66%；种仁瘦，仁色黄白，食味香纯微涩，口感细

29. 滇鲁 D040：母树生长于梭山乡查拉村，坚果长扁圆球形，种壳浅麻；坚果三径均值为 3.6cm，壳厚 0.90mm，隔膜骨质，易取仁；粒重 11.50g，仁重 6.00g，出仁率为 52.37%；种仁瘦，仁色黄白，食味香纯微涩，口感细

30. 滇鲁 D041：母树生长于梭山乡查拉村，坚果短扁圆球形，种壳麻；坚果三径均值为 3.61cm，壳厚 1.16mm，隔膜纸质，易取仁；粒重 15.90g，仁重 7.36g，出仁率 46.17%；种仁瘦，仁色灰白，食味香纯微涩，口感细

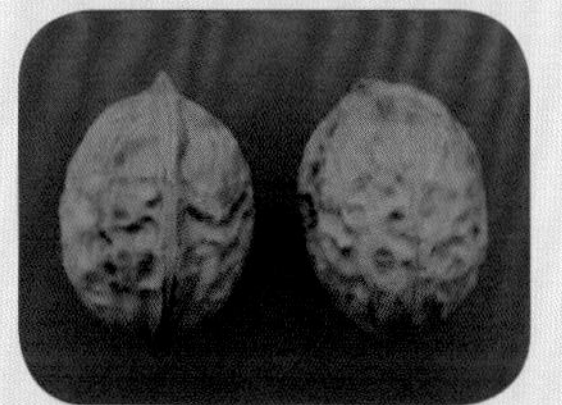

31. 滇鲁 D042：母树生长于火德红乡银厂，坚果椭圆球形，种壳浅麻；坚果三径均值 3.63cm，壳厚 1.04mm，隔膜纸质，极易取仁；粒重 12.02g，仁重 5.60g，出仁率为 45.75%；种仁瘦，仁色黄白，食味香纯较涩，口感粗

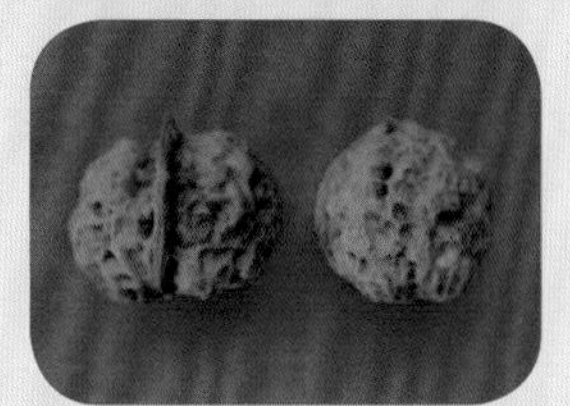

32. 滇鲁 D043：母树生长于龙头山镇龙井村，坚果扁圆球形，种壳深麻；坚果三径均值为 3.62cm，壳厚 1.20mm，隔膜革质，难取仁；粒重 18.20g，仁重 8.47g，出仁率为 46.58%；种仁肥，仁色黄白，食味香纯，口感细

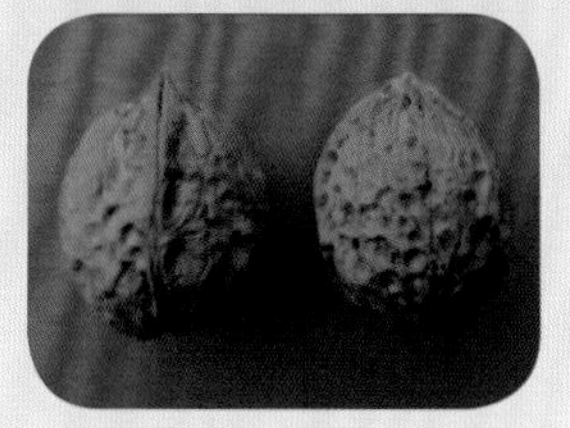

33. 滇鲁 D044：母树生长于茨院乡下院，坚果长椭圆球形，种壳浅麻；坚果三径均值为 3.62cm，壳厚 1.03mm，隔膜革质，易取仁；粒重 12.90g，仁重 7.11g，出仁率为 55%；种仁肥，仁色黄白，食味香甜无涩味，口感细

	34. 滇鲁 D045：母树生长于乐红乡施初村，坚果倒卵形，种壳深麻；坚果三径均值为 3.60cm，壳厚 1.705mm，隔膜纸质，较易取仁；粒重 15.10g，仁重 6.29g，出仁率为 41.8%；种仁瘦，仁色黄白，食味香甜无涩，口感细
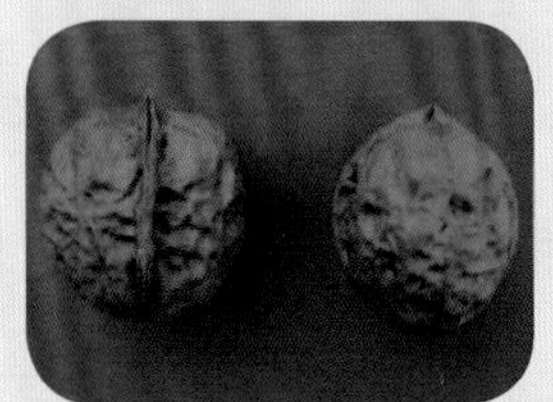	35. 滇鲁 D046：母树生长于茨院乡小村，坚果扁圆球形，种壳浅麻；坚果三径均值为 3.65cm，壳厚 1.11mm，隔膜革质，易取仁；粒重 9.68g，仁重 4.62g，出仁率为 47.70%；种仁瘦，仁色黄白，食味香纯微涩，口感细
	36. 滇鲁 D047：母树生长于火德红乡李家山，坚果椭圆球形，种壳浅麻；坚果三径均值为 3.64cm，壳厚 1.24mm，隔膜纸质，极易取仁；粒重 12.80g，仁重 5.74g，出仁率为 44.98%；种仁瘦，仁色黄白，食味香纯微涩，口感细
	37. 滇鲁 D048：母树生长于龙头山镇八宝，坚果椭圆球形，种壳浅麻；坚果三径均值为 3.63cm，壳厚 1.27mm，隔膜骨质，易取仁；粒重 14.20g，仁重 6.82g，出仁率为 48.03%；种仁瘦，仁色黄色，食味香甜微涩，口感细
	38. 滇鲁 D049：母树生长于水磨镇营地村，坚果倒卵形，种壳麻；坚果三径均值为 3.60cm，壳厚 0.78mm，隔膜革质，易取仁；粒重 13.70g，仁重 7.20g，出仁率为 52.47%；种仁瘦，仁色黄白，食味香纯无涩味，口感细
	39. 滇鲁 D050：母树生长于火德乡红南篁村，坚果短扁圆球形，种壳浅麻；坚果三径均值为 3.66cm，壳厚 0.96mm，隔膜纸质，易取仁；粒重 14.20g，仁重 8.04g，出仁率为 56.74%；种仁瘦，仁色黄白，食味香纯微涩，口感细
	40. 滇鲁 D051：母树生长于桃源乡大水塘村，坚果扁圆球形，种壳浅麻；坚果三径均值为 3.63cm，壳厚 0.76mm，隔膜纸质，极易取仁；粒重 12.30g，仁重 8.66g，出仁率为 70.52%；种仁肥，仁色黄色，食味香甜无涩味，口感细

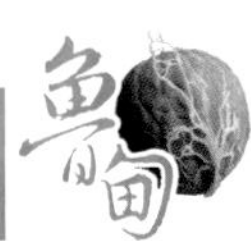

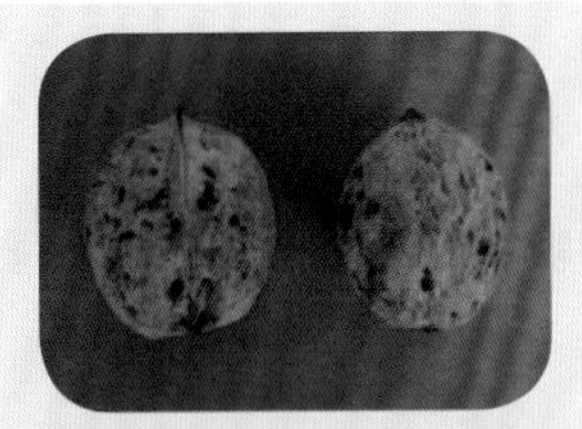

41. 滇鲁 D052：母树生长于梭山乡妥乐老伙房，坚果扁圆球形，种壳麻；坚果三径均值为 3.68cm，壳厚 0.85mm，隔膜革质，易取仁；粒重 13.70g，仁重 7.46g，出仁率为 54.45%；种仁瘦，仁色黄色，食味香甜无涩，口感细

42. 滇鲁 D053：母树生长于火德红乡南筐村，坚果圆球形，种壳光滑；坚果三径均值为 3.64cm，壳厚 1.27mm，隔膜革质，易取仁；粒重 14.50g，仁重 7.58g，出仁率为 52.24%；种仁肥，仁色黄色，食味香纯无涩味，口感细

43. 滇鲁 D054：母树生长于江底乡水塘村，坚果椭圆球形，种壳麻；坚果三径均值为 3.60cm，壳厚 1.74mm，隔膜骨质，较易取仁；粒重 17.00g，仁重 7.28g，出仁率为 42.90%；种仁瘦，仁色黄色，食味香甜无涩味，口感细

44. 滇鲁 D055：母树生长于桃源乡叉中村，坚果扁圆球形，种壳麻；坚果三径均值为 3.65cm，壳厚 0.73mm，隔膜纸质，易取仁；粒重 11.07g，仁重 6.03g，出仁率为 51.58%；种仁瘦，仁色黄白，食味香纯微涩，口感细

45. 滇鲁 D056：母树生长于龙头山镇龙井村，坚果扁圆球形，种壳浅麻；坚果三径均值为 3.64cm，壳厚 1.41mm，隔膜骨质，易取仁；粒重 15.40g，仁重 7.24g，出仁率为 47.10%；种仁瘦，仁色黄白，食味香纯微涩，口感细

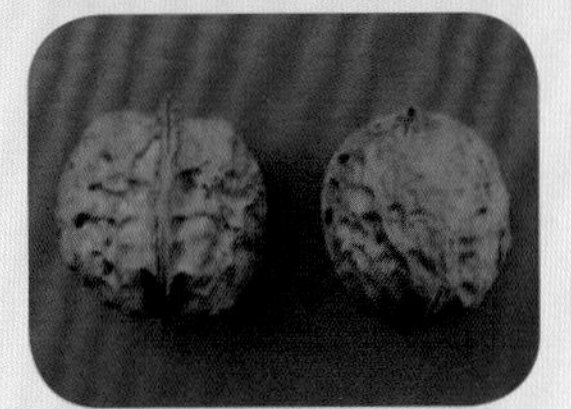

46. 滇鲁 D057：母树生长于梭山乡查拉村，坚果长扁圆球形，种壳麻；坚果三径均值为 3.65cm，壳厚 0.92mm，隔膜纸质，易取仁；粒重 13.4g，仁重 6.61g，出仁率为 49.29%；种仁肥，仁色浅紫，食味香甜无涩味，口感细

47. 滇鲁 D058：母树生长于茨院乡大村，坚果扁圆球形，种壳浅麻；坚果三径均值为 3.66cm，壳厚 0.76mm，隔膜纸质，易取仁；粒重 13.10g，仁重 6.67g，出仁率为 50.92%；种仁瘦，仁色黄色，食味香甜，口感细

	48. 滇鲁 D059：母树生长于小寨乡白龙井，坚果扁圆球形，种壳浅麻；坚果三径均值为 3.67cm，壳厚 0.74mm，隔膜革质，极易取仁；粒重 12.30g，仁重 6.98g，出仁率为 56.98%；种仁肥，仁色灰白，食味香甜无涩味，口感粗
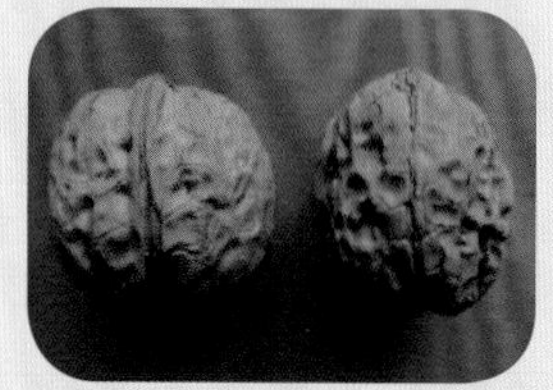	49. 滇鲁 D060：母树生长于桃源乡小黑山，坚果长扁圆球形，种壳浅麻；坚果三径均值为 3.65cm，壳厚 0.91mm，隔膜革质，易取仁；粒重 13.80g，仁重 6.54g，出仁率为 47.5%；种仁瘦，仁色黄，食味香纯微涩，口感细
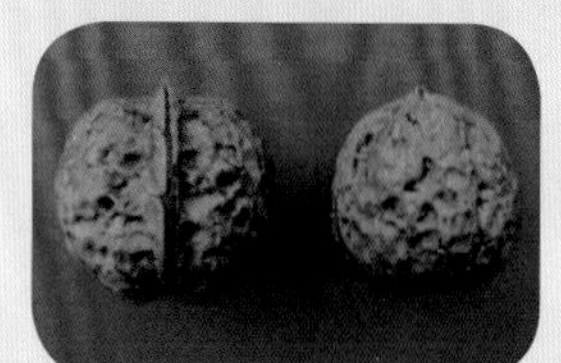	50. 滇鲁 D061：母树生长于江底乡水塘村，坚果圆球形，种壳浅麻；坚果三径均值为 3.68cm，壳厚 1.38mm，隔膜革质，易取仁；粒重 18.00g，仁重 8.04g，出仁率为 44.79%；种仁瘦，仁色黄色，食味香甜无涩味，口感细
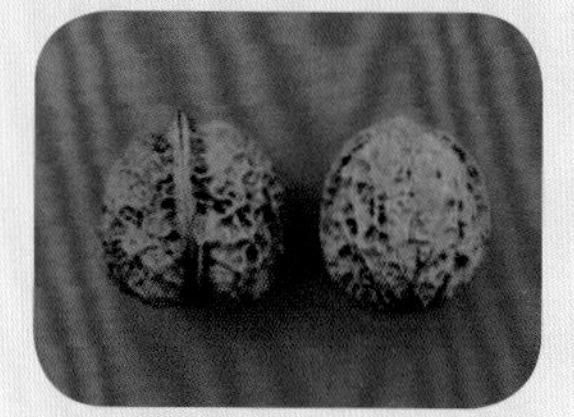	51. 滇鲁 D062：母树生长于乐红乡红布村，坚果扁圆球形，种壳麻；坚果三径均值为 3.67cm，壳厚 1.09mm，隔膜骨质，易取仁；粒重 14.20g，仁重 6.88g，出仁率为 48.30%；种仁瘦，仁色黄色，食味香纯无涩味，口感细
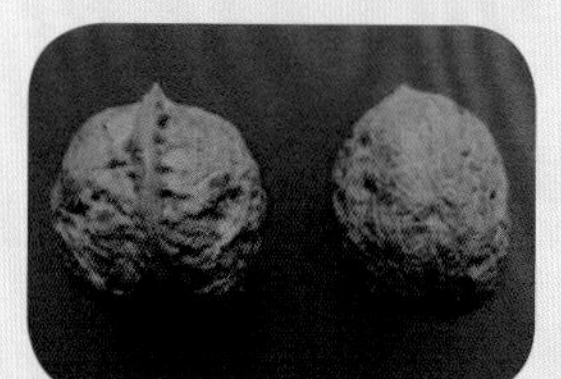	52. 滇鲁 D063：母树生长于桃源小黑山，坚果扁圆球形，种壳浅麻；坚果三径均值为 3.69cm，壳厚 1.45mm，隔膜革质，易取仁；粒重 14.20g，仁重 5.51g，出仁率为 38.70%；种仁瘦，仁色黄，食味香甜无涩味，口感细
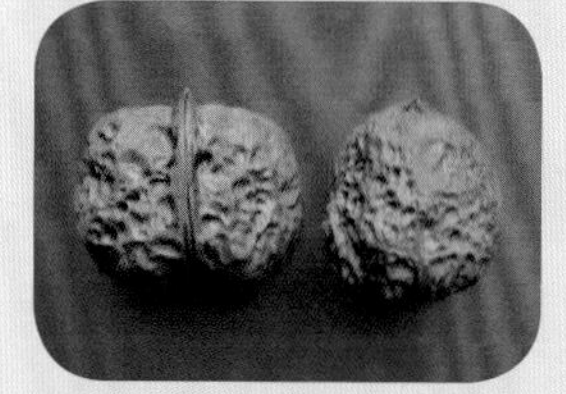	53. 滇鲁 D064：母树生长于江底乡洗羊塘，坚果短扁圆球形，种壳麻；坚果三径均值为 3.70cm，壳厚 0.89mm，隔膜纸质，易取仁；粒重 14.70g，仁重 7.90g，出仁率为 53.85%；种仁瘦，仁色黄色，食味香纯无涩味，口感细
	54. 滇鲁 D065：母树生长于梭山乡查拉村，坚果椭圆球形，种壳麻；坚果三径均值为 3.69cm，壳厚 1.19mm，隔膜纸质，易取仁；粒重 14.20g，仁重 7.04g，出仁率为 49.6%；种仁瘦，仁色黄白，食味香甜，口感细

55. 滇鲁 D066：母树生长于龙头山镇光明村，坚果扁圆球形，种壳麻；坚果三径均值为 3.67cm，壳厚 1.20mm，隔膜骨质，易取仁；粒重 17.10g，仁重 7.60g，出仁率为 44.52%；种仁瘦，仁色黄色，食味香甜微涩，口感细

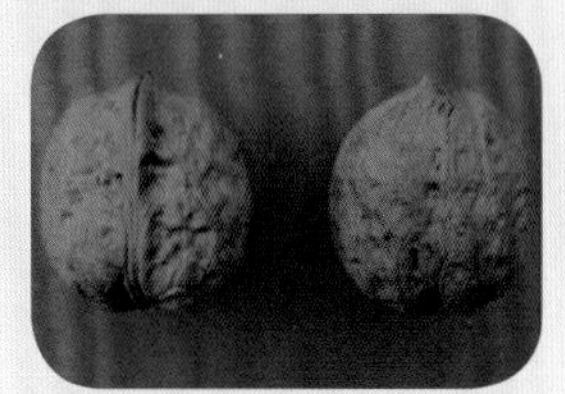

56. 滇鲁 D067：母树生长于龙头山镇西瓜地，坚果长扁圆球形，种壳浅麻；坚果三径均值为 3.71cm，壳厚 1.42mm，隔膜纸质，易取仁；粒重 13.00g，仁重 5.04g，出仁率为 38.68%；种仁瘦，仁色黄，食味香纯无涩味，口感细

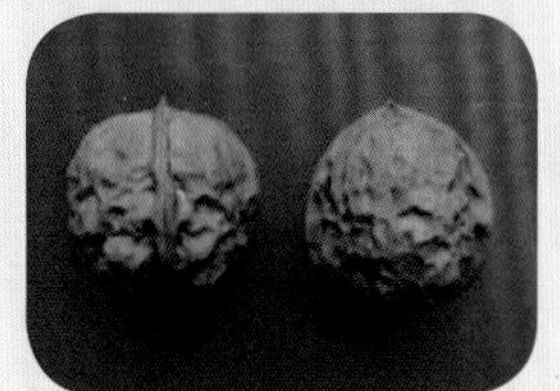

57. 滇鲁 D068：母树生长于水磨镇营地村，坚果圆球形，种壳深麻；坚果三径均值为 3.72cm，壳厚 1.54mm，隔膜革质，易取仁；粒重 17.00g，仁重 6.65g，出仁率为 39.12%；种仁瘦，仁色灰白，食味香甜无涩味，口感细

58. 滇鲁 D069：母树生长于龙头山光明村，坚果长扁圆球形，种壳麻；坚果三径均值为 3.73cm，壳厚 1.22mm，隔膜革质，易取仁；粒重 17.50g，仁重 7.61g，出仁率为 43.58%；种仁瘦，仁色黄白，食味香纯无涩味，口感粗

59. 滇鲁 D070：母树生长于小寨乡小寨村，坚果扁圆球形，种壳浅麻；坚果三径均值为 3.75cm，壳厚 0.73mm，隔膜纸质，易取仁；粒重 13.40g，仁重 7.52g，出仁率为 56.08%；种仁瘦，仁色灰白，食味香甜无涩味，口感细

60. 滇鲁 D071：母树生长于梭山乡黑寨汪家坪子，坚果长扁圆球形，种壳麻；坚果三径均值为 3.76cm，壳厚 0.91mm，隔膜纸质，易取仁；粒重 15.40g，仁重 7.29g，出仁率为 47.49%；种仁瘦，仁色黄，食味香甜无涩味，口感细

61. 滇鲁 D072：母树生长于龙头山镇八宝西瓜地，坚果长扁圆球形，种壳浅麻；坚果三径均值为 3.75cm，壳厚 1.11mm，隔膜纸质，易取仁；粒重 14.8g，仁重 7.84g，出仁率为 52.83%；种仁瘦，仁色黄白，食味香甜无涩味，口感细

	62. 滇鲁 D073：母树生长于江底乡洗羊塘，坚果扁圆球形，种壳麻；坚果三径均值为 3.77cm，壳厚 1.39mm，隔膜革质，较易取仁；粒重 17.40g，仁重 6.16g，出仁率为 35.48%；种仁肥，仁色浅紫，食味香甜微涩，口感粗
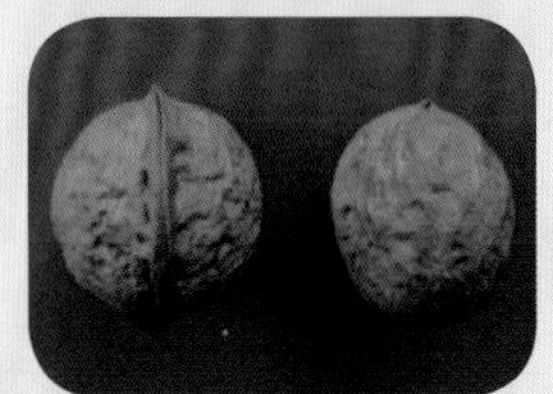	63. 滇鲁 D074：母树生长于桃源乡大黑山，坚果长扁圆球形，种壳浅麻；坚果三径均值为 3.78cm，壳厚 1.09mm，隔膜骨质，易取仁；粒重 14.70g，仁重 6.70g，出仁率为 45.5%；种仁瘦，仁色黄色，食味香纯无涩味，口感细
	64. 滇鲁 D075：母树生长于龙头山镇八宝，坚果长扁圆球形，种壳浅麻；坚果三径均值为 3.80cm，壳厚 1.35mm，隔膜骨质，较易取仁；粒重 20.00g，仁重 8.04g，出仁率为 40.16%；种仁瘦，仁色黄色，食味香纯无涩味，口感细
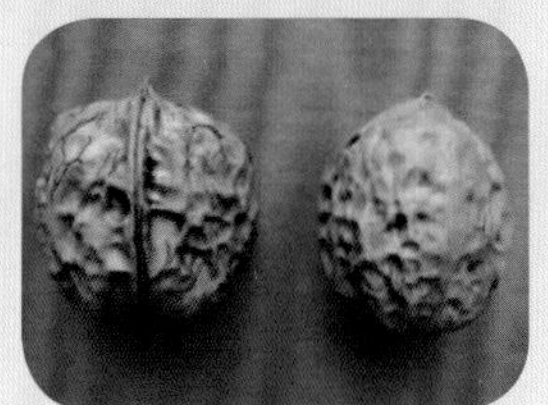	65. 滇鲁 D076：母树生长于茨院乡小村，坚果长扁圆球形，种壳麻；坚果三径均值为 3.80cm，壳厚 1.84mm，隔膜骨质，较难取仁；粒重 19.10g，仁重 7.38g，出仁率为 38.62%；种仁瘦，仁色黄色，食味香纯无涩味，口感细
	66. 滇鲁 D077：母树生长于桃源乡小黑山，坚果扁圆球形，种壳浅麻；坚果三径均值为 3.86cm，壳厚 1.03mm，隔膜纸质，易取仁；粒重 16.30g，仁重 6.5g，出仁率为 40.00%；种仁瘦，仁色黄色，食味香纯无涩味，口感细
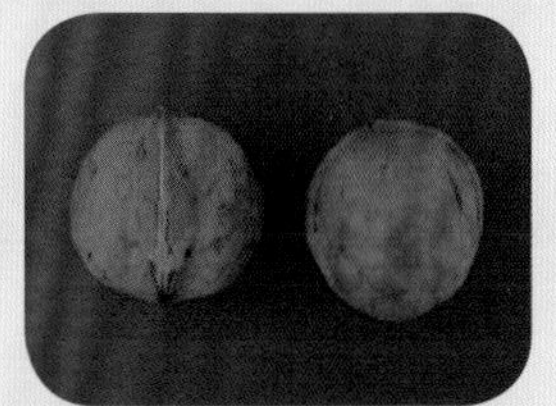	67. 滇鲁 D078：母树生长于小寨乡沙坝，坚果圆球形，种壳光滑；坚果三径均值为 3.87cm，壳厚 1.15mm，隔膜纸质，易取仁；粒重 16.50g，仁重 8.54g，出仁率为 51.63%；种仁瘦，仁色黄色，食味香纯无涩味，口感细
	68. 滇鲁 D079：母树生长于江底乡洗羊塘，坚果长扁圆球形，种壳麻；坚果三径均值为 3.89cm，壳厚 1.66mm，隔膜纸质，易取仁；粒重 17.60g，仁重 7.44g，出仁率为 42.3%；种仁肥，仁色黄褐，食味香纯，口感细

69. 滇鲁 D080：母树生长于江底乡箐脚村，坚果扁圆球形，种壳麻；坚果三径均值为 3.90cm，壳厚 0.88mm，隔膜革质，易取仁；粒重 16.40g，仁重 9.12g，出仁率为 55.51%；种仁肥，仁色浅紫，食味香纯无涩味，口感粗

70. 滇鲁 D081：母树生长于桃源乡桃源村，坚果倒心形，种壳深麻；坚果三径均值为 3.97cm，壳厚 0.99mm，隔膜纸质，极易取仁；粒重 16.80g，仁重 7.79g，出仁率为 46.26%；种仁瘦，仁色黄白，食味香甜微涩，口感细

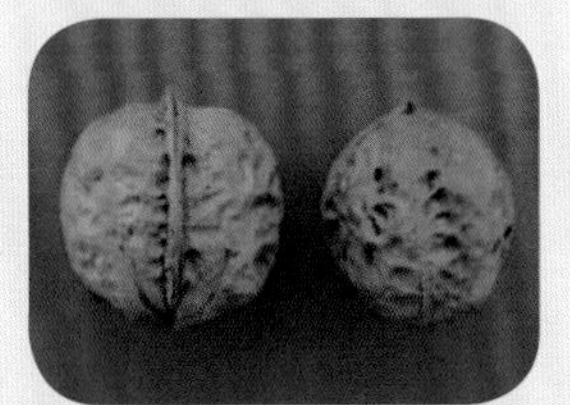

71. 滇鲁 D082：母树生长于水磨镇营地村，坚果扁圆球形，种壳麻；坚果三径均值为 3.98cm，壳厚 0.90mm，隔膜纸质，易取仁；粒重 16.20g，仁重 7.43g，出仁率为 45.98%；种仁肥，仁色深紫，食味香甜，口感细

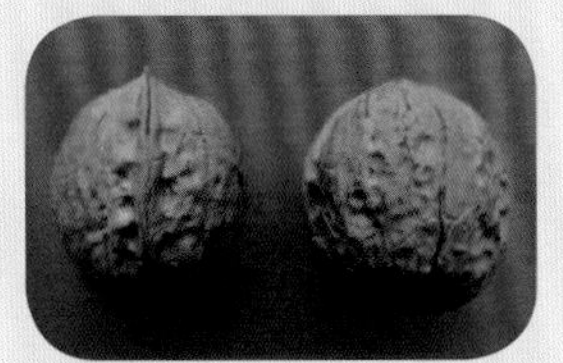

72. 滇鲁 D083：母树生长于小寨乡，坚果倒卵形，种壳浅麻；坚果三径均值 4.04cm，壳厚 0.93mm，隔膜纸质，极易取仁；粒重 18.40g，仁重 8.91g，出仁率为 48.47%；种仁肥，仁色黄白，食味香甜，口感细

73. 滇鲁 D084：母树生长于龙头山镇银屏村，坚果长扁圆球形，种壳深麻；坚果三径均值为 4.04cm，壳厚 0.93mm，隔膜骨质，易取仁；粒重 16.20g，仁重 7.00g，出仁率为 43.16%；种仁瘦，仁色白，食味香甜无涩味，口感细

74. 滇鲁 D085：母树生长于江底乡，坚果扁圆球形，种壳深麻；坚果三径均值为 4.07cm，壳厚 1.06mm，隔膜革质，易取仁；粒重 17.30g，仁重 7.02g，出仁率为 40.48%；种仁瘦，仁色黄色，食味香甜，口感细

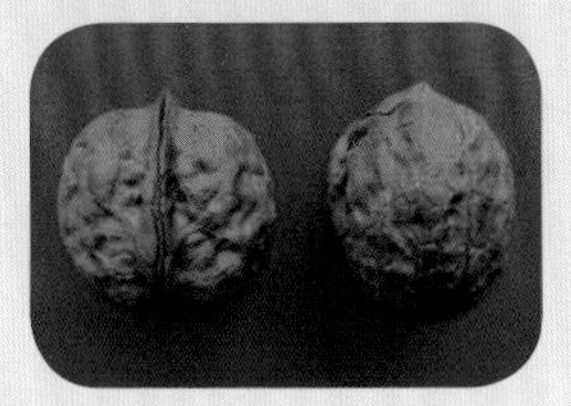

75. 滇鲁 D086：母树生长于文屏镇砚池山，坚果扁圆球形，种壳麻；坚果三径均值为 4.07cm，壳厚 1.93mm，隔膜革质，易取仁；粒重 21.20g，仁重 9.32g，出仁率为 43.90%；种仁肥，仁色黄白，食味香纯无涩味，口感细

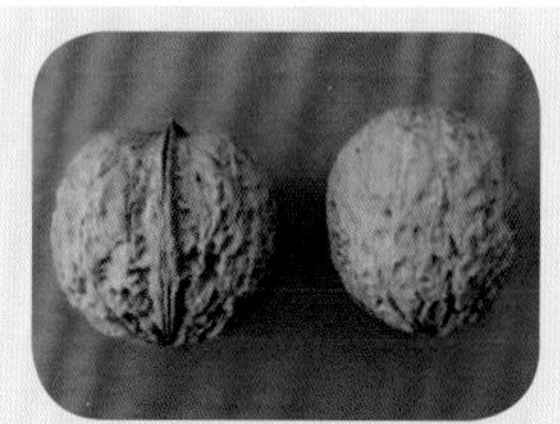

76. 滇鲁 D087：母树生长于文屏镇安阁，坚果扁圆球形，种壳麻；坚果三径均值为 4.19cm，壳厚 0.88mm，隔膜骨质，极易取仁；粒重 16.80g，仁重 6.57g，出仁率为 39.15%；种仁瘦，仁色黄白，食味香甜无涩，口感细

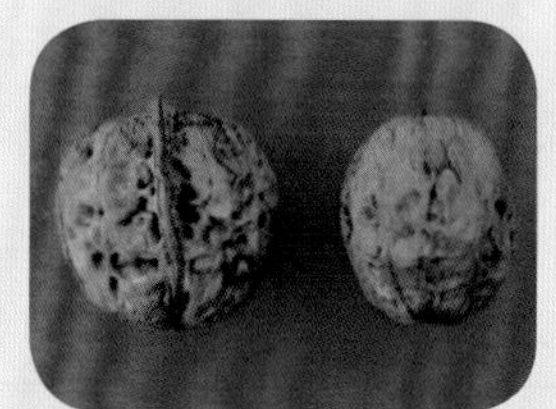

77. 滇鲁 D099：母树生长于龙头山镇新明村，坚果扁圆球形，种壳浅麻；坚果三径均值为 3.35cm，壳厚 0.78mm，隔膜革质，较易取仁；粒重 12.10g，仁重 6.60g，出仁率为 54.68%；种仁瘦，仁色黄白，食味香纯，无涩，口感细

78. 滇鲁 D100：母树生长于龙头山镇翠屏村，坚果梭形，种壳光滑；坚果三径均值为 3.6cm，壳厚 1.24mm，隔膜纸质，易取仁；粒重 13.80g，仁重 6.99g，出仁率为 50.54%；种仁瘦，仁色黄白，食味香纯，无涩，口感粗

79. 滇鲁 D101：母树生长于水磨镇，坚果长椭圆球形，种壳浅麻；坚果三径均值为 3.61cm，壳厚 0.95mm，隔膜纸质，易取仁；粒重 15.30g，仁重 8.32g，出仁率为 54.56%；种仁肥，仁色黄白，食味香甜，无涩，口感细

80. 滇鲁 D102：母树生长于龙头山镇龙井村，坚果扁圆球形，种壳深麻；坚果三径均值为 4.09cm，壳厚 0.90mm，隔膜骨质，易取仁；粒重 16.20g，仁重 7.2g，出仁率为 44.39%；种仁瘦，仁色黄白，食味香甜，无涩，口感细腻

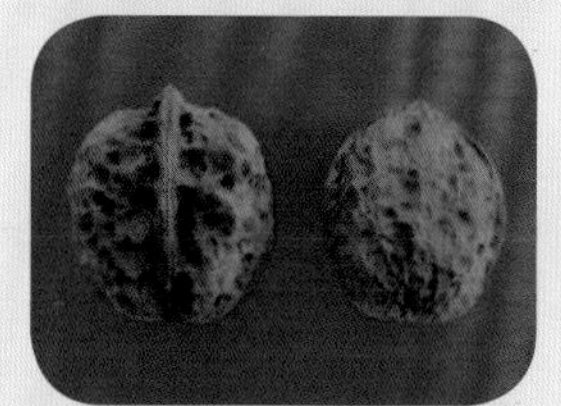

81. 滇鲁 D103：母树生长于乐红乡施初村，坚果长扁圆球形，种壳麻；坚果三径均值为 3.53cm，壳厚 0.83mm，隔膜革质，易取仁；粒重 11.20g，仁重 4.72g，出仁率为 41.99%；种仁瘦，仁色黄白，食味香纯，无涩，口感细

82. 滇鲁 D104：母树生长于江底乡水塘村，坚果长扁圆球形，种壳浅麻；坚果三径均值为 3.54cm，壳厚 0.98mm，隔膜革质，易取仁；粒重 14.50g，仁重 6.98g，出仁率为 48.10%；种仁肥，仁色褐色，食味香纯，微涩，口感细

83. 滇鲁 D105：母树生长于龙头山镇新民村，坚果扁圆球形，种壳浅麻；坚果三径均值为 3.55cm，壳厚 0.88mm，隔膜纸质，易取仁；粒重 10.20g，仁重 5.28g，出仁率为 51.61%；种仁瘦，仁色黄白，食味香纯，无涩，口感细

84. 滇鲁 D106：母树生长于龙头山镇新民村，坚果长扁圆球形，种壳浅麻；坚果三径均值为 3.55cm，壳厚 1.09mm，隔膜纸质，极易取仁；粒重 14.60g，仁重 6.21g，出仁率为 42.59%；种仁瘦，仁色黄白，食味香纯，无涩，口感细

85. 滇鲁 D107：母树生长于乐红乡利外村，坚果扁圆球形，种壳浅麻；坚果三径均值为 3.56cm，壳厚 0.72mm，隔膜纸质，易取仁；粒重 14.70g，仁重 8.52g，出仁率为 58.16%；种仁肥，仁色黄白，食味香纯，微涩，口感细

86. 滇鲁 D108：母树生长于龙头山镇沿河村，坚果圆球形，种壳浅麻；坚果三径均值为 3.58cm，壳厚 1.56mm，隔膜骨质，较难取仁；粒重 15.50g，仁重 6.12g，出仁率为 39.53%；种仁肥，仁色黄白，食味香纯，微涩，口感细

87. 滇鲁 D109：母树生长于小寨乡梨园村，坚果方形，种壳麻；坚果三径均值为 3.57cm，壳厚 1.06mm，隔膜骨质，较易取仁，粒重 14.02g，仁重 7.57g，出仁率为 53.99%，种仁瘦，仁色黄白，食味香甜微涩，口感细

88. 滇鲁 D110：母树生长于文屏砚池山，坚果卵形，种壳光滑；坚果三径均值为 3.59cm，壳厚 1.15mm，隔膜革质，易取仁，粒重 13.90g，仁重 7.03g，出仁率为 50.58%，种仁肥，仁色黄白，食味香纯微涩，口感粗

89. 滇鲁 D111：母树生长于水磨镇，坚果短扁圆球形，种壳麻；坚果三径均值为 3.61cm，壳厚 1.12mm，隔膜骨质，较难取仁，粒重 16.99g，仁重 4.50g，出仁率为 26.49%，种仁瘦，仁色黄，食味香甜无涩，口感细

	90. 滇鲁 D112：母树生长于文屏镇砚池山，坚果长扁圆球形，种壳光滑；坚果三径均值为3.60cm，壳厚1.03mm，隔膜骨质，较难取仁，粒重14.09g，仁重6.78g，出仁率为48.12%，种仁瘦，仁色黄白，食味香纯微涩，口感粗
	91. 滇鲁 D113：母树生长于龙头山镇龙井村，坚果长扁圆球形，种壳浅麻；坚果三径均值为3.64cm，壳厚1.11mm，隔膜纸质，易取仁，粒重16.05g，仁重9.32g，出仁率为58.07%，种仁肥，仁色黄白，食味香纯微涩，口感细
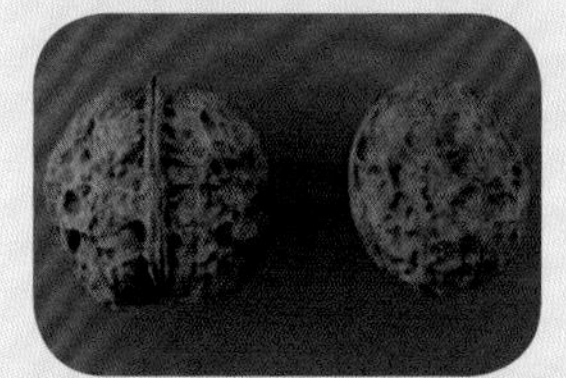	92. 滇鲁 D114：母树生长于乐红乡对竹村，坚果扁圆球形，种壳麻；坚果三径均值为3.66cm，壳厚1.11mm，隔膜革质，易取仁，粒重16.57g，仁重8.26g，出仁率为49.85%，种仁瘦，仁色黄白，食味香纯无涩，口感细
	93. 滇鲁 D115：母树生长于龙头山镇龙井村，坚果方形，种壳麻；坚果三径均值为3.73cm，壳厚0.72mm，隔膜纸质，易取仁，粒重15.38g，仁重9.02g，出仁率58.65%，种仁肥，仁色深紫，食味香纯无涩，口感细
	94. 滇鲁 D116：母树生长于文屏镇砚池山，坚果长扁圆球形，种壳浅麻；坚果三径均值3.73cm，壳厚0.76mm，隔膜革质，易取仁，粒重13.85g，仁重8.06g，出仁率为58.19%，种仁肥，仁色，食味香甜无涩，口感细
	95. 滇鲁 D117：母树生长于龙头山镇龙井村，坚果扁圆球形，种壳深麻；坚果三径均值为3.74cm，壳厚1.18mm，隔膜革质，较难取仁，粒重19.84g，仁重9.38g，出仁率为47.28%，种仁肥，仁色黄白，食味香纯无涩，口感细
	96. 滇鲁 D118：母树生长于龙头山镇龙井村，坚果圆球形，种壳浅麻；坚果三径均值为3.84cm，壳厚0.96mm，隔膜骨质，较易取仁，粒重19.00g，仁重9.56g，出仁率为50.32%，种仁肥，仁色黄白，食味香纯无涩，口感细

97. 滇鲁 D119：母树生长于江底乡仙人洞村，坚果梭形，种壳浅麻；坚果三径均值为 3.88cm，壳厚 1.06mm，隔膜纸质，极易取仁，粒重 12.17g，仁重 5.54g，出仁率为 45.52%，种仁瘦，仁色，食味香纯无涩，口感细

98. 滇鲁 D120：母树生长于龙头山龙井村，坚果长扁圆球形，种壳麻；坚果三径均值为 3.91cm，壳厚 1.19mm，隔膜骨质，较易取仁，粒重 17.62g，仁重 7.52g，出仁率为 42.68%，种仁瘦，仁色浅紫，食味香甜微涩，口感细

99. 滇鲁 D121：母树生长于龙头山镇龙井村，坚果扁圆球形，种壳浅麻；坚果三径均值为 3.90cm，壳厚 1.17mm，隔膜纸质，易取仁，粒重 16.52g，仁重 6.78g，出仁率为 41.04%，种仁瘦，仁色黄白，食味香纯微涩，口感细

100. 滇鲁 D122：母树生长于乐红乡师初村，坚果长扁圆球形，种壳浅麻；坚果三径均值为 4.13cm，壳厚 1.58mm，隔膜骨质，较难取仁，粒重 21.28g，仁重 8.64g，出仁率为 40.60%，种仁瘦，仁色，食味香甜无涩，口感细

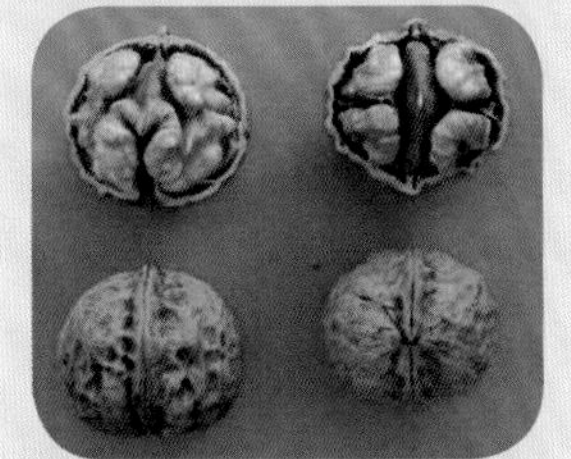

101. 滇鲁 Z005：母树生长于乐红乡利外村，坚果圆球形，种壳麻；坚果三径均值为 3.29cm，壳厚 0.90mm，隔膜骨质，取仁易；粒重 13.00g，仁重 6.75g，出仁率为 51.88%；种仁肥，仁色灰白，食味香纯无涩，口感粗

102. 滇鲁 Z017：母树生长于茨院乡小村，坚果长椭圆球形，种壳麻；坚果三径均值为 3.19cm，壳厚 1.02mm，隔膜革质，取仁易；粒重 9.94g，仁重 4.80g，出仁率为 48.29%；种仁肥，仁色白，食味香纯无涩，口感细

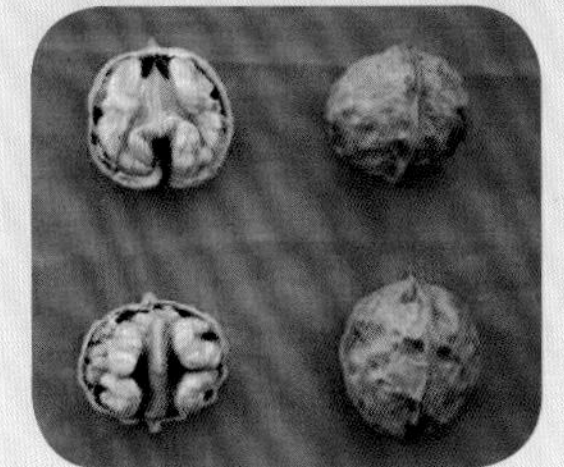

103. 滇鲁 Z018：母树生长于火德红乡李家山，坚果扁圆球形，种壳浅麻；坚果三径均值为 3.09cm，壳厚 0.93mm，隔膜纸质，取仁极易；粒重 9.87g，仁重 5.80g，出仁率为 58.76%；种仁肥，仁色黄白，食味香甜无涩，口感细腻

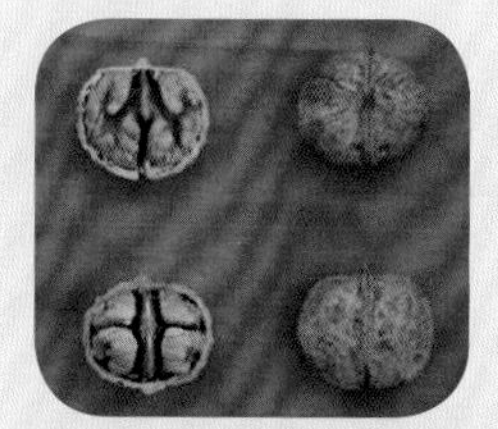	104. 滇鲁 Z019：母树生长于火德红乡李家山，坚果短扁圆球形，种壳浅麻；坚果三径均值为 3.29cm，壳厚 1.06mm，隔膜革质，取仁易；粒重 10.90g，仁重 5.88g，出仁率为 53.94%；种仁肥，仁色紫色，食味香纯无涩，口感粗
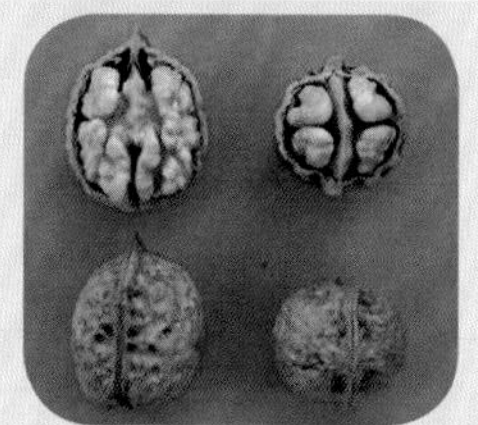	105. 滇鲁 Z020：母树生长于火德红乡李家山，坚果椭圆球形，种壳麻；坚果三径均值为 3.14cm，壳厚 1.12mm，隔膜革质，取仁易；粒重 12.10g，仁重 6.46g，出仁率为 53.61%；种仁肥，仁色黄白，食味香纯无涩，口感细
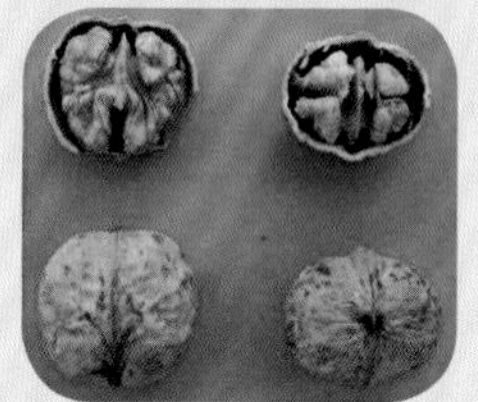	106. 滇鲁 Z021：母树生长于火德红乡火德红乡村，坚果扁圆球形，种壳浅麻；坚果三径均值为 3.28cm，壳厚 1.24mm，隔膜革质，取仁易；粒重 11.00g，仁重 5.29g，出仁率为 48.27%；种仁瘦，仁色灰白，食味香纯无涩，口感细
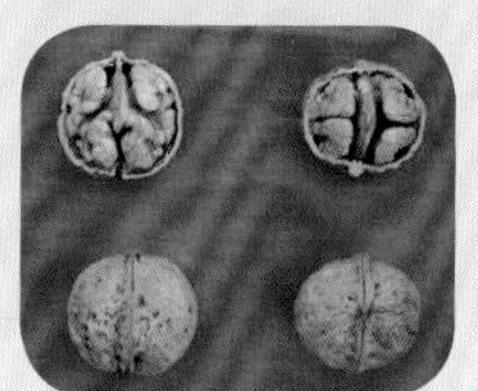	107. 滇鲁 Z024：母树生长于火德红乡银厂村，坚果短扁圆球形，种壳浅麻；坚果三径均值为 3.19cm，壳厚 1.19mm，隔膜纸质，取仁易；粒重 12.60g，仁重 7.50g，出仁率为 59.38%；种仁肥，仁色浅紫，食味香纯无涩，口感粗
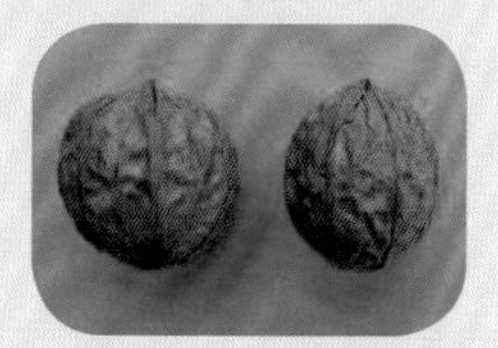	108. 滇鲁 Z026：母树生长于江底乡核桃坪，坚果扁圆球形，种壳浅麻；坚果三径均值为 3.36cm，壳厚 0.89mm，隔膜纸质，取仁易；粒重 11.91g，仁重 6.51g，出仁率为 54.66%；种仁瘦，仁色黄白，食味香纯无涩，口感细
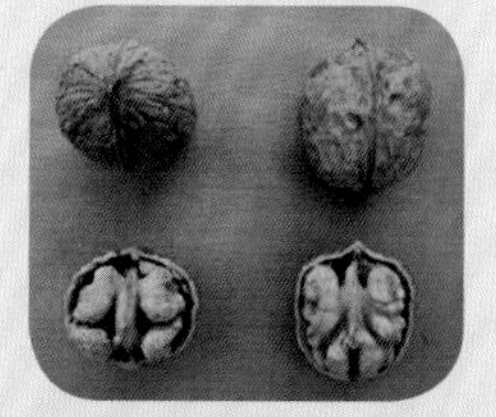	109. 滇鲁 Z027：母树生长于江底乡核桃坪，坚果扁圆球形，种壳浅麻；坚果三径均值为 3.05cm，壳厚 0.84mm，隔膜纸质，取仁易；粒重 10.00g，仁重 5.61g，出仁率为 55.87%；种仁肥，仁色黄白，食味香纯微涩，口感细
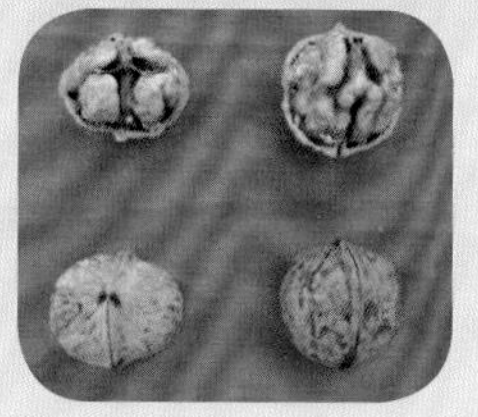	110. 滇鲁 Z029：母树生长于江底乡核桃坪，坚果扁圆球形，种壳浅麻；坚果三径均值为 3.01cm，壳厚 1.34mm，隔膜骨质，取仁较难；粒重 10.70g，仁重 5.45g，出仁率为 51.17%；种仁肥，仁色深紫，食味香纯无涩，口感细

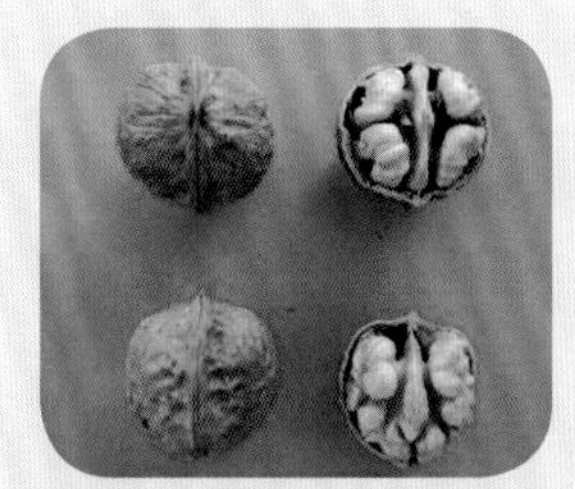

111. 滇鲁 Z030：母树生长于江底乡水塘村，坚果心形，种壳浅麻；坚果三径均值为 3.20cm，壳厚 0.74mm，隔膜革质，取仁易；粒重 10.50g，仁重 6.10g，出仁率为 57.93%；种仁肥，仁色黄白，食味香纯无涩，口感细

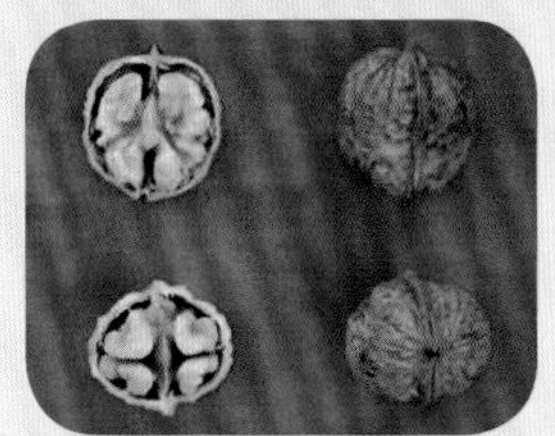

112. 滇鲁 Z031：母树生长于江底乡水塘村，坚果心形，种壳浅麻；坚果三径均值为 3.32cm，壳厚 1.19mm，隔膜革质，取仁易；粒重 11.10g，仁重 5.14g，出仁率为 46.35%；种仁瘦，仁色黄白，食味香纯无涩，口感细

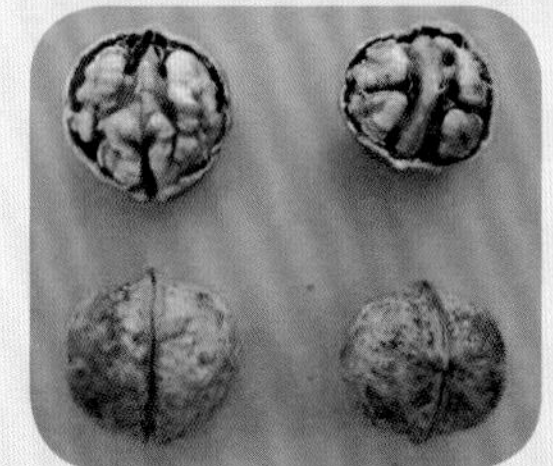

113. 滇鲁 Z032：母树生长于江底乡水塘村，坚果圆球形，种壳浅麻；坚果三径均值为 3.24cm，壳厚 0.81mm，隔膜骨质，取仁易；粒重 10.80g，仁重 6.44g，出仁率为 59.46%；种仁肥，仁色黄白，食味香纯无涩，口感细

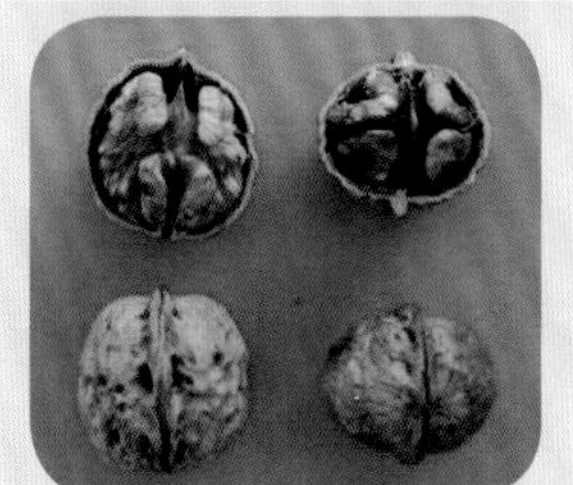

114. 滇鲁 Z034：母树生长于江底乡洗羊塘村，坚果扁圆球形，种壳浅麻；坚果三径均值为 3.30cm，壳厚 1.09mm，隔膜革质，取仁易；粒重 13.10g，仁重 6.68g，出仁率为 50.83%；种仁肥，仁色浅紫，食味香纯微涩，口感细

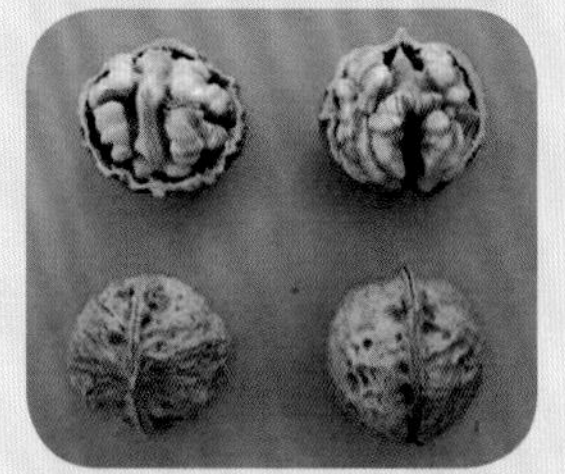

115. 滇鲁 Z035：母树生长于江底洗羊塘村，坚果扁圆球形，种壳麻；坚果三径均值为 3.24cm，壳厚 1.13mm，隔膜纸质，取仁极易；粒重 10.90g，仁重 5.65g，出仁率为 51.74%；种仁肥，仁色黄白，食味香纯微涩，口感细

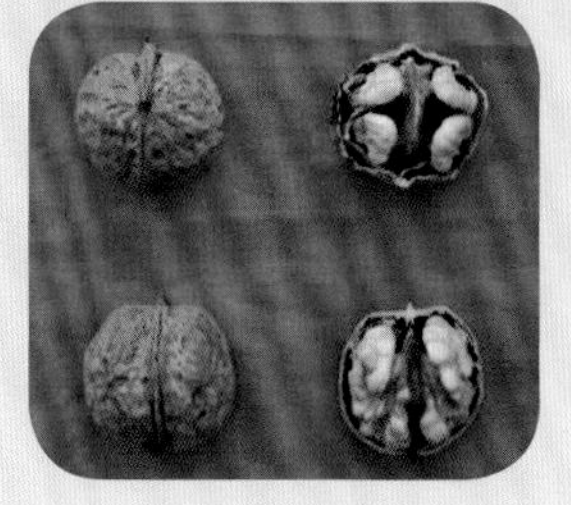

116. 滇鲁 Z036：母树生长于乐红乡利外村，坚果扁圆球形，种壳浅麻；坚果三径均值为 3.20cm，壳厚 0.63mm，隔膜纸质，取仁极易；粒重 9.89g，仁重 6.02g，出仁率为 60.87%；种仁肥，仁色黄白，食味香纯无涩，口感细

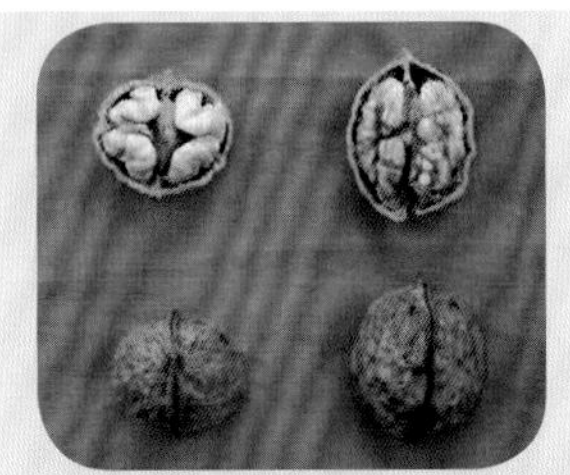	117. 滇鲁 Z038：母树生长于乐红乡利外村，坚果椭圆球形，种壳浅麻；坚果三径均值为 3.19cm，壳厚 1.08mm，隔膜骨质，取仁易；粒重 11.60g，仁重 6.02g，出仁率为 51.76%；种仁瘦，仁色黄白，食味香纯无涩，口感细
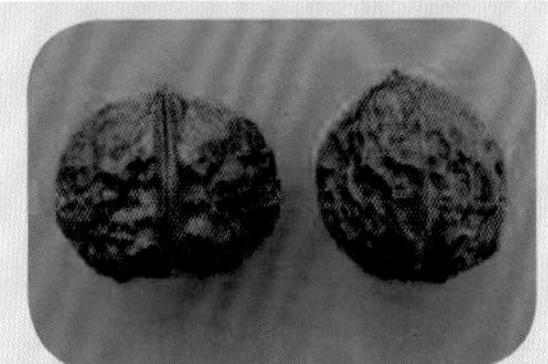	118. 滇鲁 Z039：母树生长于乐红乡利处村，坚果短扁圆球形，种壳麻；坚果三径均值为 3.13cm，壳厚 0.98mm，隔膜骨质，取仁较易；粒重 9.96g，仁重 4.84g，出仁率为 48.59%；种仁瘦，仁色黄白，食味香纯无涩，口感细
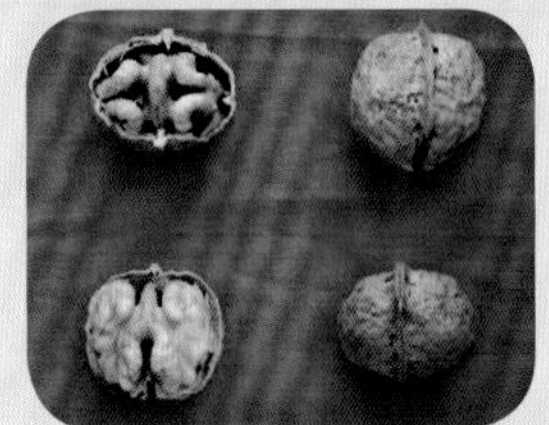	119. 滇鲁 Z040：母树生长于乐红乡利外村，坚果扁圆球形，种壳浅麻；坚果三径均值为 3.31cm，壳厚 0.71mm，隔膜纸质，取仁极易；粒重 9.28g，仁重 5.56g，出仁率为 59.91%；种仁肥，仁色白，食味香纯无涩，口感细
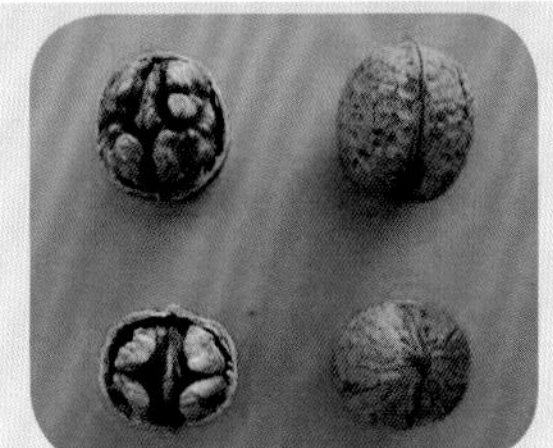	120. 滇鲁 Z041：母树生长于乐红乡利外村，坚果扁圆球形，种壳浅麻；坚果三径均值为 3.07cm，壳厚 0.99mm，隔膜革质，取仁易；粒重 9.86g，仁重 5.44g，出仁率为 55.17%；种仁肥，仁色黄，食味香纯微涩，口感细
	121. 滇鲁 Z043：母树生长于龙头山镇八宝西瓜地，坚果扁圆球形，种壳深麻；坚果三径均值为 3.42cm，壳厚 0.91mm，隔膜骨质，取仁易；粒重 13.10g，仁重 7.04g，出仁率为 53.62%；种仁肥，仁色黄白，食味香纯无涩，口感细
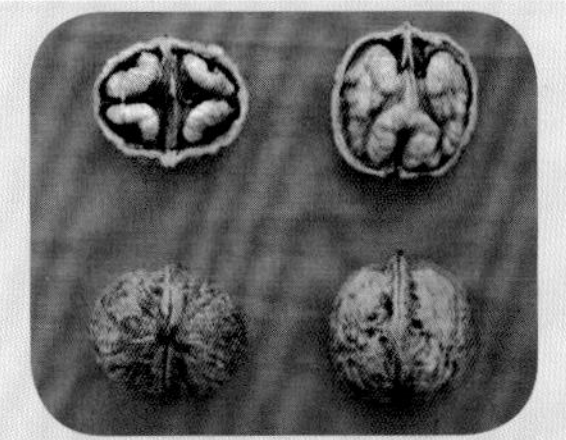	122. 滇鲁 Z044：母树生长于龙头山镇八宝地羊塘村，坚果扁圆球形，种壳浅麻；坚果三径均值为 3.41cm，壳厚 1.32mm，隔膜骨质，取仁易；粒重 13.70g，仁重 6.08g，出仁率为 44.54%；种仁瘦，仁色浅紫，食味香纯无涩，口感细
	123. 滇鲁 Z045：母树生长于龙头山镇八宝地羊塘村，坚果扁圆球形，种壳浅麻；坚果三径均值为 3.30cm，壳厚 1.09mm，隔膜革质，取仁易；粒重 13.10g，仁重 6.68g，出仁率为 50.83%；种仁肥，仁色浅紫，食味香纯微涩，口感细

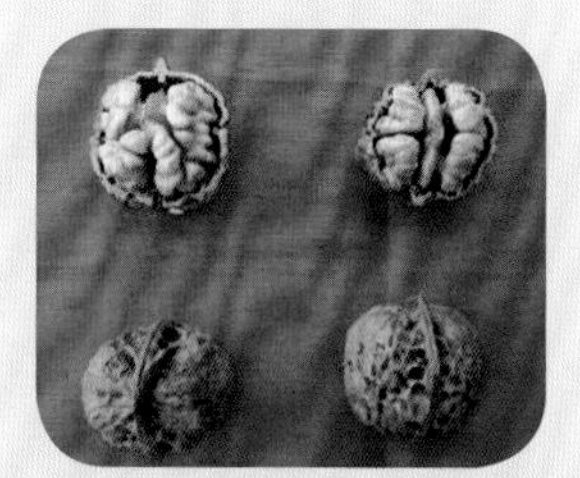

124. 滇鲁 Z046：母树生长于龙头山镇翠屏青山社，坚果扁圆球形，种壳浅麻；坚果三径均值为 3.31cm，壳厚 1.09mm，隔膜革质，取仁易；粒重 13.10g，仁重 6.68g，出仁率为 50.83%；种仁肥，仁色浅紫，食味香纯微涩，口感细

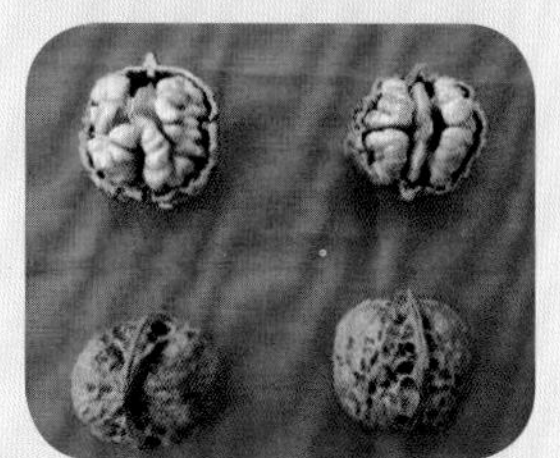

125. 滇鲁 Z047：母树生长于龙头山镇光明村上寨，坚果扁圆球形，种壳麻；坚果三径均值为 3.18cm，壳厚 1.01mm，隔膜纸质，取仁易；粒重 10.90g，仁重 5.83g，出仁率为 53.29%；种仁瘦，仁色黄，食味香纯无涩，口感细

126. 滇鲁 Z048：母树生长于龙头山镇光明村，坚果长椭圆球形，种壳浅麻；坚果三径均值为 3.49cm，壳厚 0.87mm，隔膜纸质，取仁易；粒重 13.20g，仁重 8.04g，出仁率为 60.86%；种仁肥，仁色黄白，食味香纯无涩，口感细

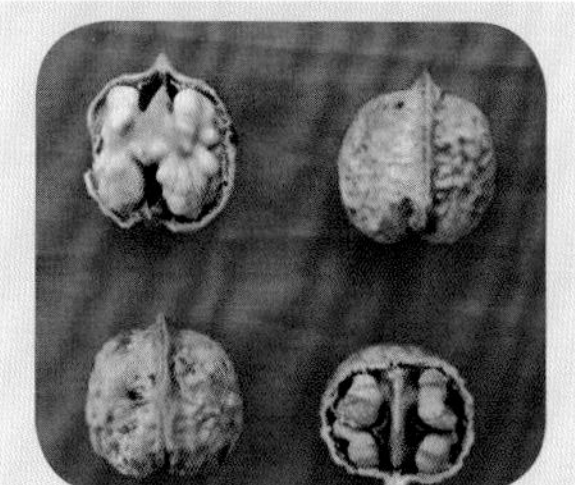

127. 滇鲁 Z049：母树生长于龙头山镇龙井村，坚果扁圆球形，种壳麻；坚果三径均值为 3.22cm，壳厚 0.78mm，隔膜革质，取仁易；粒重 9.81g，仁重 5.62g，出仁率为 57.29%；种仁肥，仁色黄白，食味香纯无涩，口感粗

128. 滇鲁 Z050：母树生长于龙头山镇沙坝村，坚果圆球形，种壳麻；坚果三径均值为 3.36cm，壳厚 1.16mm，隔膜纸质，取仁易；粒重 12.90g，仁重 6.40g，出仁率为 49.65%；种仁肥，仁色黄白，食味香纯无涩，口感细

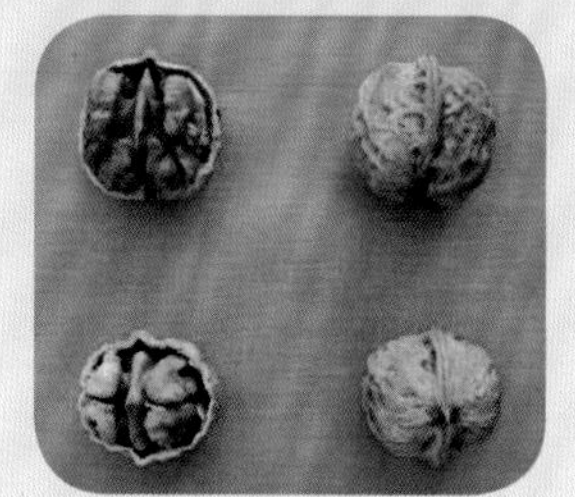

129. 滇鲁 Z051：母树生长于龙头山镇沙坝村，坚果圆球形，种壳麻；坚果三径均值为 3.10cm，壳厚 0.67mm，隔膜纸质，取仁易；粒重 8.58g，仁重 4.59g，出仁率为 53.5%；种仁瘦，仁色白，食味香纯无涩，口感细

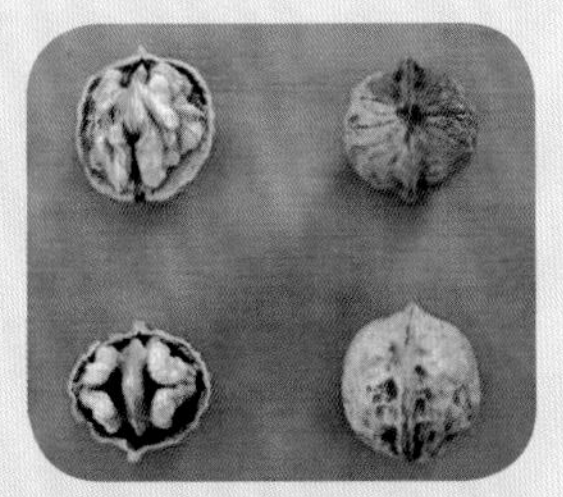	130. 滇鲁 Z053：母树生长于梭山乡查拉村，坚果倒卵形，种壳浅麻；坚果三径均值为 3.13cm，壳厚 0.71mm，隔膜纸质，取仁极易；粒重 9.12g，仁重 5.23g，出仁率为 57.35%；种仁瘦，仁色黄白，食味香纯无涩，口感细
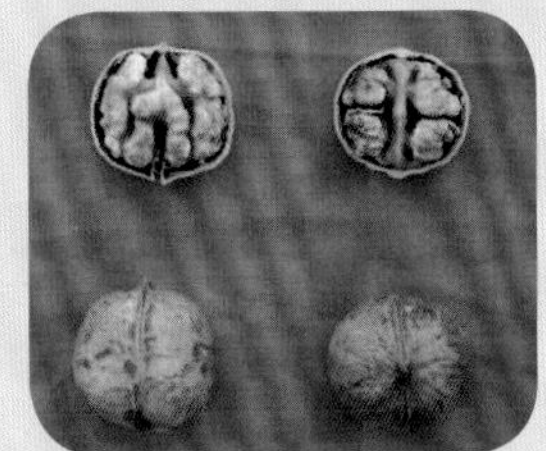	131. 滇鲁 Z055：母树生长于梭山乡妥乐老伙房，坚果圆球形，种壳光滑；坚果三径均值为 3.23cm，壳厚 0.96mm，隔膜纸质，取仁易；粒重 12.70g，仁重 7.43g，出仁率 58.55%；种仁肥，仁色黄白，食味香纯无涩，口感细
	132. 滇鲁 Z056：母树生长于梭山乡查拉村，坚果扁圆球形，种壳麻；坚果三径均值 3.25cm，壳厚 0.86mm，隔膜骨质，取仁易；粒重 11.10g，仁重 5.97g，出仁率为 53.78%；种仁瘦，仁色黄白，食味香纯无涩，口感细
	133. 滇鲁 Z057：母树生长于梭山乡查拉村，坚果短扁圆球形，种壳麻；坚果三径均值为 3.47cm，壳厚 0.62mm，隔膜纸质，取仁极易；粒重 11.90g，仁重 7.60g，出仁率为 67.92%；种仁瘦，仁色黄，食味香纯微涩，口感细
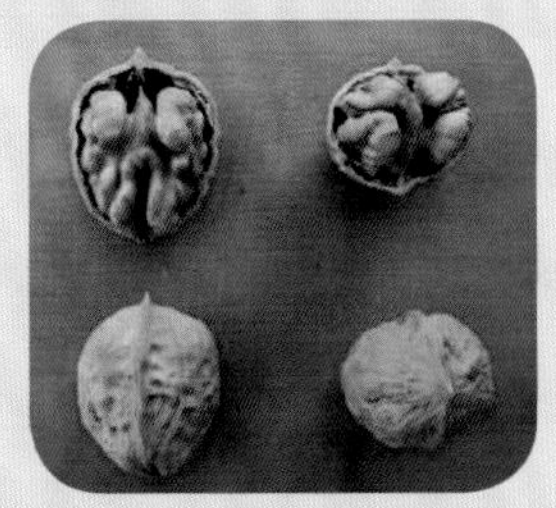	134. 滇鲁 Z058：母树生长于桃源乡桃源村，坚果短扁圆球形，种壳麻；坚果三径均值为 3.57cm，壳厚 1.15mm，隔膜骨质，取仁易；粒重 10.30g，仁重 5.30g，出仁率为 51.51%；种仁瘦，仁色黄白，食味香纯无涩，口感细
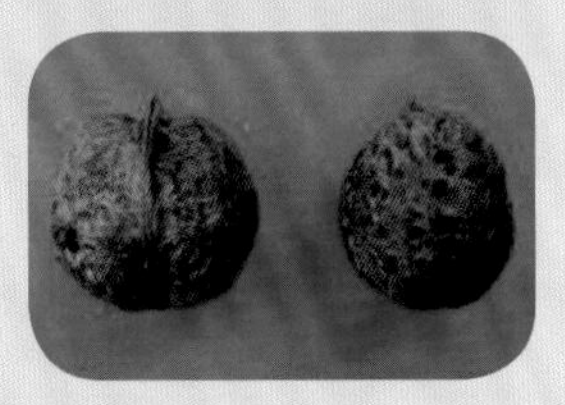	135. 滇鲁 Z059：母树生长于桃源乡桃源村，坚果扁圆球形，种壳麻；坚果三径均值为 3.21cm，壳厚 1.02mm，隔膜纸质，取仁易；粒重 9.81g，仁重 6.58g，出仁率为 67.07%；种仁肥，仁色浅紫，食味香纯微涩，口感细

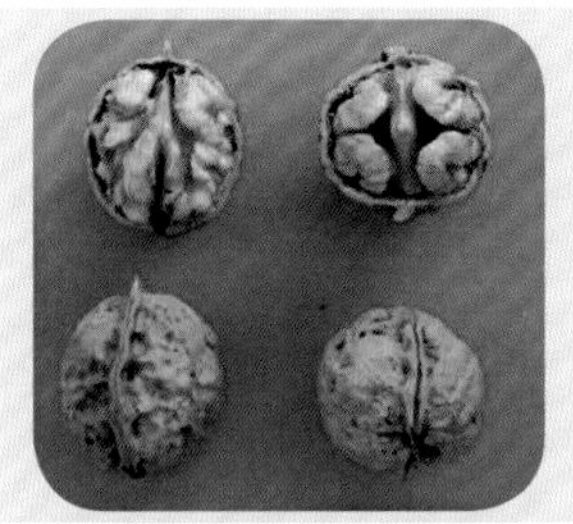

136. 滇鲁 Z060：母树生长于文屏镇安阁林，坚果卵形，种壳麻；坚果三径均值为 3.25cm，壳厚 1.09mm，隔膜纸质，取仁易；粒重 10.40g，仁重 5.58g，出仁率为 53.70%；种仁瘦，仁色黄白，食味香纯无涩，口感细

137. 滇鲁 Z063：母树生长于小寨乡小寨村，坚果扁圆球形，种壳浅麻；坚果三径均值为 3.31cm，壳厚 0.99mm，隔膜骨质，取仁易；粒重 12.40g，仁重 5.97g，出仁率为 48.30%；种仁肥，仁色黄白，食味香纯无涩，口感细

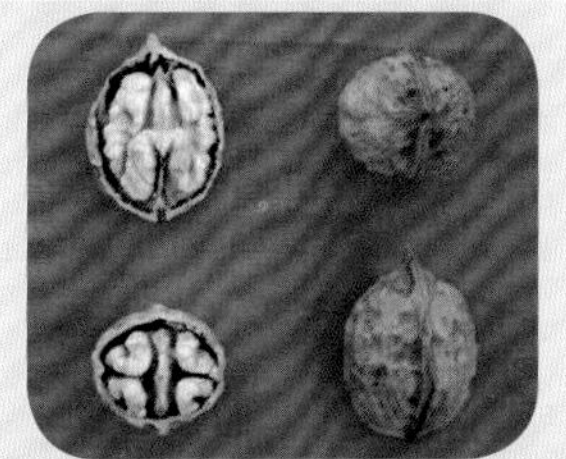

138. 滇鲁 Z065：母树生长于小寨乡赵家海村，坚果长椭圆球形，种壳麻；坚果三径均值为 3.32cm，壳厚 1.08mm，隔膜革质，取仁易；粒重 11.90g，仁重 6.16g，出仁率为 51.72%；种仁肥，仁色黄白，食味香纯无涩，口感细

139. 滇鲁 Z066：母树生长于小寨乡小寨村，坚果椭圆球形，种壳浅麻；坚果三径均值为 3.00cm，壳厚 0.95mm，隔膜骨质，取仁较易；粒重 9.60g，仁重 4.29g，出仁率为 44.69%；种仁瘦，仁色黄白，食味香纯无涩，口感粗

140. 滇鲁 Z067：母树生长于江底乡箐脚村，坚果圆球形，种壳光滑；坚果三径均值为 3.012cm，壳厚 0.51mm，隔膜纸质，取仁极易；粒重 8.48g，仁重 6.36g，出仁率为 75.00%；种仁肥，仁色黄白，食味香纯无涩，口感细

141. 滇鲁 Z068：母树生长于江底乡箐脚村，坚果扁圆球形，种壳浅麻；坚果三径均值为 3.20cm，壳厚 0.61mm，隔膜纸质，取仁极易；粒重 7.32g，仁重 4.27g，出仁率为 58.33.0%；种仁瘦，仁色黄色，食味较涩，口感粗

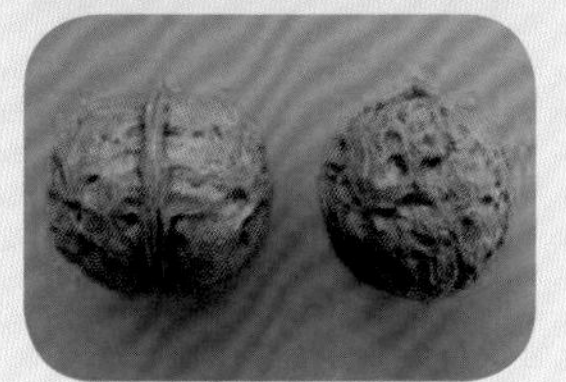

142. 滇鲁 Z069：母树生长于小寨乡赵家海村大地社，坚果心形，种壳浅麻；坚果三径均值为 3.10cm，壳厚 1.13mm，隔膜革质，取仁易；粒重 9.58g，仁重 4.67g，出仁率为 48.8%；种仁瘦，仁色黄，食味香纯无涩，口感细

143. 滇鲁 Z070：母树生长于火德红乡银厂村，坚果椭圆球形，种壳浅麻；坚果三径均值为 3.00cm，壳厚 1.18mm，隔膜革质，取仁较易；粒重 9.39g，仁重 5.19g，出仁率为 55.27%；种仁肥，仁色黄白，食味香纯无涩，口感细

144. 滇鲁 Z071：母树生长于水磨镇黑噜村，坚果扁圆球形，种壳浅麻；坚果三径均值为 3.01cm，壳厚 1.16mm，隔膜纸质，取仁易；粒重 8.39g，仁重 4.38g，出仁率为 52.21%；种仁瘦，仁色黄白，食味香纯无涩，口感细

145. 滇鲁 Z072：母树生长于梭山乡查拉村，坚果长扁圆球形，种壳浅麻；坚果三径均值为 3.21cm，壳厚 1.20mm，隔膜骨质，取仁较难；粒重 9.55g，仁重 4.70g，出仁率为 49.2%；种仁瘦，仁色黄白，食味香纯无涩，口感细

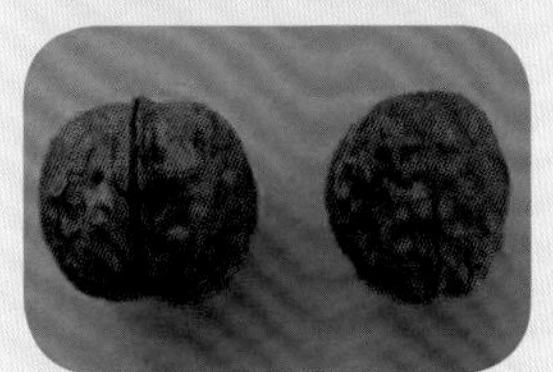

146. 滇鲁 Z073：母树生长于江底乡水塘村，坚果短扁圆球形，种壳浅麻；坚果三径均值为 3.09cm，壳厚 1.38mm，隔膜骨质，较易取仁；粒重 10.50g，仁重 4.40g，出仁率为 42.17%；种仁肥，仁色黄白，食味香纯无涩，口感细

147. 滇鲁 Z074：母树生长于火德红乡李家山村，坚果圆球形，种壳浅麻；坚果三径均值为 3.02cm，壳厚 0.76mm，隔膜纸质，极易取仁；粒重 8.12g，仁重 4.99g，出仁率为 61.45%；种仁瘦，仁色黄色，食味香纯无涩，口感细

148. 滇鲁 Z075：母树生长于火德红乡李家山村，坚果短扁圆球形，种壳麻；坚果三径均值为 3.12cm，壳厚 1.40mm，隔膜纸质，易取仁；粒重 9.84g，仁重 4.68g，出仁率为 47.56%；种仁瘦，仁色淡紫，食味香甜无涩，口感粗

149. 滇鲁 Z076：母树生长于文屏镇安阁，坚果梭形，种壳麻；坚果三径均值为 3.02cm，壳厚 1.00mm，隔膜骨质，较难取仁；粒重 9.13g，仁重 5.20g，出仁率为 56.95%；种仁瘦，仁色黄色，食味香甜无涩，口感细

150. 滇鲁 Z077：母树生长于龙头山镇八宝村，坚果扁圆球形，种壳浅麻；坚果三径均值为 3.03cm，壳厚 1.37mm，隔膜骨质，较易取仁；粒重 10.00g，仁重 4.26g，出仁率 42.60%；种仁瘦，仁色黄色，食味香纯微涩，口感细

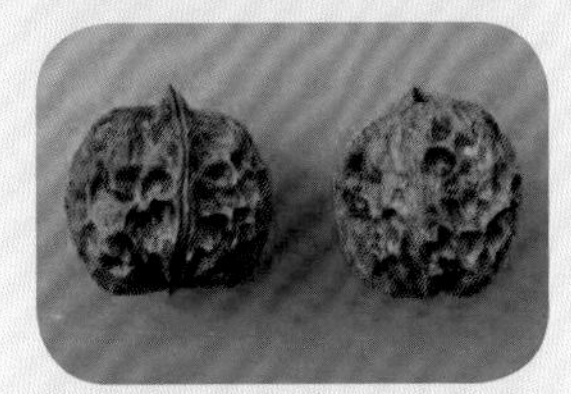

151. 滇鲁 Z078：母树生长于江底乡核桃坪，坚果圆球形，种壳深麻；坚果三径均值 3.03cm，壳厚 0.86mm，隔膜革质，易取仁；粒重 8.88g，仁重 4.14g，出仁率为 46.62%；种仁瘦，仁色黄白，食味香甜无涩，口感细

152. 滇鲁 Z079：母树生长于梭山乡梭山村，坚果扁圆球形，种壳麻；坚果三径均值为 3.04cm，壳厚 0.98mm，隔膜革质，较易取仁；粒重 9.81g，仁重 5.43g，出仁率为 55.38%；种仁瘦，仁色黄色，食味香纯微涩，口感细

153. 滇鲁 Z080：母树生长于小寨乡郭家村，坚果扁圆球形，种壳浅麻；坚果三径均值为 3.04cm，壳厚 0.65mm，隔膜纸质，极易取仁；粒重 8.56g，仁重 4.80g，出仁率为 56.07%；种仁肥，仁色黄白，食味香纯无涩，口感细

154. 滇鲁 Z081：母树生长于梭山乡查拉村，坚果扁圆球形，种壳浅麻；坚果三径均值为 3.04cm，壳厚 0.65mm，隔膜革质，易取仁；粒重 7.83g，仁重 4.24g，出仁率为 54.15%；种仁瘦，仁色黄色，食味香纯无涩，口感细

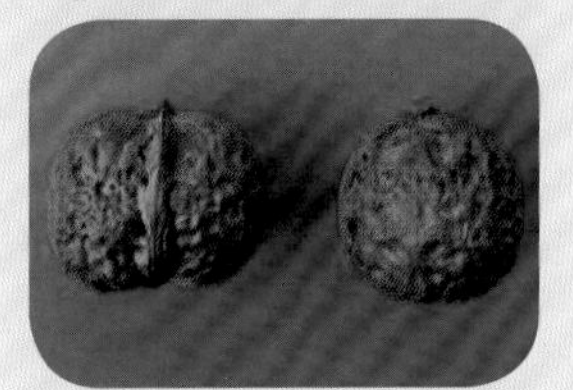

155. 滇鲁 Z082：母树生长于火德红乡银厂村，坚果短扁圆球形，种壳浅麻；坚果三径均值为 3.04cm，壳厚 0.85mm，隔膜骨质，易取仁；粒重 9.24g，仁重 5.24g，出仁率为 56.71%；种仁瘦，仁色黄色，食味香纯无涩，口感细

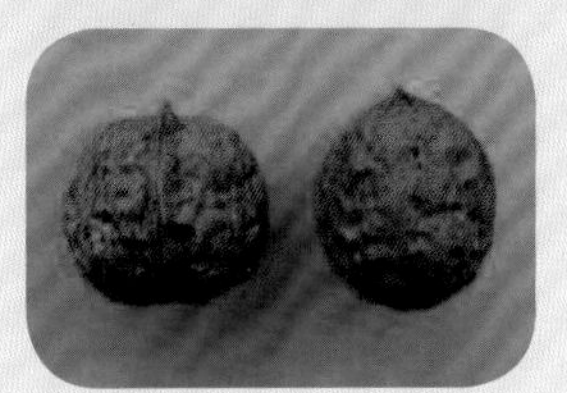

156. 滇鲁 Z083：母树生长于梭山乡查拉村，坚果扁圆球形，种壳麻；坚果三径均值为 3.05cm，壳厚 1.17mm，隔膜纸质，易取仁；粒重 8.57g，仁重 4.42g，出仁率为 51.60%；种仁瘦，仁色淡紫，食味香纯无涩，口感细

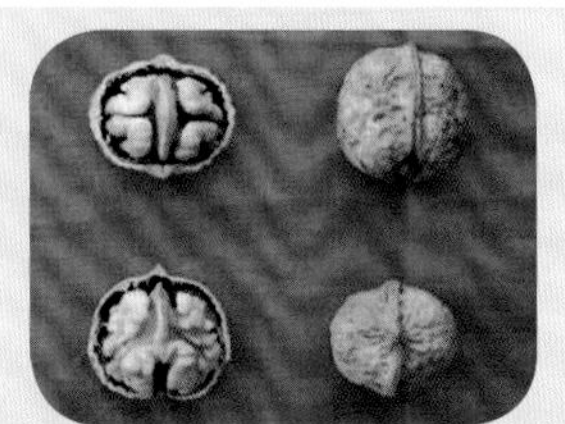

157. 滇鲁 Z084：母树生长于梭山乡黑寨村，坚果梭形，种壳麻；坚果三径均值为 3.05cm，壳厚 1.04mm，隔膜纸质，极易取仁；粒重 8.33g，仁重 4.39g，出仁率为 52.70%；种仁瘦，仁色黄白，食味香纯无涩，口感细

158. 滇鲁 Z085：母树生长于小寨乡白龙井村，坚果扁圆球形，种壳浅麻；坚果三径均值为 3.05cm，壳厚 0.90mm，隔膜革质，易取仁；粒重 9.04g，仁重 4.92g，出仁率为 54.42%；种仁瘦，仁色黄白，食味香纯无涩，口感细

159. 滇鲁 Z086：母树生长于梭山乡黑寨村，坚果圆球形，种壳浅麻；坚果三径均值为 3.05cm，壳厚 0.72mm，隔膜革质，易取仁；粒重 10.30g，仁重 6.28g，出仁率为 61.27%；种仁肥，仁色淡紫，食味香纯无涩，口感细

160. 滇鲁 Z087：母树生长于江底乡核桃坪，坚果短圆球形，种壳浅麻；坚果三径均值为 3.06cm，壳厚 0.81mm，隔膜纸质，易取仁；粒重 10.10g，仁重 5.32g，出仁率 52.88%；种仁肥，仁色黄白，食味香纯微涩，口感细

161. 滇鲁 Z088：母树生长于江底乡核桃坪，坚果短圆球形，种壳浅麻；坚果三径均值 3.06cm，壳厚 1.44mm，隔膜骨质，易取仁；粒重 7.92g，仁重 4.00g，出仁率为 50.50%；种仁肥，仁色黄色，食味香甜微涩，口感细

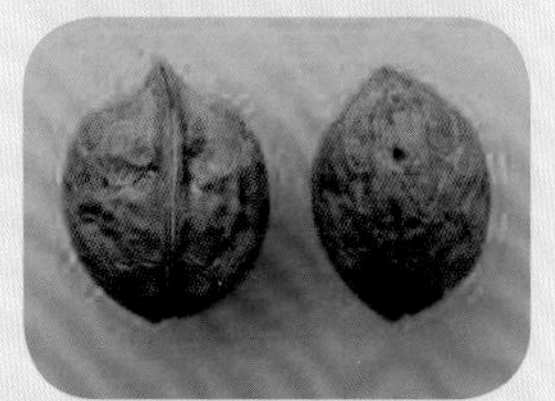

162. 滇鲁 Z089：母树生长于水磨镇营地村，坚果椭圆球形，种壳浅麻；坚果三径均值为 3.06cm，壳厚 1.03mm，隔膜纸质，易取仁；粒重 9.01g，仁重 4.08g，出仁率为 45.28%；种仁肥，仁色黄色，食味香甜较涩，口感细

163. 滇鲁 Z090：母树生长于水磨镇营地村，坚果椭圆球形，种壳麻；坚果三径均值为 3.07cm，壳厚 1.08mm，隔膜纸质，易取仁；粒重 8.48g，仁重 4.56g，出仁率为 53.70%；种仁瘦，仁色黄白，食味香纯无涩，口感细

164. 滇鲁 Z091：母树生长于梭山乡黑寨村，坚果短扁圆球形，种壳浅麻；坚果三径均值为 3.07cm，壳厚 0.76mm，隔膜骨质，易取仁；粒重 8.53g，仁重 3.84g，出仁率为 45.02%；种仁瘦，仁色灰白，食味香纯无涩，口感细

165. 滇鲁 Z092：母树生长于江底乡大箐社，坚果短扁圆球形，种壳浅麻；坚果三径均值为 3.07cm，壳厚 0.95mm，隔膜纸质，易取仁；粒重 9.86g，仁重 4.78g，出仁率为 48.50%；种仁肥，仁色淡紫，食味香纯无涩，口感细

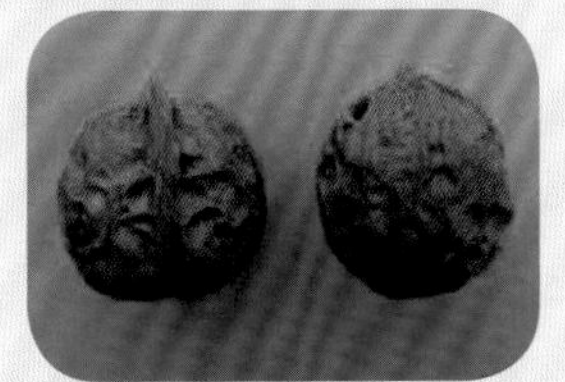

166. 滇鲁 Z093：母树生长于乐红乡对竹村，坚果短扁圆球形，种壳浅麻；坚果三径均值为 3.08cm，壳厚 1.25mm，隔膜骨质，较难取仁；粒重 5.71g，仁重 2.96g，出仁率为 51.80%；种仁肥，仁色灰白，食味香纯无涩，口感细

167. 滇鲁 Z094：母树生长于龙头山镇八宝村，坚果扁圆球形，种壳浅麻；坚果三径均值为 3.10cm，壳厚 1.02mm，隔膜骨质，易取仁；粒重 10.10g，仁重 4.60g，出仁率为 45.68%；种仁瘦，仁色黄白，食味香纯无涩，口感细

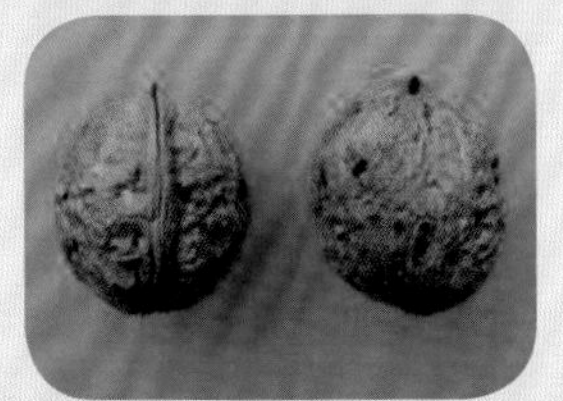

168. 滇鲁 Z095：母树生长于龙头山镇八宝村，坚果短扁圆球形，种壳浅麻；坚果三径均值为 3.09cm，壳厚 1.15mm，隔膜革质，较易取仁；粒重 10.70g，仁重 5.11g，出仁率为 47.62%；种仁肥，仁色深紫，食味香纯较涩，口感粗

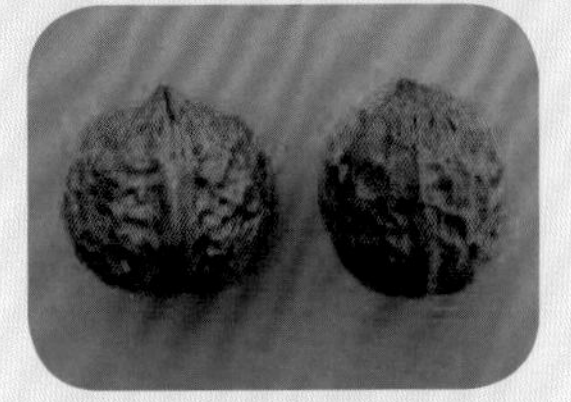

169. 滇鲁 Z096：母树生长于小寨乡，坚果扁圆球形，种壳浅麻；坚果三径均值为 3.29cm，壳厚 0.97mm，隔膜革质，易取仁；粒重 10.00g，仁重 4.54g，出仁率为 45.31%；种仁瘦，仁色黄白，食味香纯较涩，口感粗

170. 滇鲁 Z097：母树生长于乐红乡利外村，坚果长扁圆球形，种壳浅麻；坚果三径均值为 3.07cm，壳厚 0.95mm，隔膜纸质，易取仁；粒重 9.96g，仁重 5.56g，出仁率为 55.82%；种仁瘦，仁色黄白，食味香纯微涩，口感粗

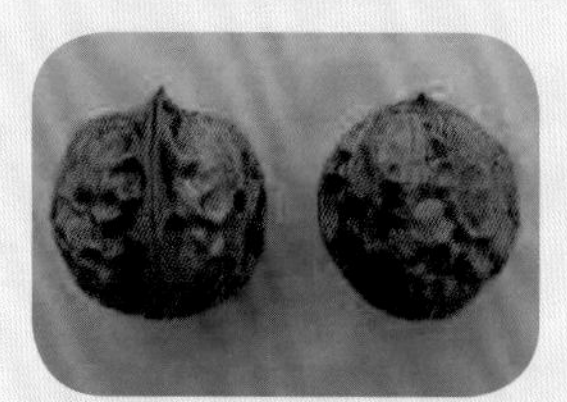

171. 滇鲁 Z098：母树生长于江底乡核桃坪，坚果扁圆球形，种壳浅麻；坚果三径均值为 3.10cm，壳厚 1.35mm，隔膜骨质，易取仁；粒重 10.90g，仁重 5.06g，出仁率 46.38%；种仁肥，仁色黄白，食味香纯微涩，口感粗

172. 滇鲁 Z099：母树生长于梭山乡查拉村，坚果短扁圆球形，种壳浅麻；坚果三径均值 3.10cm，壳厚 0.90mm，隔膜纸质，极易取仁；粒重 8.96g，仁重 5.26g，出仁率为 58.7%；种仁肥，仁色黄白，食味香纯无涩，口感粗

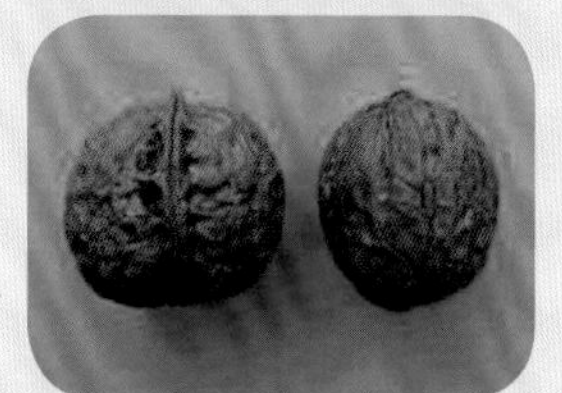

173. 滇鲁 Z100：母树生长于火德红乡火德红乡村，坚果扁圆球形，种壳浅麻；坚果三径均值为 3.11cm，壳厚 0.95mm，隔膜革质，易取仁；粒重 9.55g，仁重 4.80g，出仁率为 50.26%；种仁瘦，仁色黄白，食味香纯无涩，口感细

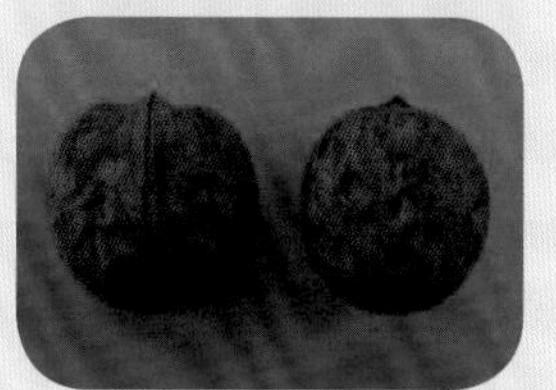

174. 滇鲁 Z101：母树生长于江底乡核桃坪，坚果扁圆球形，种壳浅麻；坚果三径均值为 3.16cm，壳厚 1.15mm，隔膜骨质，易取仁；粒重 9.81g，仁重 4.03g，出仁率为 41.08%；种仁瘦，仁色浅紫，食味香甜无涩，口感细

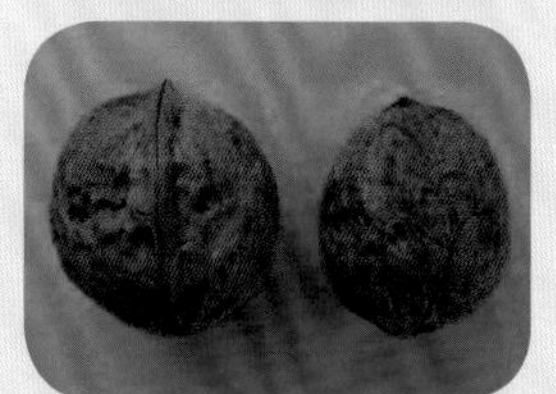

175. 滇鲁 Z102：母树生长于水磨镇营地村，坚果扁圆球形，种壳浅麻；坚果三径均值为 3.11cm，壳厚 0.77mm，隔膜纸质，极易取仁；粒重 7.80g，仁重 3.86g，出仁率为 49.49%；种仁瘦，仁色黄色，食味香纯微涩，口感粗

176. 滇鲁 Z103：母树生长于龙头山镇龙井村，坚果扁圆球形，种壳浅麻；坚果三径均值为 3.11cm，壳厚 1.24mm，隔膜革质，易取仁；粒重 9.42g，仁重 4.43g，出仁率为 46.00%；种仁瘦，仁色黄色，食味香甜微涩，口感细

177. 滇鲁 Z104：母树生长于江底乡水塘村，坚果扁圆球形，种壳浅麻；坚果三径均值为 3.12cm，壳厚 1.13mm，隔膜纸质，易取仁；粒重 9.84g，仁重 4.64g，出仁率为 47.15%；种仁瘦，仁色黄色，食味香纯无涩，口感细

178. 滇鲁 Z105：母树生长于龙树乡坝子，坚果圆球形，种壳浅麻；坚果三径均值为 3.22cm，壳厚 0.97mm，隔膜骨质，较易取仁；粒重 10.20g，仁重 4.39g，出仁率为 43.08%；种仁瘦，仁色黄色，食味香甜无涩，口感细

179. 滇鲁 Z106：母树生长于江底乡核桃坪，坚果扁圆球形，种壳浅麻；坚果三径均值为 3.12cm，壳厚 0.90mm，隔膜纸质，易取仁；粒重 10.60g，仁重 6.03g，出仁率为 57.05%；种仁肥，仁色黄色，食味香纯无涩，口感细

180. 滇鲁 Z107：母树生长于小寨乡小寨村，坚果圆球形，种壳浅麻；坚果三径均值为 3.15cm，壳厚 0.76mm，隔膜骨质，易取仁；粒重 8.90g，仁重 4.21g，出仁率为 47.30%；种仁瘦，仁色黄色，食味香纯无涩，口感细

181. 滇鲁 Z108：母树生长于龙树乡，坚果长扁圆球形，种壳深麻；坚果三径均值为 3.12cm，壳厚 0.86mm，隔膜革质，易取仁；粒重 8.96g，仁重 4.12g，出仁率为 45.98%；种仁瘦，仁色黄色，食味香甜无涩，口感细

182. 滇鲁 Z109：母树生长于小寨乡郭家村，坚果长扁圆球形，种壳光滑；坚果三径均值为 3.22cm，壳厚 0.78mm，隔膜纸质，易取仁；粒重 9.33g，仁重 5.52g，出仁率为 59.16%；种仁瘦，仁色黄色，食味香纯微涩，口感细

183. 滇鲁 Z110：母树生长于火德红乡银厂村，坚果扁圆球形，种壳光滑；坚果三径均值为 3.40cm，壳厚 0.88mm，隔膜骨质，易取仁；粒重 10.40g，仁重 5.70g，出仁率为 54.70%；种仁瘦，仁色黄白，食味香纯微涩，口感粗

184. 滇鲁 Z111：母树生长于乐红乡红布村，坚果圆球形，种壳浅麻；坚果三径均值为 3.13cm，壳厚 1.26mm，隔膜骨质，较难取仁；粒重 10.60g，仁重 4.98g，出仁率为 47.02%；种仁肥，仁色黄白，食味香纯无涩，口感细

185. 滇鲁 Z112：母树生长于小寨乡大坪社，坚果扁圆球形，种壳麻；坚果三径均值为 3.13cm，壳厚 0.76mm，隔膜革质，易取仁；粒重 9.24g，仁重 5.35g，出仁率 57.90%；种仁肥，仁色淡紫，食味香纯无涩，口感细

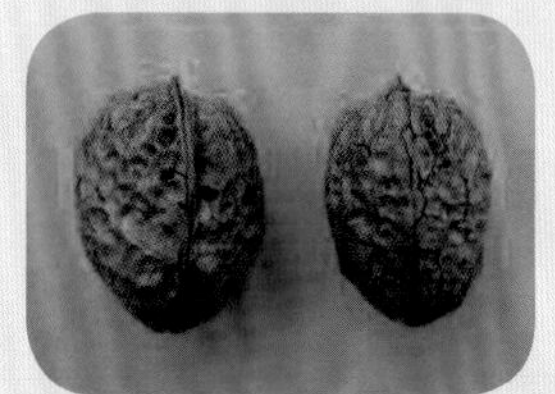

186. 滇鲁 Z113：母树生长于乐红乡乐红村，坚果倒卵形，种壳浅麻；坚果三径均值 3.12cm，壳厚 1.17mm，隔膜骨质，易取仁；粒重 11.40g，仁重 5.65g，出仁率为 49.43%；种仁瘦，仁色黄白，食味香甜无涩，口感细

187. 滇鲁 Z114：母树生长于火德红乡银厂村，坚果椭圆球形，种壳麻；坚果三径均值为 3.13cm，壳厚 0.66mm，隔膜纸质，极易取仁；粒重 7.66g，仁重 4.57g，出仁率为 59.66%；种仁肥，仁色黄色，食味微涩，口感细

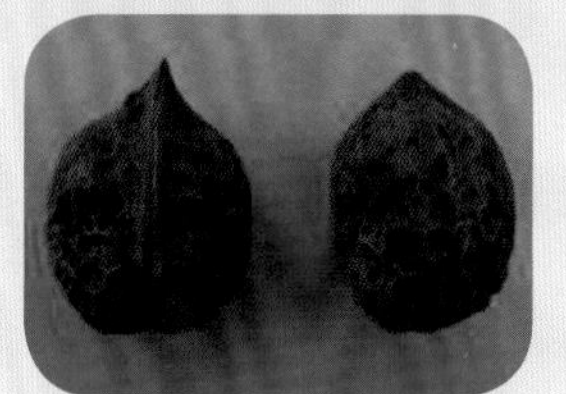

188. 滇鲁 Z115：母树生长于梭山乡查拉村，坚果扁圆球形，种壳深麻；坚果三径均值为 3.19cm，壳厚 1.10mm，隔膜革质，易取仁；粒重 10.40g，仁重 4.82g，出仁率为 46.30%；种仁瘦，仁色黄白，食味香甜无涩，口感细

189. 滇鲁 Z116：母树生长于水磨镇黑噜村，坚果椭圆球形，种壳浅麻；坚果三径均值为 3.14cm，壳厚 1.05mm，隔膜纸质，易取仁；粒重 10.50g，仁重 5.89g，出仁率为 56.26%；种仁瘦，仁色黄白，食味香甜无涩，口感细

190. 滇鲁 Z117：母树生长于火德红乡银厂村，坚果扁圆球形，种壳光滑；坚果三径均值为 3.14cm，壳厚 0.72mm，隔膜纸质，极易取仁；粒重 8.91g，仁重 5.09g，出仁率为 57.13%；种仁瘦，仁色黄色，食味香纯微涩，口感细

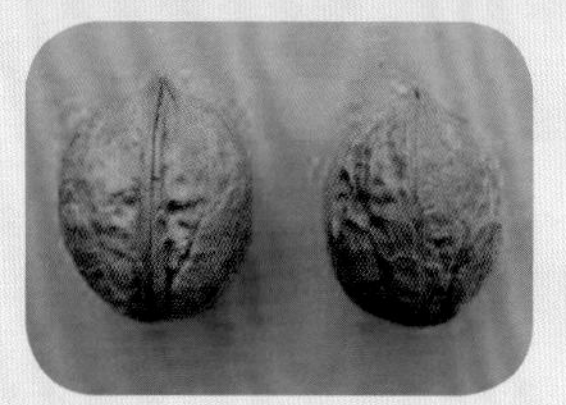

191. 滇鲁 Z118：母树生长于龙树乡塘房村，坚果椭圆球形，种壳浅麻；坚果三径均值为 3.15cm，壳厚 0.69mm，隔膜纸质，易取仁；粒重 9.37g，仁重 5.70g，出仁率为 60.83%；种仁瘦，仁色黄白，食味香纯无涩，口感细

192. 滇鲁 Z119：母树生长于梭山乡查拉村，坚果扁圆球形，种壳浅麻；坚果三径均值为 3.14cm，壳厚 0.84mm，隔膜纸质，易取仁；粒重 9.69g，仁重 4.74g，出仁率为 48.92%；种仁瘦，仁色黄色，食味香纯微涩，口感细

193. 滇鲁 Z120：母树生长于火德红乡李家山村，坚果扁圆球形，种壳浅麻；坚果三径均值为 3.15cm，壳厚 0.83mm，隔膜纸质，易取仁；粒重 9.69g，仁重 5.40g，出仁率为 55.72%；种仁瘦，仁色黄白，食味香纯无涩，口感粗

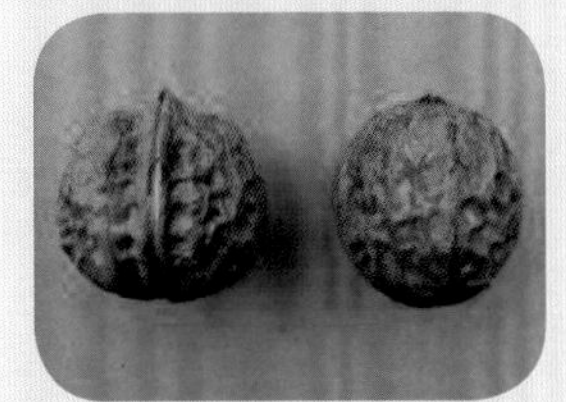

194. 滇鲁 Z121：母树生长于小寨乡尖山，坚果短扁圆球形，种壳浅麻；坚果三径均值为 3.16cm，壳厚 1.26mm，隔膜纸质，易取仁；粒重 10.00g，仁重 4.62g，出仁率为 46.11%；种仁瘦，仁色黄色，食味香甜较涩，口感细

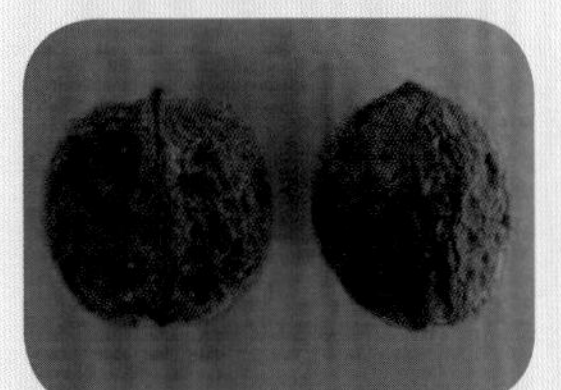

195. 滇鲁 Z122：母树生长于火德红乡银厂村，坚果扁圆球形，种壳浅麻；坚果三径均值为 3.19cm，壳厚 0.84mm，隔膜纸质，易取仁；粒重 9.04g，仁重 4.82g，出仁率为 53.32%；种仁瘦，仁色黄白，食味香甜无涩，口感细

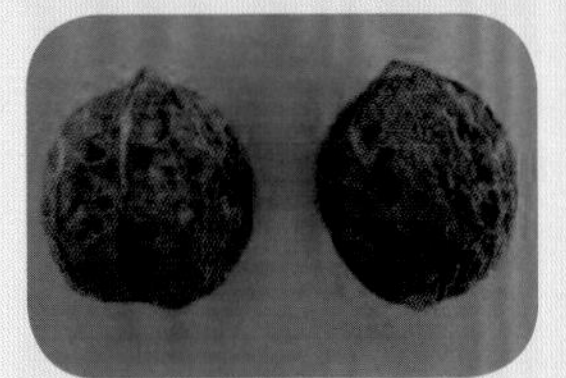

196. 滇鲁 Z123：母树生长于小寨乡赵家海村，坚果卵形，种壳麻；坚果三径均值为 3.17cm，壳厚 0.76mm，隔膜纸质，易取仁；粒重 8.38g，仁重 4.66g，出仁率为 55.60%；种仁瘦，仁色黄色，食味香纯无涩，口感细

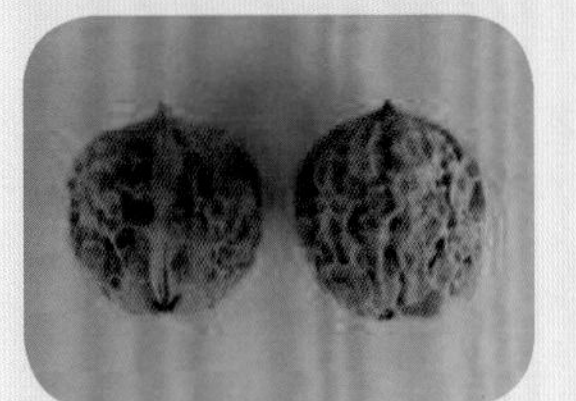

197. 滇鲁 Z124：母树生长于小寨乡赵家海村，坚果扁圆球形，种壳深麻；坚果三径均值为 3.17cm，壳厚 1.13mm，隔膜纸质，易取仁；粒重 9.78g，仁重 5.20g，出仁率为 53.17%；种仁瘦，仁色黄白，食味香纯无涩，口感细

198. 滇鲁 Z125：母树生长于梭山乡黑寨村，坚果扁圆球形，种壳麻；坚果三径均值为 3.13cm，壳厚 0.68mm，隔膜纸质，易取仁；粒重 8.32g，仁重 4.76g，出仁率为 57.21%；种仁瘦，仁色黄白，食味香纯较涩，口感细

199. 滇鲁 Z126：母树生长于小寨乡大坪村，坚果扁圆球形，种壳麻；坚果三径均值为 3.17cm，壳厚 0.78mm，隔膜革质，易取仁；粒重 10.30g，仁重 6.36g，出仁率为 61.88%；种仁肥，仁色淡紫，食味香甜微涩，口感细

200. 滇鲁 Z127：母树生长于江底乡喜洋塘村，坚果扁圆球形，种壳麻；坚果三径均值为 3.18cm，壳厚 0.76mm，隔膜纸质，易取仁；粒重 9.49g，仁重 5.10g，出仁率为 53.74%；种仁肥，仁色灰白，食味香纯微涩，口感细

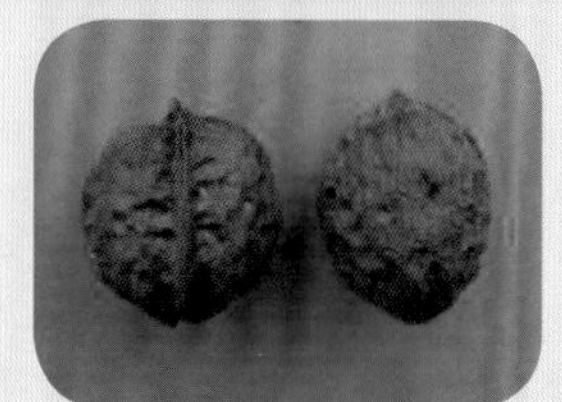

201. 滇鲁 Z128：母树生长于水磨镇营地村，坚果倒卵形，种壳浅麻；坚果三径均值为 3.19cm，壳厚 1.10mm，隔膜纸质，易取仁；粒重 11.00g，仁重 5.49g，出仁率为 49.82%；种仁瘦，仁色黄白，食味香纯微涩，口感细

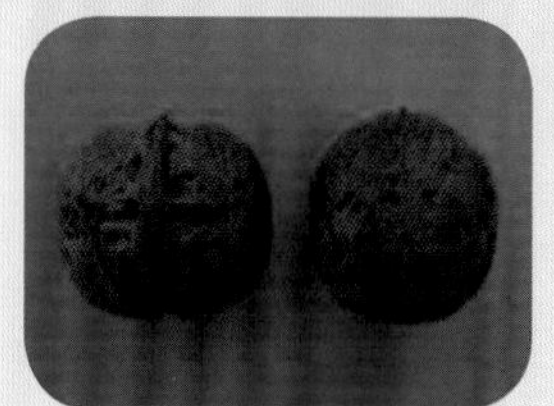

202. 滇鲁 Z129：母树生长于江底乡核桃坪，坚果短扁圆球形，种壳浅麻；坚果三径均值为 3.18cm，壳厚 0.82mm，隔膜骨质，较易取仁；粒重 10.30g，仁重 5.12g，出仁率为 49.52%；种仁肥，仁色白，食味香纯无涩，口感细

203. 滇鲁 Z130：母树生长于梭山乡查拉村，坚果长椭圆球形，种壳浅麻；坚果三径均值为 3.38cm，壳厚 0.91mm，隔膜骨质，较难取仁；粒重 9.17g，仁重 4.70g，出仁率为 51.25%；种仁瘦，仁色黄色，食味香纯微涩，口感细

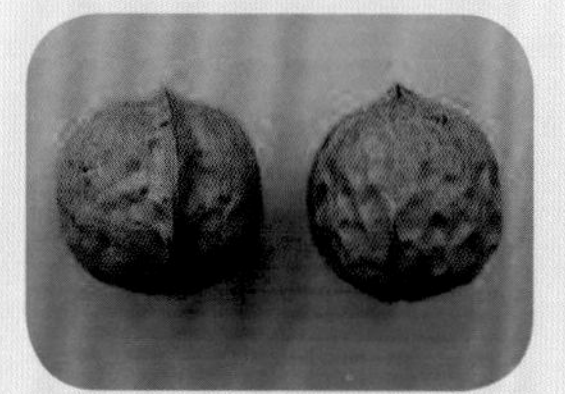

204. 滇鲁 Z131：母树生长于梭山乡老伙房，坚果圆球形，种壳浅麻；坚果三径均值为 3.19cm，壳厚 0.63mm，隔膜革质，易取仁；粒重 9.83g，仁重 5.82g，出仁率为 59.21%；种仁肥，仁色黄白，食味香纯无涩，口感细

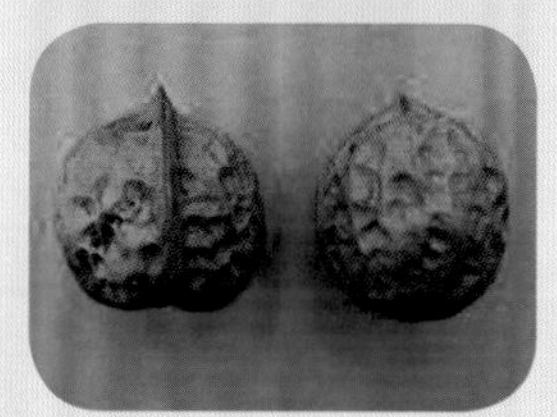

205. 滇鲁 Z132：母树生长于火德红乡银厂村，坚果短扁圆球形，种壳浅麻；坚果三径均值为 3.11cm，壳厚 0.72mm，隔膜革质，极易取仁；粒重 9.16g，仁重 5.55g，出仁率为 60.95%；种仁肥，仁色白，食味香纯无涩，口感细

206. 滇鲁 Z133：母树生长于火德红乡银厂村，坚果扁圆球形，种壳麻；坚果三径均值为 3.19cm，壳厚 0.92mm，隔膜骨质，易取仁；粒重 10.90g，仁重 4.88g，出仁率为 44.85%；种仁肥，仁色浅紫，食味香甜微涩，口感细

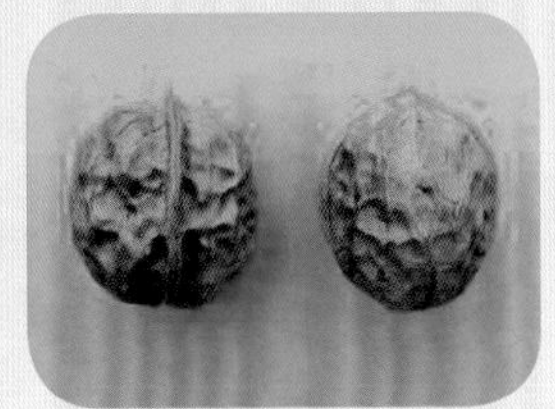

207. 滇鲁 Z134：母树生长于桃源乡大水塘村，坚果长扁圆球形，种壳浅麻；坚果三径均值为 3.10cm，壳厚 0.62mm，隔膜纸质，易取仁；粒重 8.46g，仁重 4.50g，出仁率为 53.19%；种仁瘦，仁色黄白，食味香纯微涩，口感细

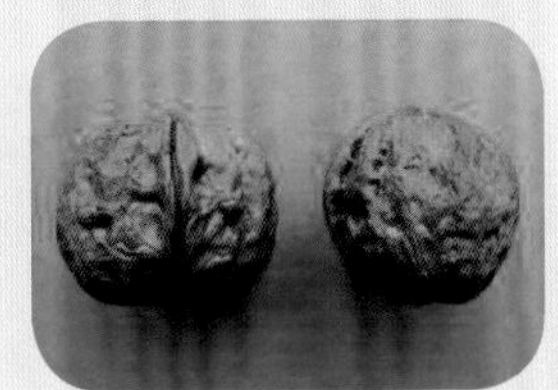

208. 滇鲁 Z135：母树生长于乐红乡对竹村，坚果扁圆球形，种壳浅麻；坚果三径均值为 3.19cm，壳厚 1.88mm，隔膜骨质，较易取仁；粒重 13.20g，仁重 3.82g，出仁率为 28.90%；种仁瘦，仁色黄白，食味香纯无涩，口感细

209. 滇鲁 Z136：母树生长于水磨镇，坚果长椭圆球形，种壳麻；坚果三径均值为 3.16cm，壳厚 1.06mm，隔膜骨质，易取仁；粒重 11.60g，仁重 5.90g，出仁率为 51.08%；种仁瘦，仁色黄白，食味香纯无涩，口感细

210. 滇鲁 Z137：母树生长于新街乡坪地营村，坚果心形，种壳麻；坚果三径均值为 3.11cm，壳厚 0.66mm，隔膜革质，易取仁；粒重 8.91g，仁重 4.88g，出仁率为 54.76%；种仁瘦，仁色黄色，食味香纯微涩，口感细

211. 滇鲁 Z138：母树生长于龙头山镇八宝村，坚果短扁圆球形，种壳浅麻；坚果三径均值为 3.12cm，壳厚 0.76mm，隔膜纸质，易取仁；粒重 9.16g，仁重 4.70g，出仁率为 51.31%；种仁瘦，仁色黄白，食味香甜微涩，口感细

212. 滇鲁 Z139：母树生长于乐红乡对竹村，坚果扁圆球形，种壳浅麻；坚果三径均值为 3.20cm，壳厚 1.08mm，隔膜骨质，较难取仁；粒重 9.96g，仁重 4.68g，出仁率为 46.98%；种仁瘦，仁色黄白，食味香甜无涩，口感细

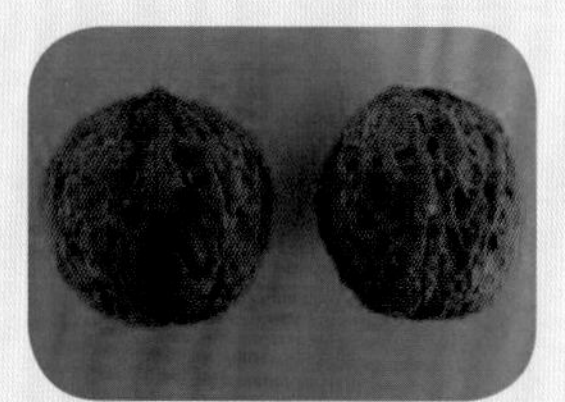

213. 滇鲁 Z140：母树生长于乐红乡对竹村，坚果圆球形，种壳浅麻；坚果三径均值为 3.21cm，壳厚 1.38mm，隔膜纸质，易取仁；粒重 10.50g，仁重 4.20g，出仁率为 40.11%；种仁瘦，仁色黄，食味香甜无涩，口感细

214. 滇鲁 Z141：母树生长于乐红乡乐红村，坚果短扁圆球形，种壳麻；坚果三径均值为 3.24cm，壳厚 1.11mm，隔膜纸质，较易取仁；粒重 11.40g，仁重 4.71g，出仁率为 41.49%；种仁肥，仁色黄白，食味微涩，口感细

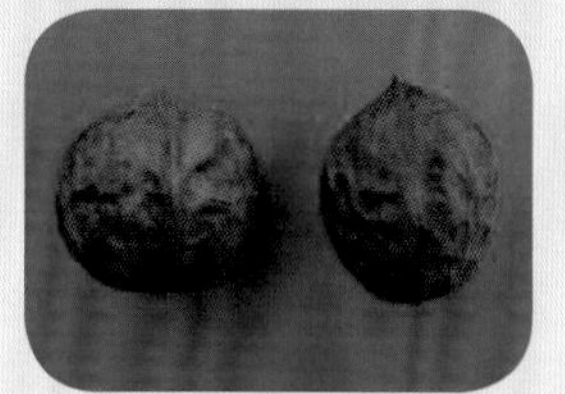

215. 滇鲁 Z142：母树生长于火德红乡南筐村，坚果圆球形，种壳浅麻；坚果三径均值为 3.26cm，壳厚 1.00mm，隔膜纸质，较易取仁；粒重 11.60g，仁重 6.53g，出仁率为 56.10%；种仁肥，仁色黄白，食味香纯，口感粗

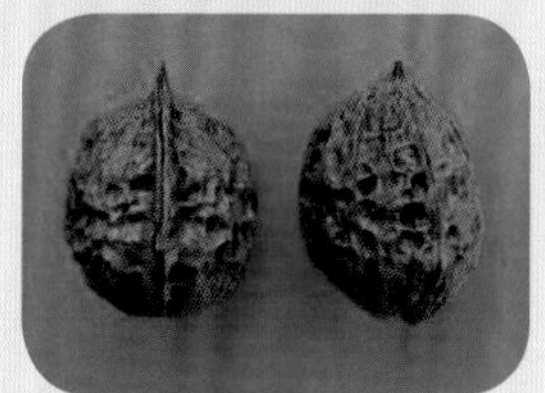

216. 滇鲁 Z143：母树生长于乐红乡师初村，坚果梭形，种壳麻；坚果三径均值为 3.21cm，壳厚 1.07mm，隔膜骨质，易取仁；粒重 9.73g，仁重 5.52g，出仁率为 56.70%；种仁瘦，仁色黄色，食味香纯无涩，口感细

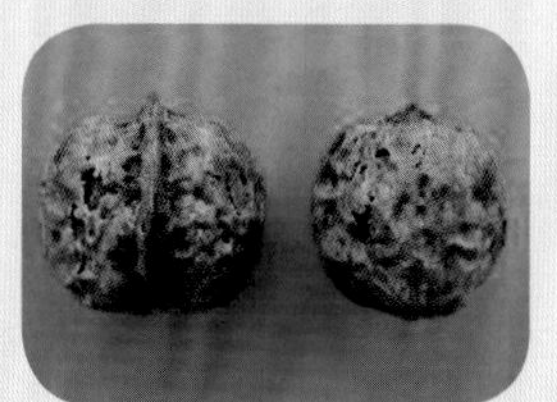

217. 滇鲁 Z144：母树生长于江底乡水塘村，坚果圆球形，种壳浅麻；坚果三径均值为 3.27cm，壳厚 0.56mm，隔膜纸质，易取仁；粒重 8.46g，仁重 4.84g，出仁率为 57.21%；种仁瘦，仁色黄色，食味香甜微涩，口感细

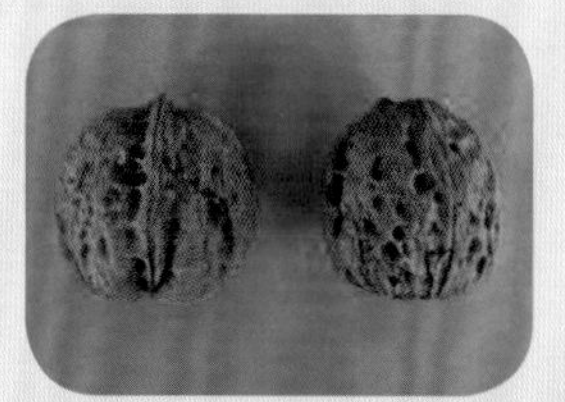

218. 滇鲁 Z145：母树生长于江底乡水塘村，坚果扁圆球形，种壳麻；坚果三径均值为 3.21cm，壳厚 0.68mm，隔膜骨质，较易取仁；粒重 11.6g，仁重 6.50g，出仁率为 55.84%；种仁肥，仁色黄白，食味香纯微涩，口感细

219. 滇鲁 Z146：母树生长于龙头山镇银屏村，坚果短扁圆球形，种壳浅麻；坚果三径均值为 3.24cm，壳厚 1.50mm，隔膜骨质，较易取仁；粒重 12.8g，仁重 5.48g，出仁率为 42.98%；种仁瘦，仁色黄白，食味香甜无涩，口感细

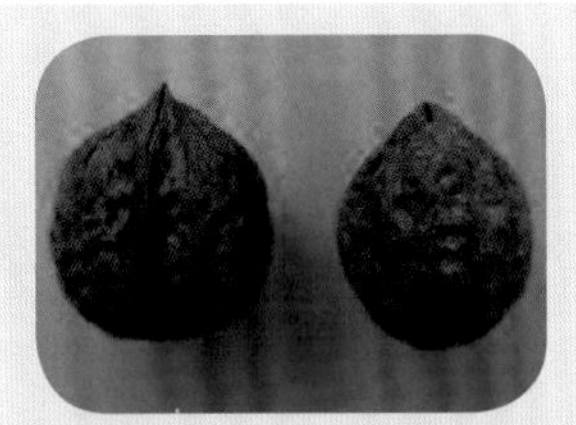

220. 滇鲁 Z147：母树生长于江底乡核桃坪，坚果锥形，种壳浅麻；坚果三径均值为 3.26cm，壳厚 0.97mm，隔膜纸质，易取仁；粒重 9.91g，仁重 5.29g，出仁率为 53.38%；种仁肥，仁色黄白，食味香纯无涩，口感细

221. 滇鲁 Z148：母树生长于乐红乡对竹村，坚果扁圆球形，种壳浅麻；坚果三径均值为 3.20cm，壳厚 0.94mm，隔膜纸质，易取仁；粒重 10.90g，仁重 6.34g，出仁率为 58.33%；种仁瘦，仁色黄白，食味香纯无涩，口感细

222. 滇鲁 Z149：母树生长于水磨镇黑噜村，坚果倒卵形，种壳浅麻；坚果三径均值为 3.21cm，壳厚 1.02mm，隔膜革质，易取仁；粒重 11.90g，仁重 6.87g，出仁率为 57.59%；种仁瘦，仁色黄白，食味香甜无涩，口感细

223. 滇鲁 Z150：母树生长于江底乡丫口社，坚果圆球形，种壳浅麻；坚果三径均值为 3.22cm，壳厚 1.41mm，隔膜骨质，较易取仁；粒重 12.50g，仁重 5.86g，出仁率为 47.07%；种仁瘦，仁色黄白，食味香纯无涩，口感细

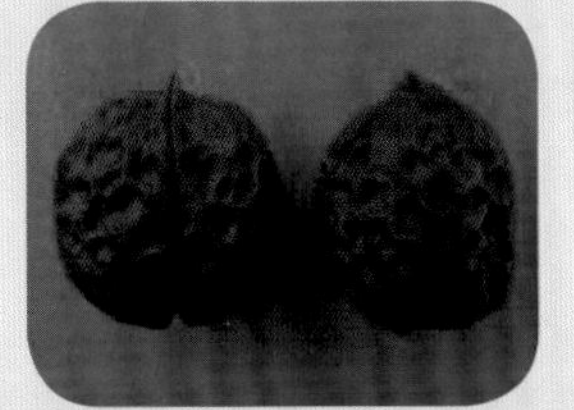

224. 滇鲁 Z151：母树生长于龙头山镇八宝村，坚果扁圆球形，种壳麻；坚果三径均值为 3.27cm，壳厚 1.00mm，隔膜革质，易取仁；粒重 8.84g，仁重 4.86g，出仁率为 54.98%；种仁瘦，仁色黄色，食味香甜无涩，口感细

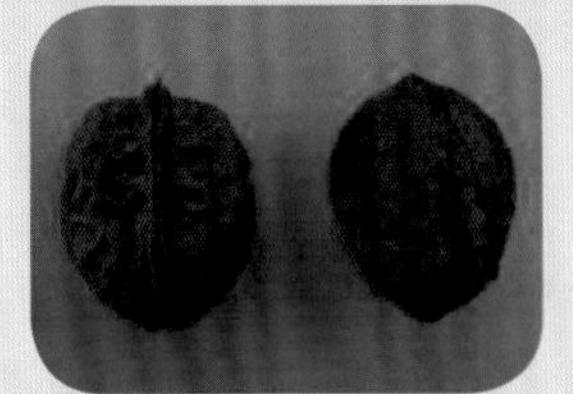

225. 滇鲁 Z152：母树生长于新街乡闪桥 12 社，坚果长椭圆球形，种壳麻；坚果三径均值为 3.29cm，壳厚 1.57mm，隔膜革质，易取仁；粒重 9.54g，仁重 4.14g，出仁率为 43.40%；种仁瘦，仁色黄色，食味香纯微涩，口感细

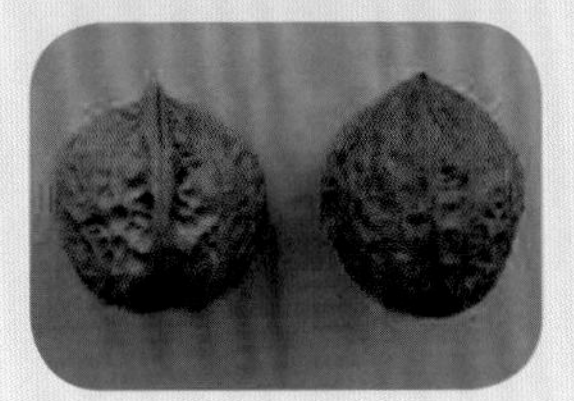

226. 滇鲁 Z153：母树生长于龙头山镇光明村，坚果扁圆球形，种壳浅麻；坚果三径均值为 3.22cm，壳厚 0.94mm，隔膜骨质，较易取仁；粒重 11.30g，仁重 5.92g，出仁率为 52.39%；种仁瘦，仁色黄白，食味香纯无涩，口感细

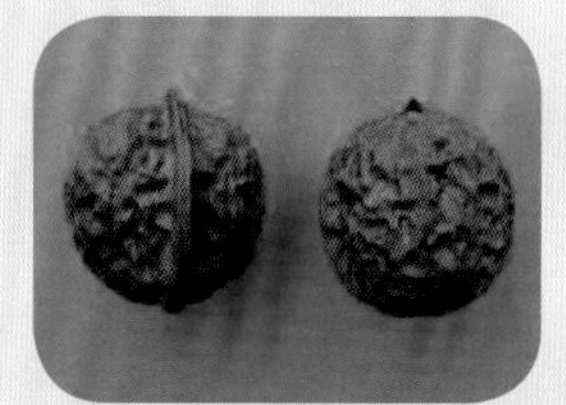	227. 滇鲁 Z154：母树生长于乐红乡对竹村，坚果扁圆球形，种壳深麻；坚果三径均值为 3.22cm，壳厚 0.93mm，隔膜骨质，较易取仁；粒重 10.50g，仁重 4.93g，出仁率为 46.95%；种仁肥，仁色黄白，食味香纯无涩，口感细
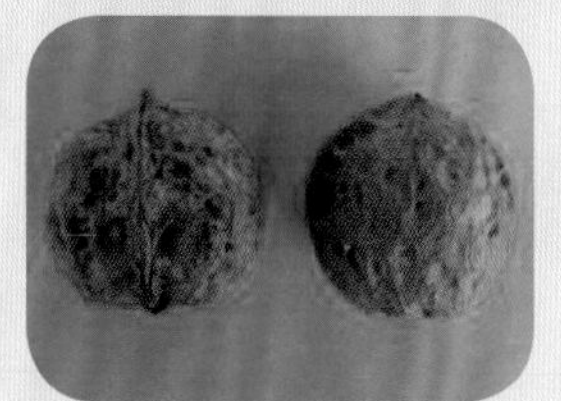	228. 滇鲁 Z155：母树生长于小寨乡小寨村，坚果圆球形，种壳浅麻；坚果三径均值为 3.32cm，壳厚 0.77mm，隔膜革质，极易取仁；粒重 9.82g，仁重 5.98g，出仁率为 60.90%；种仁肥，仁色黄色，食味香纯微涩，口感细
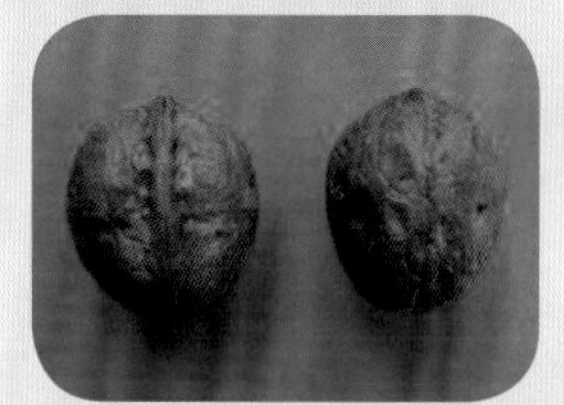	229. 滇鲁 Z156：母树生长于龙头山镇沿河村，坚果倒卵形，种壳光滑；坚果三径均值为 3.33cm，壳厚 0.73mm，隔膜革质，易取仁；粒重 10.70g，仁重 6.16g，出仁率为 57.57%；种仁肥，仁色浅紫，食味香纯微涩，口感细
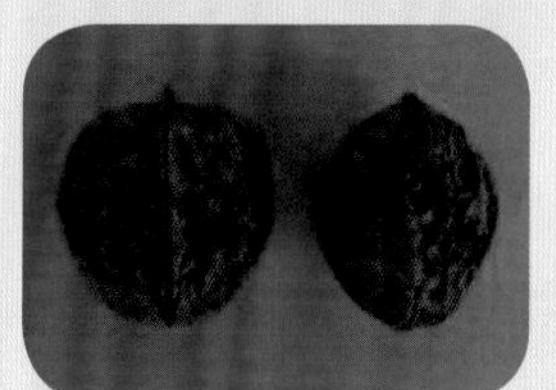	230. 滇鲁 Z157：母树生长于火德红乡岩脚社，坚果心形，种壳麻；坚果三径均值为 3.43cm，壳厚 1.28mm，隔膜革质，易取仁；粒重 11.40g，仁重 5.28g，出仁率为 46.23%；种仁瘦，仁色黄色，食味香甜无涩，口感细
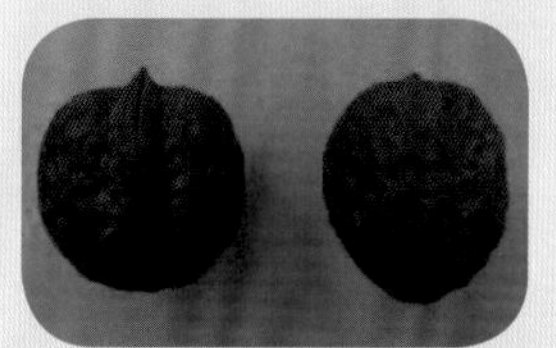	231. 滇鲁 Z158：母树生长于江底乡水塘村，坚果短扁圆球形，种壳浅麻；坚果三径均值为 3.29cm，壳厚 1.60mm，隔膜骨质，较难取仁；粒重 13.10g，仁重 6.04g，出仁率为 46.00%；种仁瘦，仁色黄白，食味香甜无涩，口感粗
	232. 滇鲁 Z159：母树生长于茨院乡田合村，坚果长扁圆球形，种壳浅麻；坚果三径均值 3.24cm，壳厚 1.09mm，隔膜革质，易取仁；粒重 11.00g，仁重 5.37g，出仁率 48.64%；种仁瘦，仁色黄白，食味香甜无涩，口感细
	233. 滇鲁 Z160：母树生长于江底乡核桃坪，坚果圆球形，种壳浅麻；坚果三径均值为 3.28cm，壳厚 1.20mm，隔膜纸质，易取仁；粒重 11.40g，仁重 5.66g，出仁率为 49.65%；种仁肥，仁色灰白，食味香纯无涩，口感粗

234. 滇鲁 Z161：母树生长于新街乡闪桥林子社，坚果长扁圆球形，种壳浅麻；坚果三径均值为 3.27cm，壳厚 1.31mm，隔膜骨质，易取仁；粒重 10.90g，仁重 5.02g，出仁率为 46.97%；种仁瘦，仁色黄色，食味香甜微涩，口感细

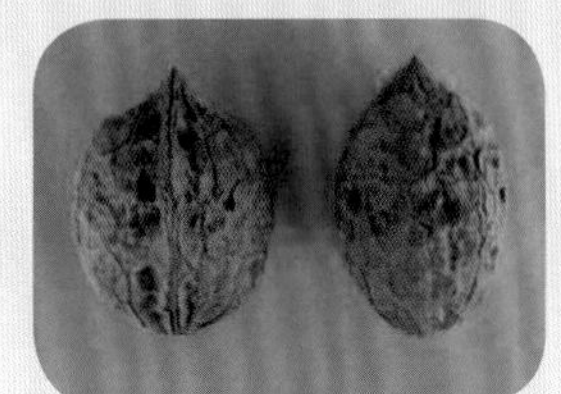

235. 滇鲁 Z162：母树生长于龙树乡，坚果长椭圆球形，种壳浅麻；坚果三径均值为 3.24cm，壳厚 0.81mm，隔膜革质，易取仁；粒重 9.16g，仁重 5.02g，出仁率为 54.80%；种仁瘦，仁色黄白，食味香纯无涩，口感细

236. 滇鲁 Z163：母树生长于梭山乡密所村，坚果扁圆球形，种壳麻；坚果三径均值为 3.23cm，壳厚 1.58mm，隔膜骨质，较易取仁；粒重 12.50g，仁重 5.58g，出仁率为 44.68%；种仁瘦，仁色灰色，食味香纯微涩，口感细

237. 滇鲁 Z164：母树生长于新街乡坪地营村，坚果长扁圆球形，种壳麻；坚果三径均值为 3.24cm，壳厚 0.75mm，隔膜革质，易取仁；粒重 10.60g，仁重 5.78g，出仁率为 54.63%；种仁瘦，仁色黄色，食味香纯无涩，口感细

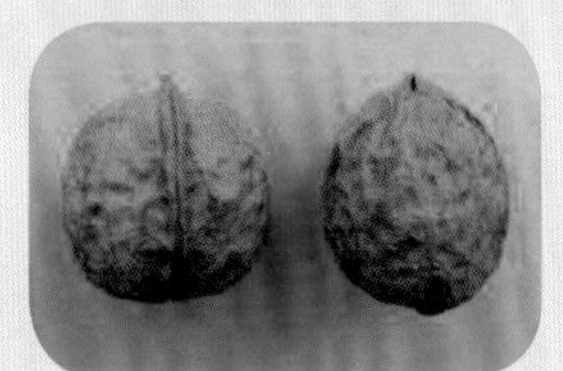

238. 滇鲁 Z165：母树生长于龙头山镇翠屏村，坚果扁圆球形，种壳浅麻；坚果三径均值为 3.25cm，壳厚 0.92mm，隔膜骨质，易取仁；粒重 11.10g，仁重 5.23g，出仁率为 47.07%；种仁瘦，仁色淡红，食味香甜微涩，口感细

239. 滇鲁 Z166：母树生长于茨院乡，坚果椭圆球形，种壳浅麻；坚果三径均值为 3.29cm，壳厚 0.79mm，隔膜纸质，易取仁；粒重 8.77g，仁重 5.18g，出仁率 59.08%；种仁瘦，仁色黄色，食味香纯微涩，口感细

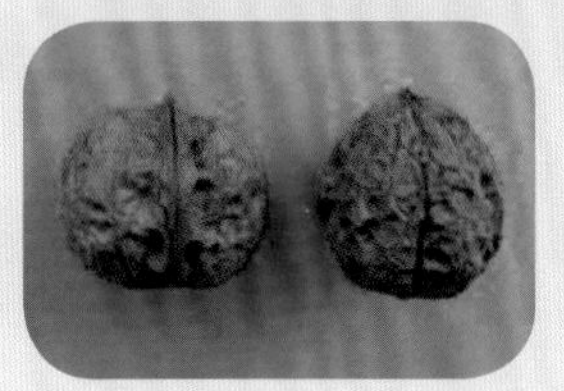

240. 滇鲁 Z167：母树生长于火德红乡南筐村，坚果圆球形，种壳麻；坚果三径均值 3.26cm，壳厚 1.43mm，隔膜革质，易取仁；粒重 13.0g，仁重 6.62g，出仁率为 50.4%；种仁肥，仁色黄白，食味香纯无涩，口感粗

	241. 滇鲁 Z168：母树生长于江底乡箐脚村，坚果长扁圆球形，种壳浅麻；坚果三径均值为3.23cm，壳厚1.12mm，隔膜纸质，较易取仁；粒重11.90g，仁重6.28g，出仁率为53.00%；种仁瘦，仁色浅紫，食味香纯微涩，口感细
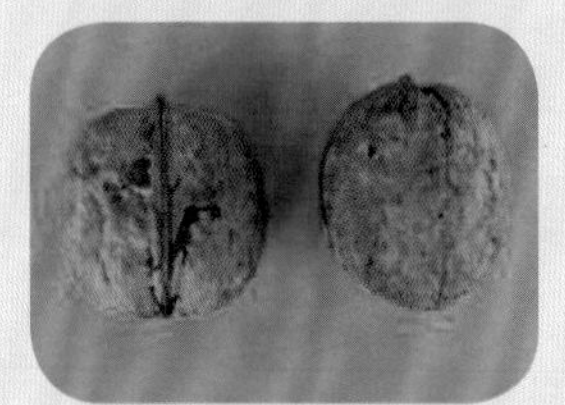	242. 滇鲁 Z169：母树生长于龙头山镇大槽口，坚果长扁圆球形，种壳浅麻；坚果三径均值为3.28cm，壳厚0.92mm，隔膜骨质，易取仁；粒重9.65g，仁重5.36g，出仁率为55.54%；种仁瘦，仁色黄色，食味香甜无涩，口感细
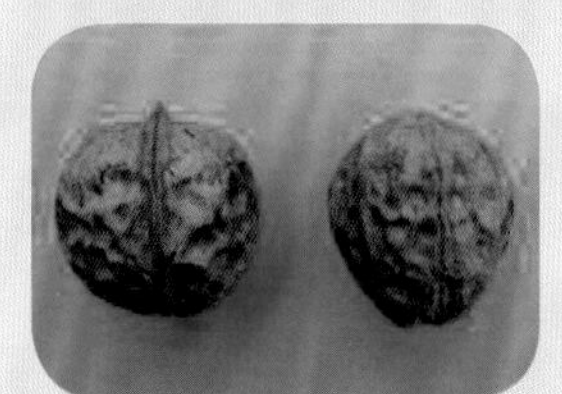	243. 滇鲁 Z170：母树生长于江底乡大水井村，坚果扁圆球形，种壳麻；坚果三径均值为3.27cm，壳厚1.38mm，隔膜革质，易取仁；粒重11.90g，仁重5.42g，出仁率45.51%；种仁瘦，仁色黄白，食味香纯无涩，口感粗
	244. 滇鲁 Z171：母树生长于水磨 镇黑噜村，坚果锥形，种壳深麻；坚果三径均值3.27cm，壳厚0.62mm，隔膜纸质，易取仁；粒重8.55g，仁重6.54g，出仁率为76.49%；种仁肥，仁色黄白，食味香甜无涩，口感细
	245. 滇鲁 Z172：母树生长于乐红乡乐红村，坚果扁圆球形，种壳麻；坚果三径均值为3.22cm，壳厚0.97mm，隔膜纸质，易取仁；粒重11.30g，仁重5.75g，出仁率为50.98%；种仁肥，仁色灰白，食味香纯无涩，口感细
	246. 滇鲁 Z173：母树生长于火德红乡银厂村，坚果短扁圆球形，种壳浅麻；坚果三径均值为3.27cm，壳厚0.91mm，隔膜纸质，易取仁；粒重10.20g，仁重5.91g，出仁率为57.94%；种仁瘦，仁色黄白，食味香纯无涩，口感细
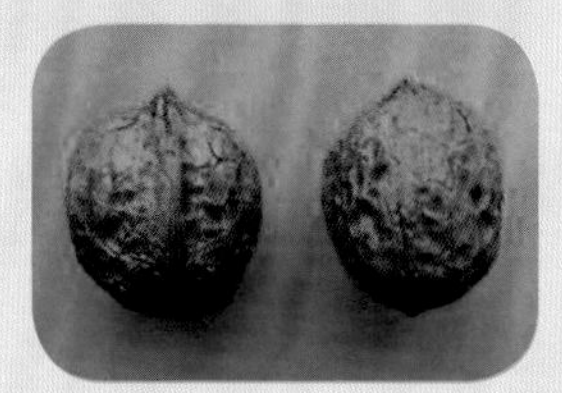	247. 滇鲁 Z174：母树生长于桃源乡箐门口保家山，坚果扁圆球形，种壳浅麻；坚果三径均值为3.29cm，壳厚1.10mm，隔膜纸质，易取仁；粒重10.60g，仁重6.04g，出仁率为56.82%；种仁瘦，仁色黄色，食味香甜无涩，口感细

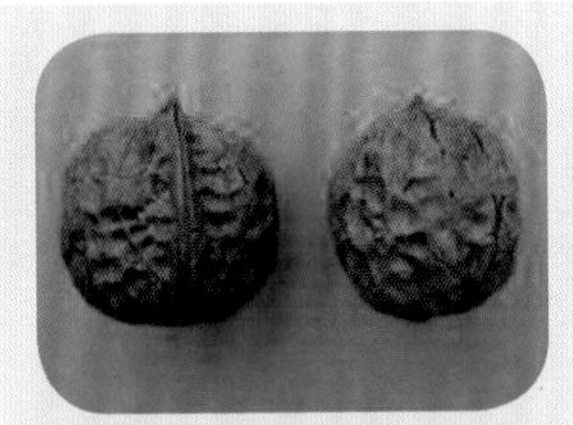

248. 滇鲁 Z175：母树生长于龙头山镇光明村，坚果短扁圆球形，种壳浅麻；坚果三径均值为 3.28cm，壳厚 0.99mm，隔膜骨质，易取仁；粒重 12.10g，仁重 6.15g，出仁率为 50.70%；种仁瘦，仁色黄色，食味香甜无涩，口感细

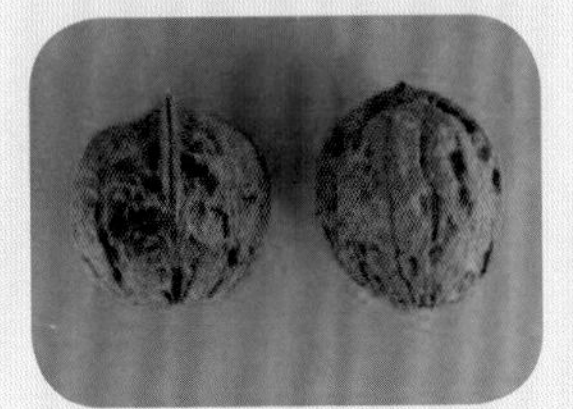

249. 滇鲁 Z176：母树生长于桃源乡大水塘村，坚果扁圆球形，种壳浅麻；坚果三径均值为 3.25cm，壳厚 0.74mm，隔膜纸质，易取仁；粒重 9.16g，仁重 4.60g，出仁率为 50.22%；种仁瘦，仁色黄白，食味香纯微涩，口感细

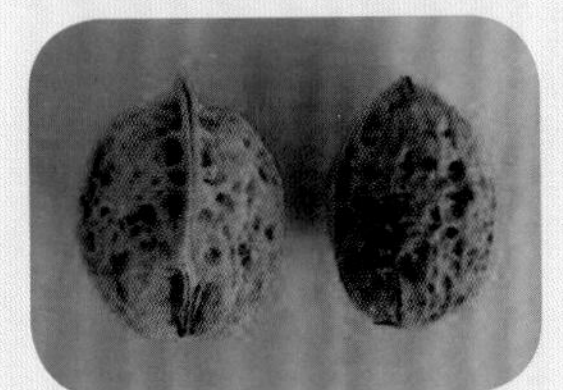

250. 滇鲁 Z177：母树生长于龙树乡新乐村，坚果卵形，种壳麻；坚果三径均值为 3.26cm，壳厚 0.91mm，隔膜骨质，较易取仁；粒重 8.96g，仁重 3.32g，出仁率为 37.05%；种仁瘦，仁色黄色，食味香甜无涩，口感细

251. 滇鲁 Z178：母树生长于文屏镇安阁村，坚果椭圆球形，种壳浅麻；坚果三径均值为 3.28cm，壳厚 0.68mm，隔膜纸质，易取仁；粒重 10.50g，仁重 6.70g，出仁率为 64.05%；种仁瘦，仁色黄白，食味香纯无涩，口感细

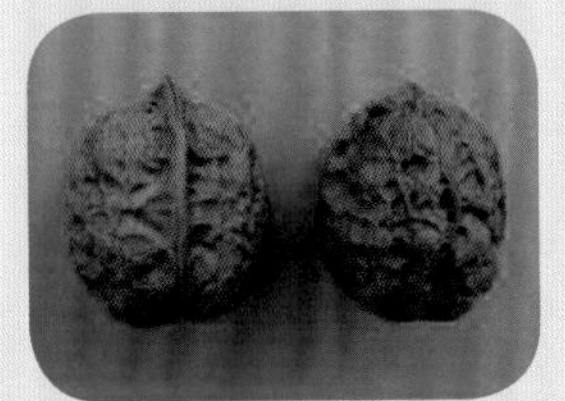

252. 滇鲁 Z179：母树生长于水磨镇营地村李家丫口，坚果长扁圆球形，种壳浅麻；坚果三径均值为 3.23cm，壳厚 0.95mm，隔膜纸质，易取仁；粒重 11.60g，仁重 7.23g，出仁率为 2.10%；种仁肥，仁色黄色，食味香甜微涩，口感细

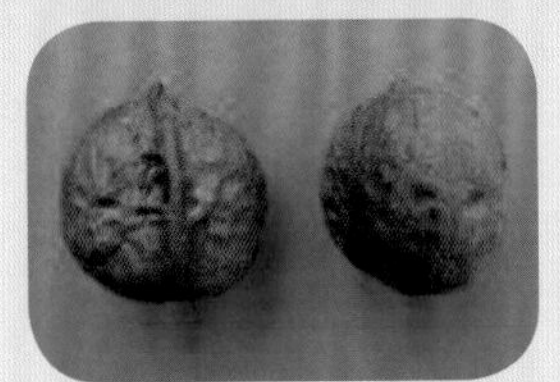

253. 滇鲁 Z180：母树生长于乐红乡红布村街子社，坚果长扁圆球形，种壳浅麻；坚果三径均值为 3.28cm，壳厚 0.89mm，隔膜革质，极易取仁；粒重 9.34g，仁重 5.10g，出仁率为 54.60%；种仁瘦，仁色黄色，食味香纯无涩，口感细

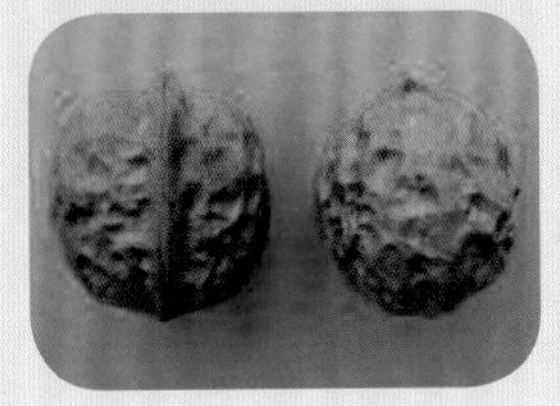

254. 滇鲁 Z181：母树生长于小寨乡郭家村小水井，坚果扁圆球形，种壳浅麻；坚果三径均值为 3.26cm，壳厚 1.10mm，隔膜纸质，极易取仁；粒重 10.2g，仁重 6.06g，出仁率为 59.59%；种仁瘦，仁色黄白，食味香甜微涩，口感细

255. 滇鲁 Z182：母树生长于新街乡闪桥村 13 社，坚果扁圆球形，种壳浅麻；坚果三径均值为 3.21cm，壳厚 1.22mm，隔膜纸质，易取仁；粒重 10.60g，仁重 5.60g，出仁率为 53.08%；种仁瘦，仁色黄色，食味香纯微涩，口感细

256. 滇鲁 Z183：母树生长于茨院乡下街口，坚果长扁圆球形，种壳麻；坚果三径均值为 3.30cm，壳厚 0.85mm，隔膜革质，易取仁；粒重 11.80g，仁重 6.60g，出仁率为 56.07%；种仁瘦，仁色黄白，食味香纯微涩，口感细

257. 滇鲁 Z184：母树生长于新街乡坪地营村 12 社，坚果扁圆球形，种壳浅麻；坚果三径均值为 3.38cm，壳厚 1.27mm，隔膜革质，易取仁；粒重 13.00g，仁重 7.22g，出仁率为 55.58%；种仁瘦，仁色黄色，食味香纯微涩，口感细

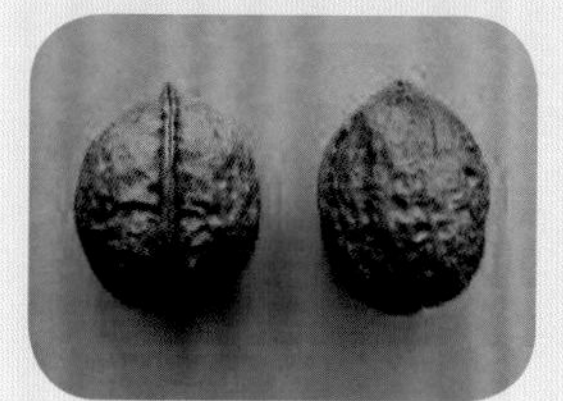

258. 滇鲁 Z185：母树生长于乐红乡红布村陆家寨子，坚果椭圆球形，种壳浅麻；坚果三径均值为 3.31cm，壳厚 1.27mm，隔膜纸质，易取仁；粒重 12.30g，仁重 6.59g，出仁率为 53.58%；种仁瘦，仁色灰白，食味香纯无涩，口感粗

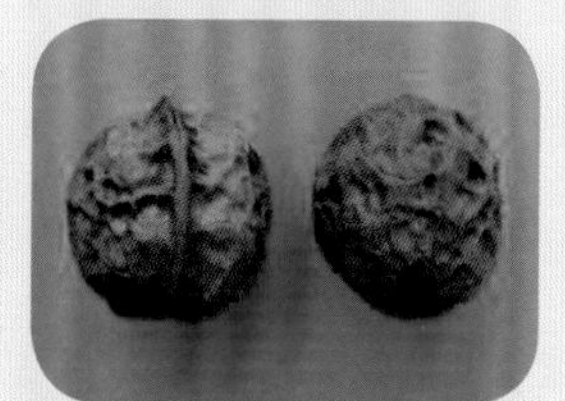

259、滇鲁 Z186：母树生长于梭山乡，坚果扁圆球形，种壳浅麻；坚果三径均值为 3.31cm，壳厚 0.61mm，隔膜纸质，易取仁；粒重 9.68g，仁重 5.88g，出仁率为 60.74%；种仁瘦，仁色黄色，食味香纯微涩，口感细

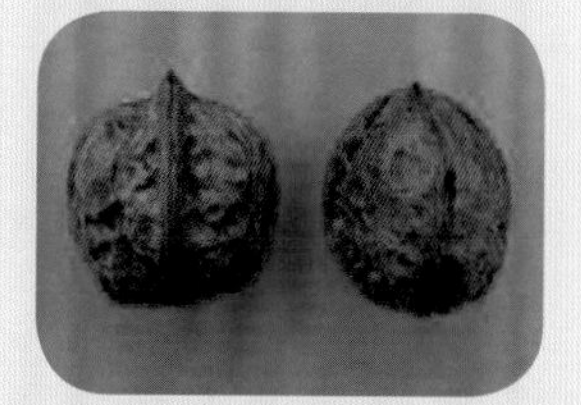

260. 滇鲁 Z187：母树生长于小寨乡小寨村白龙井，坚果椭圆球形，种壳麻；坚果三径均值为 3.32cm，壳厚 1.24mm，隔膜革质，易取仁；粒重 11.30g，仁重 5.84g，出仁率为 51.72%；种仁瘦，仁色黄白，食味香纯微涩，口感细

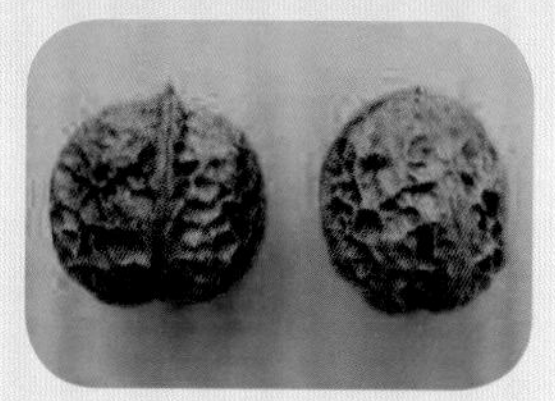

261. 滇鲁 Z188：母树生长于梭山乡黑寨村半坡社，坚果短扁圆球形，种壳麻；坚果三径均值为 3.35cm，壳厚 0.92mm，隔膜革质，易取仁；粒重 11.30g，仁重 6.28g，出仁率为 55.62%；种仁肥，仁色黄白，食味香甜微涩，口感粗

262. 滇鲁 Z189：母树生长于龙头山镇，坚果扁圆球形，种壳麻；坚果三径均值为 3.32cm，壳厚 1.10mm，隔膜革质，易取仁；粒重 11.50g，仁重 5.90g，出仁率为 51.35%；种仁瘦，仁色黄是，食味香甜微涩，口感细

263. 滇鲁 Z190：母树生长于梭山乡查拉村，坚果圆球形，种壳浅麻；坚果三径均值为 3.38cm，壳厚 1.25mm，隔膜骨质，取仁易；粒重 11.60g，仁重 5.06g，出仁率为 43.47%；种仁瘦，仁色黄，食味香纯无涩，口感细

264. 滇鲁 Z191：母树生长于小寨乡，坚果椭圆球形，种壳浅麻；坚果三径均值为 3.38cm，壳厚 1.61mm，隔膜骨质，取仁易；粒重 13.9g，仁重 6.76g，出仁率为 48.60%；种仁瘦，仁色黄白，食味香纯微涩，口感粗

265. 滇鲁 Z192：母树生长于火德红乡银厂村，坚果扁圆球形，种壳麻；坚果三径均值为 3.31cm，壳厚 1.40mm，隔膜革质，取仁易；粒重 11.90g，仁重 5.68g，出仁率为 47.9%；种仁瘦，仁色灰白，食味香纯无涩，口感细

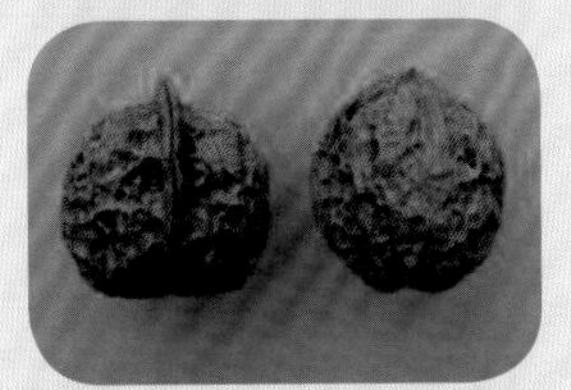

266. 滇鲁 Z193：母树生长于梭山乡查拉村，坚果扁圆球形，种壳麻；坚果三径均值为 3.33cm，壳厚 0.65mm，隔膜革质，取仁易；粒重 10.30g，仁重 6.16g，出仁率为 59.8%；种仁瘦，仁色黄白，食味香纯无涩，口感细

267. 滇鲁 Z194：母树生长于水磨镇营地村，坚果扁圆球形，种壳麻；坚果三径均值为 3.38cm，壳厚 0.95mm，隔膜革质，取仁易；粒重 10.80g，仁重 5.02g，出仁率 46.65%；种仁瘦，仁色黄，食味香甜微涩，口感细

268. 滇鲁 Z195：母树生长于乐红乡施初村，坚果扁圆球形，种壳深麻；坚果三径均值 3.36cm，壳厚 1.08mm，隔膜纸质，取仁易；粒重 12.30g，仁重 5.62g，出仁率为 45.84%；种仁瘦，仁色黄白，食味香纯无涩，口感细

	269. 滇鲁 Z196：母树生长于水磨镇黑噜村，坚果圆球形，种壳浅麻；坚果三径均值为 3.33cm，壳厚 1.24mm，隔膜骨质，取仁较难；粒重 14.10g，仁重 6.15g，出仁率为 43.65%；种仁瘦，仁色黄白，食味香纯微涩，口感细
	270. 滇鲁 Z197：母树生长于江底乡水塘村，坚果圆球形，种壳浅麻；坚果三径均值为 3.34cm，壳厚 1.08mm，隔膜革质，取仁易；粒重 11.40g，仁重 5.35g，出仁率为 46.81%；种仁瘦，仁色黄，食味香纯无涩，口感细
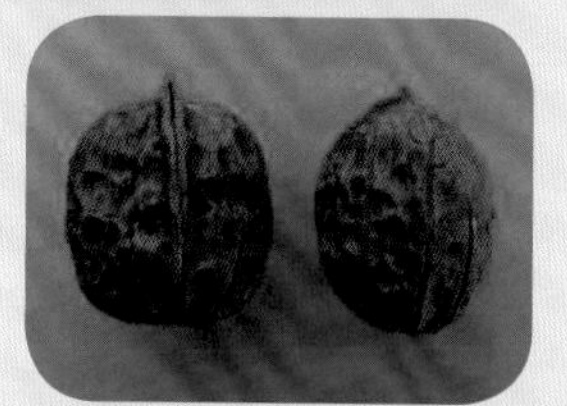	271. 滇鲁 Z198：母树生长于江底乡洗羊塘，坚果长扁圆球形，种壳浅麻；坚果三径均值为 3.36cm，壳厚 1.05mm，隔膜纸质，取仁易；粒重 11.90g，仁重 5.80g，出仁率为 47.18%；种仁瘦，仁色黄白，食味香纯微涩，口感细
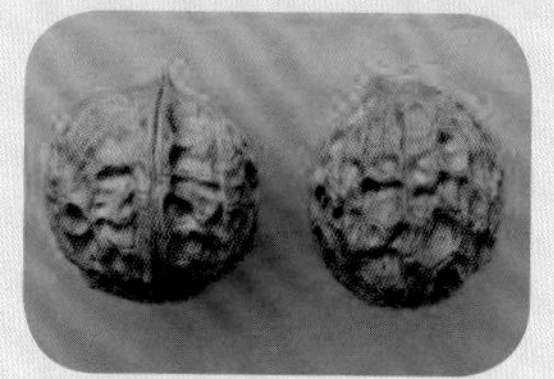	272. 滇鲁 Z199：母树生长于小寨乡赵家海村，坚果心形，种壳浅麻；坚果三径均值为 3.34cm，壳厚 1.15mm，隔膜骨质，取仁易；粒重 11.40g，仁重 5.56g，出仁率为 48.73%；种仁肥，仁色灰白，食味香甜无涩，口感细
	273. 滇鲁 Z200：母树生长于龙头山镇沙坝祭龙山，坚果方形，种壳麻；坚果三径均值为 3.33cm，壳厚 0.69mm，隔膜纸质，取仁极易；粒重 9.22g，仁重 5.74g，出仁率为 62.23%；种仁瘦，仁色白，食味香纯无涩，口感细
	274. 滇鲁 Z201：母树生长于梭山乡密所村，坚果扁圆球形，种壳麻；坚果三径均值为 3.36cm，壳厚 1.43mm，隔膜骨质，取仁较易；粒重 14.90g，仁重 7.04g，出仁率为 47.15%；种仁瘦，仁色灰，食味香甜无涩，口感细
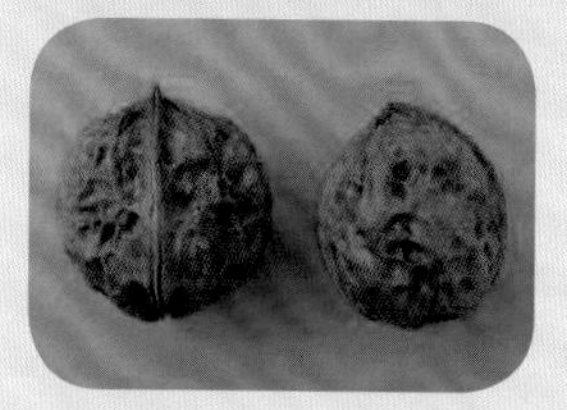	275. 滇鲁 Z202：母树生长于梭山乡查拉村，坚果扁圆球形，种壳麻；坚果三径均值为 3.33cm，壳厚 0.90mm，隔膜纸质，取仁易；粒重 11.70g，仁重 6.38g，出仁率为 54.76%；种仁瘦，仁色黄，食味香甜微涩，口感细

276. 滇鲁 Z203：母树生长于小寨乡，坚果椭圆球形，种壳光滑；坚果三径均值为 3.35cm，壳厚 1.09mm，隔膜纸质，取仁易；粒重 11.00g，仁重 5.69g，出仁率为 51.72%；种仁瘦，仁色黄，食味香纯无涩，口感细

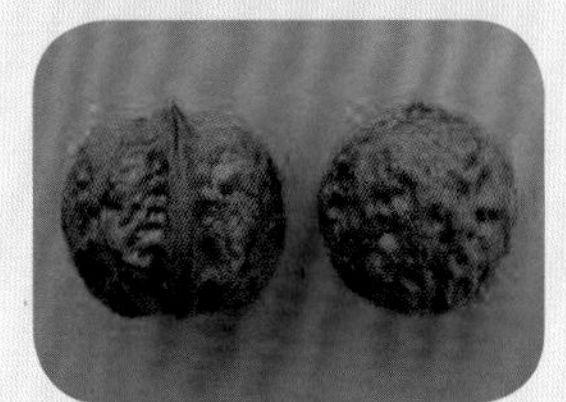

277. 滇鲁 Z204：母树生长于小寨乡小寨村，坚果圆球形，种壳麻；坚果三径均值为 3.33cm，壳厚 1.05mm，隔膜纸质，取仁易；粒重 11.80g，仁重 5.86g，出仁率为 49.78%；种仁瘦，仁色灰，食味香纯无涩，口感细

278. 滇鲁 Z205：母树生长于江底乡向阳社，坚果扁圆球形，种壳浅麻；坚果三径均值为 3.37cm，壳厚 0.89mm，隔膜纸质，取仁易；粒重 10.40g，仁重 6.09g，出仁率为 58.56%；种仁肥，仁色浅紫，食味香纯无涩，口感粗

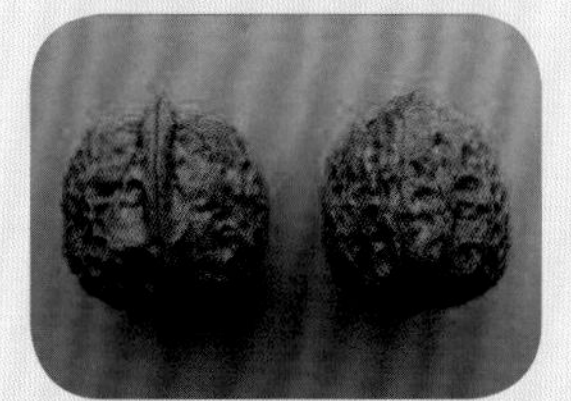

279. 滇鲁 Z206：母树生长于文屏镇砚池山，坚果扁圆球形，种壳麻；坚果三径均值为 3.34cm，壳厚 0.80mm，隔膜纸质，取仁极易；粒重 9.41g，仁重 5.84g，出仁率为 62.06%；种仁瘦，仁色黄，食味香纯无涩，口感细

280. 滇鲁 Z207：母树生长于水磨镇新棚村，坚果椭圆球形，种壳浅麻；坚果三径均值为 3.35cm，壳厚 0.94mm，隔膜纸质，取仁易；粒重 9.58g，仁重 3.76g，出仁率为 39.25%；种仁瘦，仁色黄，食味香纯无涩，口感细

281. 滇鲁 Z208：母树生长于水磨镇，坚果长扁圆球形，种壳浅麻；坚果三径均值为 3.36cm，壳厚 0.92mm，隔膜革质，取仁易；粒重 12.20g，仁重 4.12g，出仁率为 40.55%；种仁瘦，仁色黄，食味香纯微涩，口感细

282. 滇鲁 Z209：母树生长于梭山乡查拉村，坚果短扁圆球形，种壳浅麻；坚果三径均值为 3.39cm，壳厚 1.38mm，隔膜骨质，取仁较易；粒重 13.00g，仁重 6.41g，出仁率为 49.34%；种仁瘦，仁色灰白，食味香甜微涩，口感细

283. 滇鲁 Z210：母树生长于小寨乡白龙井村，坚果圆球形，种壳麻；坚果三径均值为 3.36cm，壳厚 0.67mm，隔膜骨质，取仁易；粒重 11.10g，仁重 5.1g，出仁率为 45.94%；种仁肥，仁色黄白，食味香纯无涩，口感细

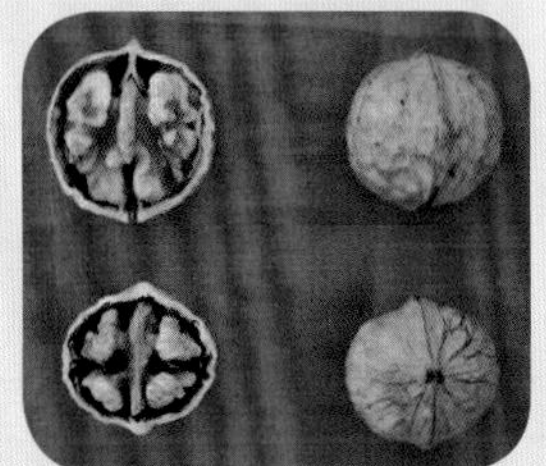

284. 滇鲁 Z211：母树生长于江底乡核桃坪，坚果扁圆球形，种壳浅麻；坚果三径均值为 3.37cm，壳厚 0.89mm，隔膜纸质，取仁易；粒重 11.90g，仁重 6.51g，出仁率为 54.66%；种仁瘦，仁色黄白，食味香纯无涩，口感细

285. 滇鲁 Z212：母树生长于小寨乡赵家海村，坚果扁圆球形，种壳浅麻；坚果三径均值为 3.36cm，壳厚 1.23mm，隔膜革质，取仁易；粒重 11.50g，仁重 5.5g，出仁率为 47.74%；种仁瘦，仁色黄白，食味香纯无涩，口感细

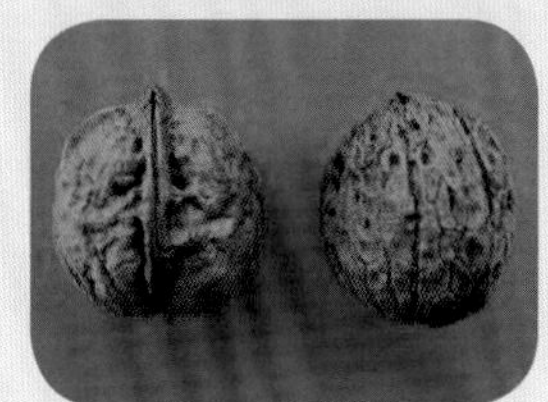

286. 滇鲁 Z213：母树生长于龙树乡塘房村，坚果长扁圆球形，种壳浅麻；坚果三径均值为 3.33cm，壳厚 1.96mm，隔膜革质，取仁易；粒重 13.20g，仁重 4.56g，出仁率为 34.52%；种仁瘦，仁色黄白，食味香纯无涩，口感细

287. 滇鲁 Z214：母树生长于小选 5 号、徐可永，坚果圆球形，种壳浅麻；坚果三径均值为 3.37cm，壳厚 1.04mm，隔膜纸质，取仁易；粒重 11.30g，仁重 5.7g，出仁率为 50.6%；种仁瘦，仁色黄褐，食味香纯，口感细

288. 滇鲁 Z215：母树生长于江底乡水塘村，坚果圆球形，种壳浅麻；坚果三径均值为 3.32cm，壳厚 1.34mm，隔膜骨质，取仁较易；粒重 14.50g，仁重 6.46g，出仁率为 44.49%；种仁瘦，仁色黄色，食味香甜微涩，口感粗

289. 滇鲁 Z216：母树生长于龙头山镇光明村，坚果扁圆球形，种壳浅麻；坚果三径均值为 3.35cm，壳厚 1.01mm，隔膜骨质，取仁易；粒重 12.60g，仁重 6.2g，出仁率为 49.17%；种仁瘦，仁色黄，食味香甜微涩，口感细

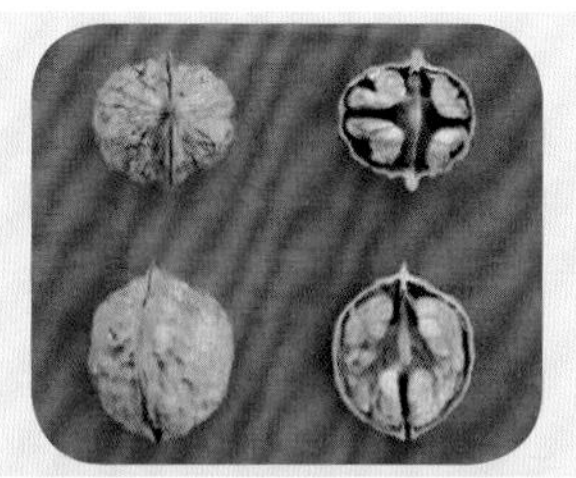

290. 滇鲁 Z217：母树生长于江底乡小水井村，坚果椭圆球形，种壳浅麻；坚果三径均值为 3.38cm，壳厚 0.84mm，隔膜纸质，取仁易；粒重 9.52g，仁重 5.08g，出仁率为 53.34%；种仁肥，仁色黄白，食味香纯微涩，口感细

291. 滇鲁 Z218：母树生长于龙树乡坝子，坚果长扁圆球形，种壳麻；坚果三径均值为 3.30cm，壳厚 1.08mm，隔膜革质，取仁较易；粒重 12.00g，仁重 5.62g，出仁率为 46.75%；种仁瘦，仁色黄色，食味香纯无涩，口感细

292. 滇鲁 Z219：母树生长于梭山乡黑寨村，坚果长扁圆球形，种壳麻；坚果三径均值为 3.38cm，壳厚 0.92mm，隔膜纸质，取仁易；粒重 9.85g，仁重 5.62g，出仁率为 57.06%；种仁瘦，仁色黄，食味香纯无涩，口感细

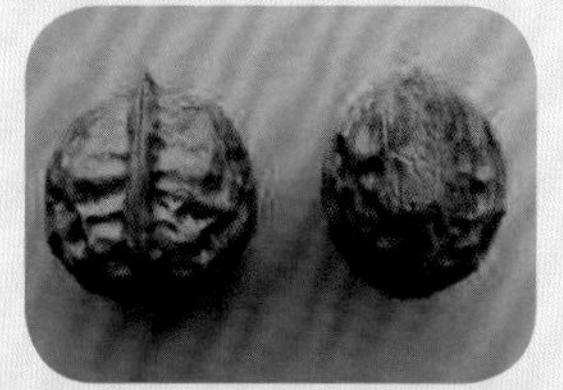

293. 滇鲁 Z220：母树生长于梭山乡黑寨村，坚果扁圆球形，种壳浅麻；坚果三径均值为 3.39cm，壳厚 1.20mm，隔膜骨质，取仁难；粒重 16.10g，仁重 8.14g，出仁率为 50.59%；种仁肥，仁色黄白，食味香纯，口感细

294. 滇鲁 Z221：母树生长于小寨乡小寨村，坚果扁圆球形，种壳浅麻；坚果三径均值为 3.32cm，壳厚 1.27mm，隔膜骨质，取仁易；粒重 12.80g，仁重 6.42g，出仁率为 50.23%；种仁瘦，仁色黄白，食味香甜微涩，口感细

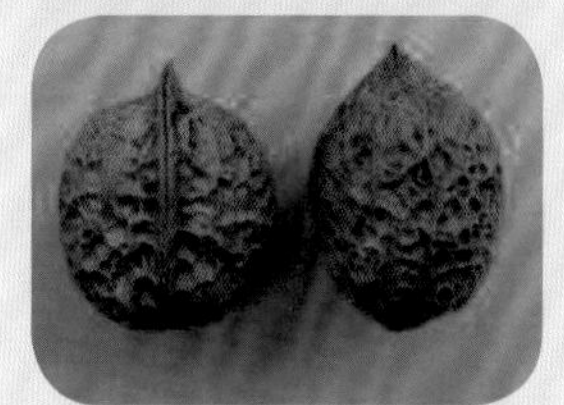

295. 滇鲁 Z222：母树生长于乐红乡乐红村，坚果椭圆球形，种壳麻；坚果三径均值为 3.34cm，壳厚 0.95mm，隔膜骨质，取仁易；粒重 11.70g，仁重 5.69g，出仁率为 48.72%；种仁瘦，仁色黄白，食味香甜，口感细

296. 滇鲁 Z223：母树生长于龙头山镇侯家坡地，坚果扁圆球形，种壳浅麻；坚果三径均值为 3.39cm，壳厚 1.12mm，隔膜革质，取仁易；粒重 13.30g，仁重 6.62g，出仁率为 49.70%；种仁瘦，仁色黄白，食味香纯无涩，口感细

297. 滇鲁 Z224：母树生长于火德红乡银厂村，坚果扁圆球形，种壳浅麻；坚果三径均值为 3.38cm，壳厚 0.85mm，隔膜骨质，取仁易；粒重 12.10g，仁重 6.84g，出仁率为 56.53%；种仁瘦，仁色灰白，食味香纯微涩，口感细

298. 滇鲁 Z225：母树生长于江底乡洗羊塘村，坚果圆球形，种壳浅麻；坚果三径均值为 3.41cm，壳厚 1.0mm，隔膜革质，取仁易；粒重 13.00g，仁重 7.02g，出仁率为 54.00%；种仁肥，仁色黄，食味香纯无涩，口感细

299. 滇鲁 Z226：母树生长于小寨乡沙坝村，坚果扁圆球形，种壳浅麻；坚果三径均值为 3.46cm，壳厚 1.08mm，隔膜纸质，取仁易；粒重 13.10g，仁重 6.38g，出仁率为 48.89%；种仁瘦，仁色白，食味香甜无涩，口感细

300. 滇鲁 Z227：母树生长于龙头山镇龙井村，坚果长扁圆球形，种壳浅麻；坚果三径均值为 3.48cm，壳厚 0.96mm，隔膜纸质，取仁易；粒重 11.50g，仁重 6.53g，出仁率为 56.58%；种仁瘦，仁色黄，食味香纯无涩，口感细

301. 滇鲁 Z228：母树生长于江底乡核桃坪，坚果短扁圆球形，种壳麻；坚果三径均值为 3.43cm，壳厚 0.79mm，隔膜骨质，取仁易；粒重 12.10g，仁重 5.84g，出仁率为 48.38%；种仁瘦，仁色黄，食味香甜微涩，口感细

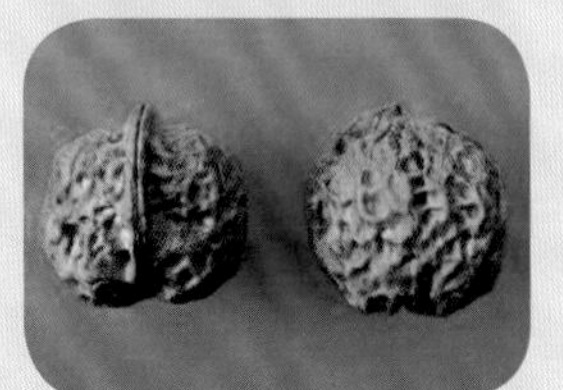

302. 滇鲁 Z229：母树生长于龙头山镇沙坝村，坚果圆球形，种壳麻；坚果三径均值为 3.42cm，壳厚 1.46mm，隔膜革质，取仁易；粒重 14.20g，仁重 7.16g，出仁率为 50.35%；种仁肥，仁色浅紫，食味香纯无涩，口感粗

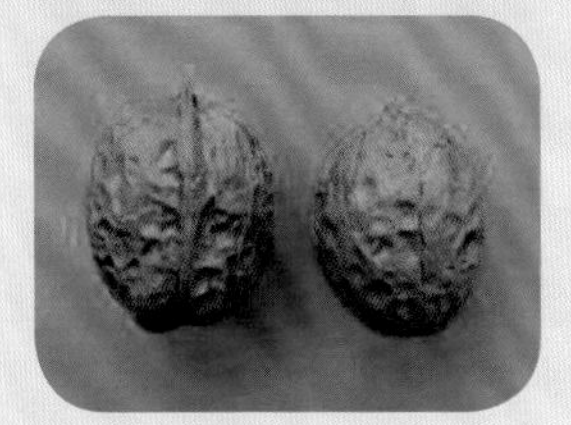

303. 滇鲁 Z230：母树生长于龙头山镇光明村，坚果卵形，种壳浅麻；坚果三径均值为 3.43cm，壳厚 0.86mm，隔膜骨质，取仁较易；粒重 13.00g，仁重 6.93g，出仁率为 53.35%；种仁瘦，仁色黄白，食味香甜无涩，口感细

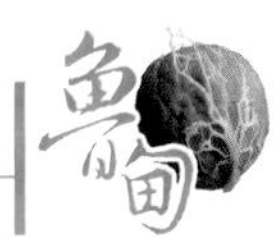

304. 滇鲁 Z231：母树生长于梭山乡妥乐村，坚果扁圆球形，种壳浅麻；坚果三径均值为 3.45cm，壳厚 0.91mm，隔膜骨质，取仁易；粒重 14.00g，仁重 7.43g，出仁率为 53.15%；种仁肥，仁色黄白，食味香纯无涩，口感粗

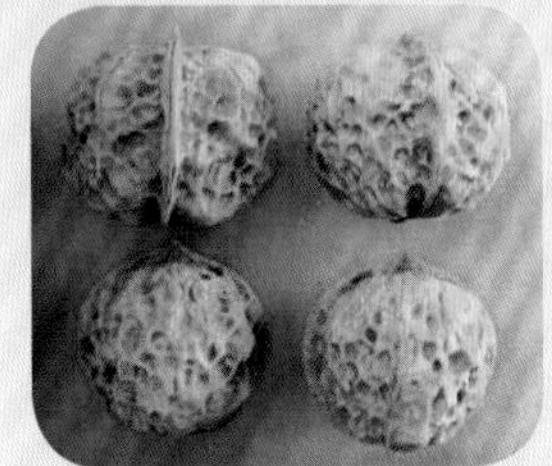

305. 滇鲁 Z232：母树生长于文屏镇岩洞村，坚果扁圆球形，种壳深麻；坚果三径均值为 3.42cm，壳厚 0.75mm，隔膜纸质，取仁极易；粒重 12.10g，仁重 7.14g，出仁率为 59.25%；种仁肥，仁色黄白，食味香甜无涩，口感细

306. 滇鲁 Z233：母树生长于乐红乡乐红村，坚果短扁圆球形，种壳浅麻；坚果三径均值为 3.48cm，壳厚 0.71mm，隔膜纸质，取仁易；粒重 12.30g，仁重 6.76g，出仁率为 55.09%；种仁瘦，仁色黄，食味香纯无涩，口感细

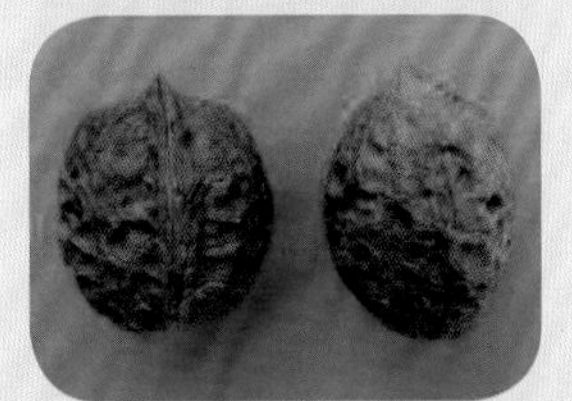

307. 滇鲁 Z234：母树生长于乐红乡新林村，坚果长椭圆球形，种壳浅麻；坚果三径均值为 3.43cm，壳厚 1.40mm，隔膜纸质，取仁易；粒重 13.00g，仁重 6.32g，出仁率为 48.69%；种仁瘦，仁色黄白，食味香甜无涩，口感细

308. 滇鲁 Z235：母树生长于火德红乡火德红乡村，坚果扁圆球形，种壳浅麻；坚果三径均值为 3.49cm，壳厚 0.99mm，隔膜纸质，取仁易；粒重 12.7g，仁重 6.6g，出仁率为 51.97%；种仁瘦，仁色黄白，食味香甜微涩，口感细

309. 滇鲁 Z236：母树生长于江底乡水塘村村，坚果扁圆球形，种壳麻；坚果三径均值为 3.44cm，壳厚 1.09mm，隔膜革质，取仁易；粒重 12.70g，仁重 5.22g，出仁率为 41.2%；种仁瘦，仁色黄白，食味香纯无涩，口感粗

310. 滇鲁 Z237：母树生长于龙头山镇龙井村，坚果短扁圆球形，种壳浅麻；坚果三径均值为 3.46cm，壳厚 1.06mm，隔膜纸质，取仁易；粒重 12.40g，仁重 6.26g，出仁率为 50.32%；种仁瘦，仁色黄，食味香纯无涩口感细

311. 滇鲁 Z238：母树生长于龙树乡塘房村，坚果长扁圆球形，种壳浅麻；坚果三径均值为 3.43cm，壳厚 1.44mm，隔膜革质，取仁易；粒重 11.90g，仁重 4.84g，出仁率为 40.70%；种仁瘦，仁色灰，食味香纯无微涩，口感细

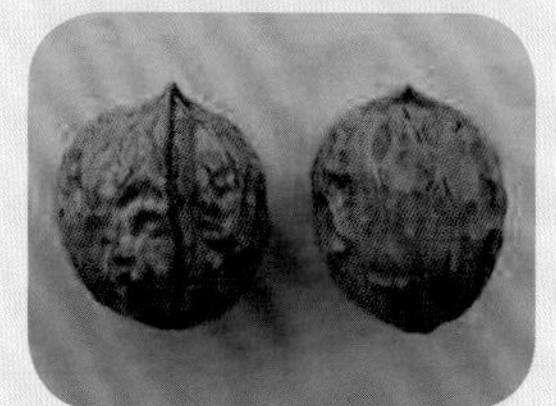

312. 滇鲁 Z239：母树生长于江底乡核桃坪，坚果心形，种壳浅麻；坚果三径均值为 3.46cm，壳厚 0.98mm，隔膜纸质，取仁易；粒重 12.20g，仁重 5.94g，出仁率为 48.65%；种仁瘦，仁色黄，食味香甜无涩，口感细

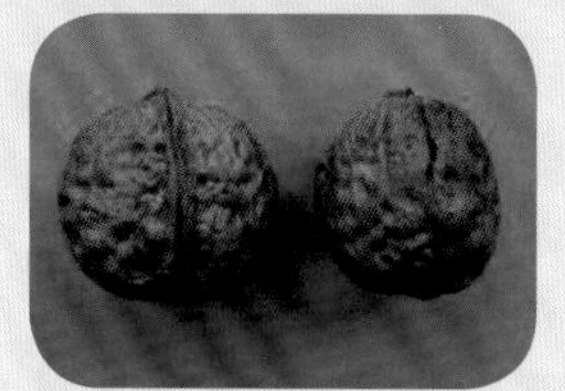

313. 滇鲁 Z240：母树生长于龙头山龙井村，坚果扁圆球形，种壳浅麻；坚果三径均值为 3.45cm，壳厚 0.87mm，隔膜骨质，取仁易；粒重 12.00g，仁重 6.46g，出仁率为 53.39%；种仁瘦，仁色黄，食味香纯无涩，口感细

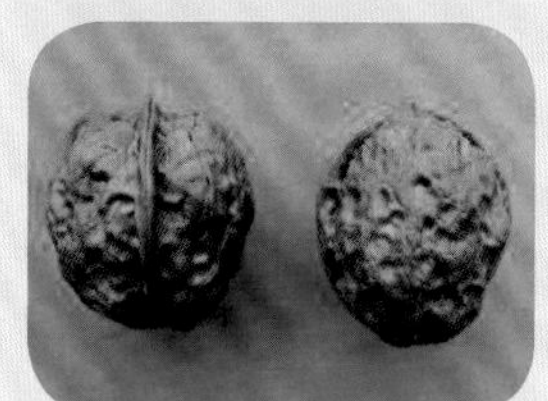

314. 滇鲁 Z241：母树生长于江底乡麻窝荡村，坚果倒卵形，种壳浅麻；坚果三径均值为 3.40cm，壳厚 1.29mm，隔膜纸质，取仁易；粒重 12.40g，仁重 6.7g，出仁率为 54.10%；种仁瘦，仁色黄白，香纯微涩，口感细

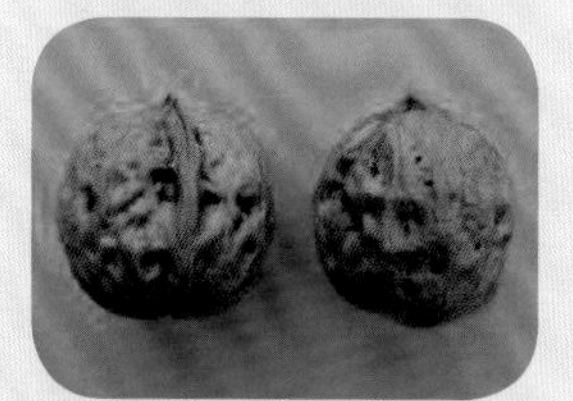

315. 滇鲁 Z242：母树生长于火德红乡南筐村，坚果扁圆球形，种壳浅麻；坚果三径均值为 3.43cm，壳厚 0.78mm，隔膜纸质，取仁极易；粒重 11.90g，仁重 7.59g，出仁率为 64.00%；种仁瘦，仁色黄，食味香纯较涩，口感粗

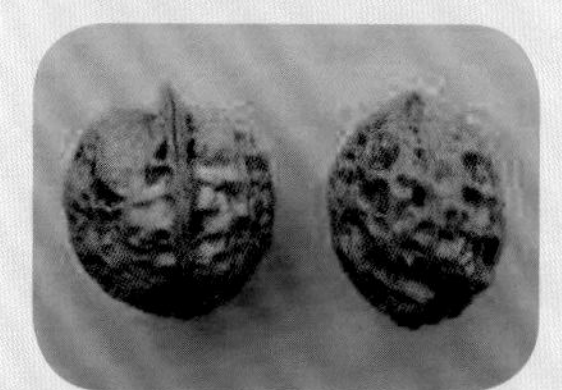

316. 滇鲁 Z243：母树生长于江底乡洗羊塘村，坚果扁圆球形，种壳麻；坚果三径均值为 3.46cm，壳厚 1.12mm，隔膜纸质，取仁易；粒重 12.50g，仁重 7.21g，出仁率为 57.68%；种仁肥，仁色灰白，食味香纯无涩，口感细

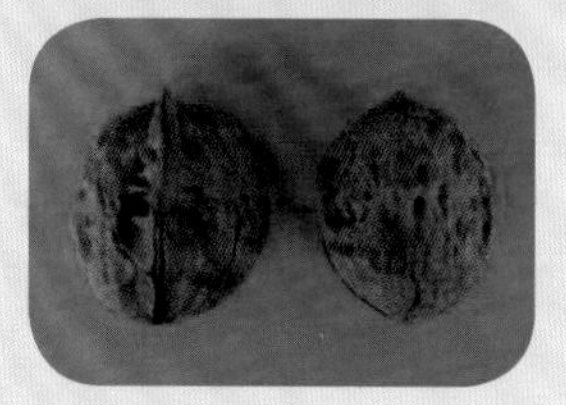

317. 滇鲁 Z244：母树生长于龙头山八宝村，坚果卵形，种壳麻；坚果三径均值为 3.49cm，壳厚 1.41mm，隔膜骨质，取仁较易；粒重 13.30g，仁重 6.1g，出仁率为 45.93%；种仁瘦，仁色白，食味香纯无涩，口感细

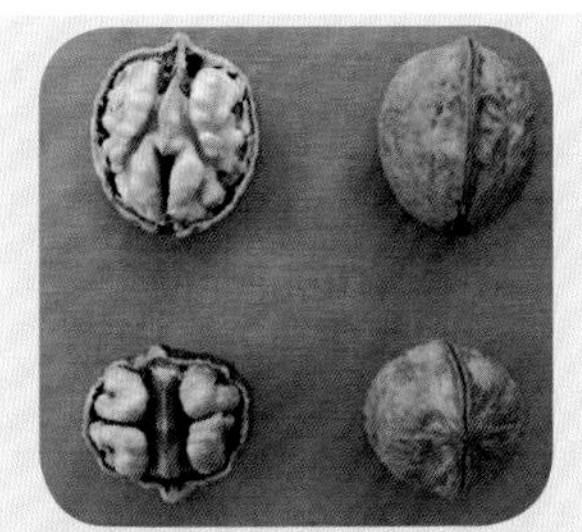

318. 滇鲁 Z245：母树生长于火德红乡南筐村，坚果椭圆球形，种壳浅麻；坚果三径均值为 3.46cm，壳厚 0.96mm，隔膜纸质，取仁易；粒重 12.60g，仁重 7.06g，出仁率为 56.1%；种仁瘦，仁色黄白，食味香纯，口感细

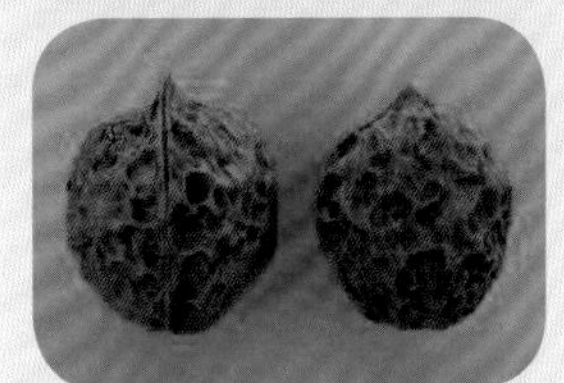

319. 滇鲁 Z246：母树生长于火德红乡李家山村，坚果长扁圆球形，种壳麻；坚果三径均值为 3.48cm，壳厚 1.16mm，隔膜革质，取仁易；粒重 13.30g，仁重 7.42g，出仁率为 55.87%；种仁肥，仁色黄白，食味香纯较涩，口感粗

320. 滇鲁 Z247：母树生长于小寨乡白龙井村，坚果扁圆球形，种壳麻；坚果三径均值为 3.49cm，壳厚 1.31mm，隔膜骨质，取仁易；粒重 14.20g，仁重 6.78g，出仁率为 47.80%；种仁瘦，仁色黄白，食味香甜微涩，口感粗

321. 滇鲁 Z248：母树生长于小寨乡梨园村，坚果长椭圆球形，种壳浅麻；坚果三径均值为 3.45cm，壳厚 1.04mm，隔膜纸质，取仁极易；粒重 11.90g，仁重 5.47g，出仁率为 46.12%；种仁瘦，仁色黄白，食味香甜较涩，口感细

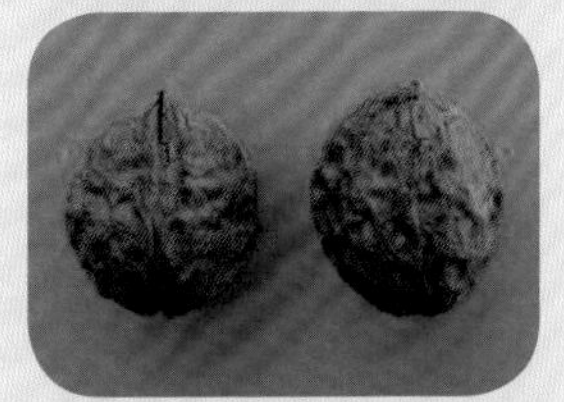

322. 滇鲁 Z249：母树生长于乐红乡对竹村，坚果扁圆球形，种壳麻；坚果三径均值为 3.46cm，壳厚 1.19mm，隔膜纸质，取仁易；粒重 10.70g，仁重 4.1g，出仁率为 38.50%；种仁瘦，仁色黄白，食味香甜无涩，口感细

323. 滇鲁 Z250：母树生长于江底乡核桃坪，坚果梭形，种壳麻；坚果三径均值为 3.42cm，壳厚 0.73mm，隔膜骨质，取仁极易；粒重 10.30g，仁重 6.23g，出仁率为 60.43%；种仁瘦，仁色白，食味香甜微涩，口感细

324. 滇鲁 Z251：母树生长于火德红乡李家山村，坚果扁圆球形，种壳浅麻；坚果三径均值为 3.40cm，壳厚 0.98mm，隔膜纸质，取仁易；粒重 13.50g，仁重 7.47g，出仁率为 55.17%；种仁肥，仁色黄白，食味香甜微涩，口感细

325. 滇鲁 Z252：母树生长于龙头山镇八宝村，坚果扁圆球形，种壳浅麻；坚果三径均值为3.48cm，壳厚1.42mm，隔膜骨质，取仁较易；粒重12.70g，仁重5.82g，出仁率为45.75%；种仁瘦，仁色白，食味香甜无涩，口感细

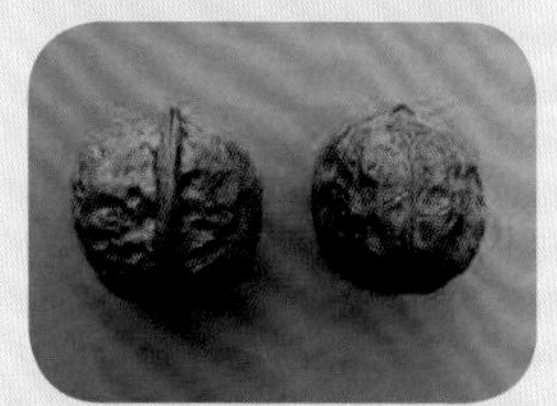

326. 滇鲁 Z253：母树生长于水磨镇营地村，坚果扁圆球形，种壳麻；坚果三径均值为3.49cm，壳厚1.05mm，隔膜骨质，取仁较难；粒重15.40g，仁重7.38g，出仁率为48.05%；种仁肥，仁色黄白，食味香纯无涩，口感细

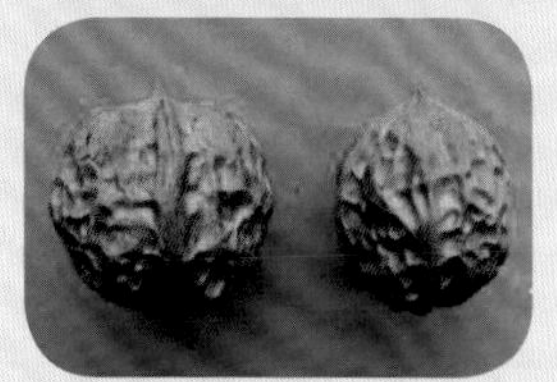

327. 滇鲁 Z254：母树生长于龙头山镇光明村，坚果扁圆球形，种壳麻；坚果三径均值为3.48cm，壳厚0.88mm，隔膜纸质，取仁易；粒重10.70g，仁重6.12g，出仁率为57.04%；种仁瘦，仁色黄，食味香甜无涩，口感细

328. 滇鲁 Z255：母树生长于龙头山镇西瓜地，坚果扁圆球形，种壳浅麻；坚果三径均值为3.44cm，壳厚1.01mm，隔膜革质，取仁肥；粒重12.50g，仁重6.89g，出仁率为55.34%；种仁肥，仁色黄白，食味香甜无涩，口感细

329. 滇鲁 Z256：母树生长于桃源乡桃源村，坚果扁圆球形，种壳麻；坚果三径均值为3.47cm，壳厚0.84mm，隔膜纸质，取仁易；粒重13.00g，仁重7.60g，出仁率为58.37%；种仁肥，仁色浅紫，食味香纯无涩，口感细

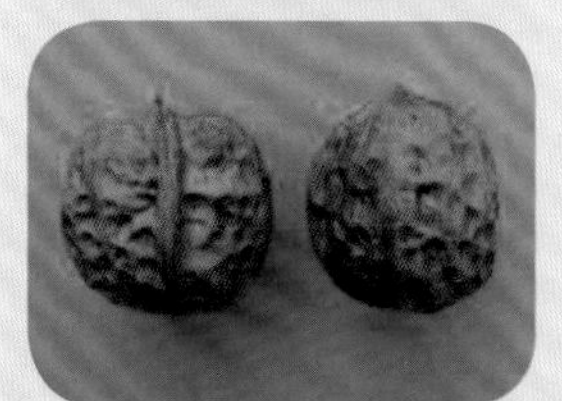

330. 滇鲁 Z257：母树生长于小寨乡小寨村，坚果圆球形，种壳麻；坚果三径均值为3.45cm，壳厚1.18mm，隔膜骨质，取仁易；粒重13.10g，仁重6.05g，出仁率为46.18%；种仁瘦，仁色黄白，食味香甜无涩，口感粗

331. 滇鲁 Z258：母树生长于在水磨镇黑噜村，坚果椭圆球形，种壳浅麻；坚果三径均值为3.48cm，壳厚0.95mm，隔膜骨质，取仁易；粒重12.20g，仁重6.22g，出仁率为50.90%；种仁肥，仁色黄白，食味香纯无涩，口感细

332. 滇鲁 Z259：母树生长于龙头山镇翠屏村，坚果短扁圆球形，种壳浅麻；坚果三径均值为3.42cm，壳厚1.26mm，隔膜革质，取仁较易；粒重15.90g，仁重7.58g，出仁率为47.58%；种仁瘦，仁色黄，食味香甜微涩，口感细

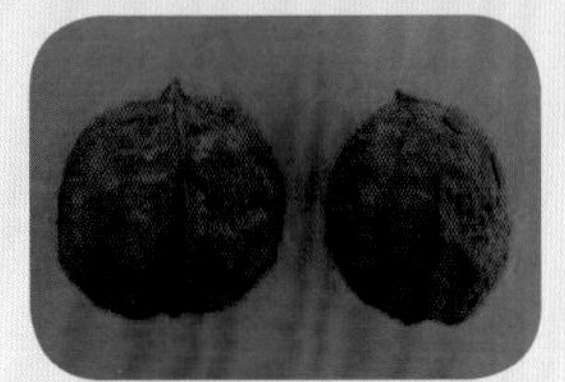

333. 滇鲁 Z260：母树生长于新街乡坪地营村，坚果扁圆球形，种壳浅麻；坚果三径均值为3.43cm，壳厚1.84mm，隔膜骨质，取仁较易；粒重14.60g，仁重5.88g，出仁率为40.27%；种仁瘦，仁色黄，食味香纯微涩，口感细

334. 滇鲁 Z261：母树生长于梭山乡查拉村，坚果圆球形，种壳浅麻；坚果三径均值为3.49cm，壳厚0.94mm，隔膜纸质，取仁易；粒重12.80g，仁重7.63g，出仁率为59.8%；种仁肥，仁色黄，食味香纯微涩，口感细

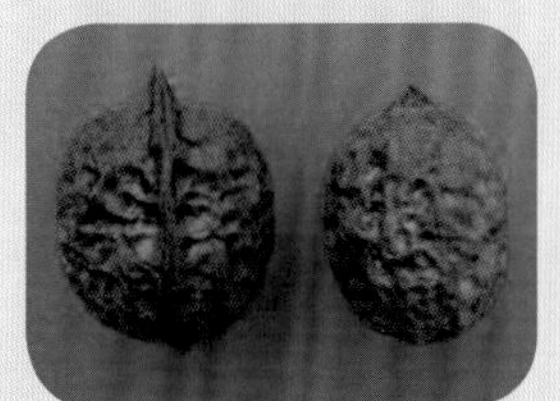

335. 滇鲁 Z262：母树生长于梭山乡查拉村，坚果长扁圆球形，种壳麻；坚果三径均值为3.50cm，壳厚1.06mm，隔膜骨质，取仁较易；粒重14.50g，仁重7.50g，出仁率为51.62%；种仁瘦，仁色黄白，食味香纯无涩，口感细

336. 滇鲁 Z263：母树生长于梭山乡密所村，坚果长扁圆球形，种壳麻；坚果三径均值为3.56cm，壳厚1.12mm，隔膜纸质，取仁易；粒重12.10g，仁重6.5g，出仁率为53.94%；种仁瘦，仁色黄，食味香纯微涩，口感细

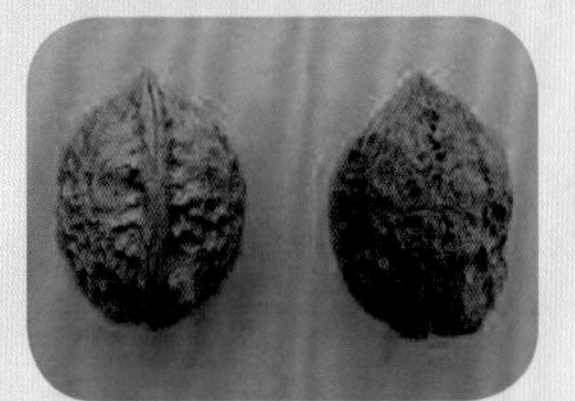

337. 滇鲁 Z264：母树生长于梭山乡查拉村，坚果梭形，种壳麻；坚果三径均值为3.50cm，壳厚0.84mm，隔膜纸质，取仁易；粒重10.60g，仁重5.86g，出仁率为55.49%；种仁瘦，仁色黄白，食味香纯无涩，口感粗

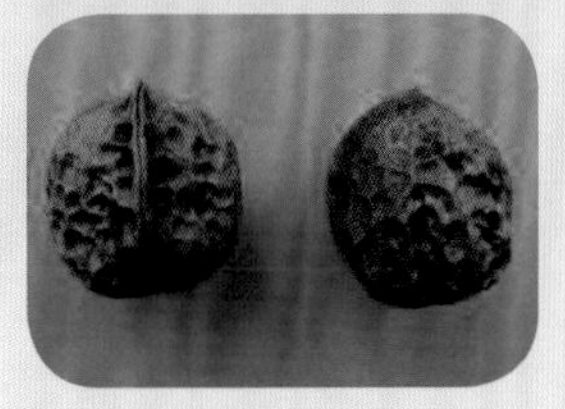

338. 滇鲁 Z281：母树生长于小寨乡郭家村，坚果扁圆球形，种壳浅麻；坚果三径均值为3.03cm，壳厚0.73mm，隔膜革质，取仁易；粒重8.63g，仁重4.89g，出仁率为56.66%；种仁肥，仁色黄白，食味香纯无涩，口感细

339. 滇鲁 Z282：母树生长于梭山乡查拉村，坚果扁圆球形，种壳浅麻；坚果三径均值为 3.10cm，壳厚 1.09mm，隔膜骨质，取仁较易；粒重 11.60g，仁重 6.24g，出仁率为 53.98%；种仁肥，仁色浅紫，食味香甜，口感细

340. 滇鲁 Z283：母树生长于梭山乡查拉村，坚果圆球形，种壳光滑；坚果三径均值为 3.23cm，壳厚 0.86mm，隔膜革质，取仁易；粒重 10.20g，仁重 5.45g，出仁率为 53.54%；种仁肥，仁色深紫，食味香纯无涩，口感细

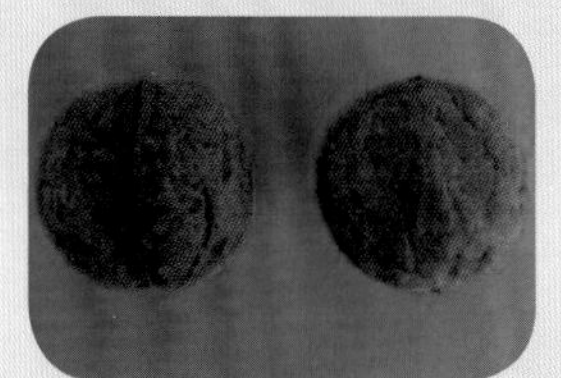

341. 滇鲁 Z284：母树生长于龙头山镇沙坝村，坚果圆球形，种壳浅麻；坚果三径均值这 3.02cm，壳厚 0.92mm，隔膜革质，取仁较易；粒重 8.41g，仁重 3.83g，出仁率为 45.54%；种仁肥，仁色黄白，食味香甜微涩，口感细

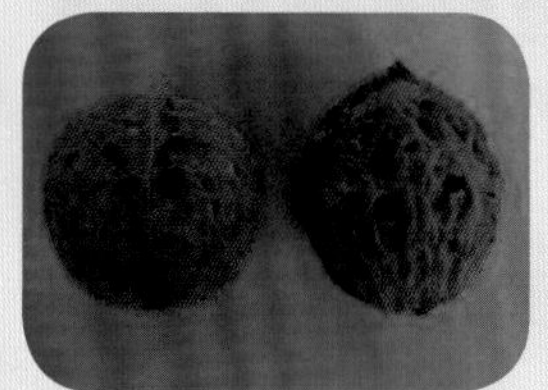

342. 滇鲁 Z285：母树生长于水磨镇嵩屏村，坚果扁圆球形，种壳浅麻；坚果三径均值为 3.00cm，壳厚 0.92mm，隔膜骨质，取仁较难；粒重 9.95g，仁重 3.54g，出仁率为 35.58%；种仁瘦，仁色褐色，食味香纯微涩，口感细

343. 滇鲁 Z286：母树生长于梭山乡查拉村，坚果短扁圆球形，种壳浅麻；坚果三径均值为 3.02cm，壳厚 1.41mm，隔膜纸质，取仁易；粒重 10.40g，仁重 4.76g，出仁率为 45.64%；种仁肥，仁色黄白，食味香纯微涩，口感细

344. 滇鲁 Z287：母树生长于梭山乡查拉村，坚果短扁圆球形，种壳浅麻；坚果三径均值为 3.05cm，壳厚 1.02mm，隔膜革质，取仁极易；粒重 8.53g，仁重 2.70g，出仁率为 31.65%；种仁瘦，仁色黄白，食味香纯微涩，口感细

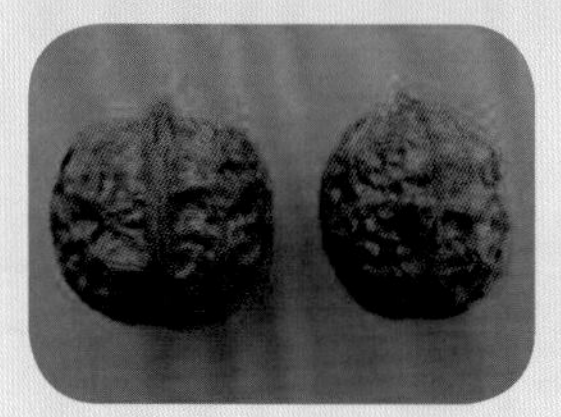

345. 滇鲁 Z288：母树生长于龙头山镇龙井村，坚果扁圆球形，种壳浅麻；坚果三径均值为 3.06cm，壳厚 1.06mm，隔膜纸质，取仁易；粒重 10.60g，仁重 4.80g，出仁率为 45.16%；种仁瘦，仁色深紫，食味香纯微涩，口感细

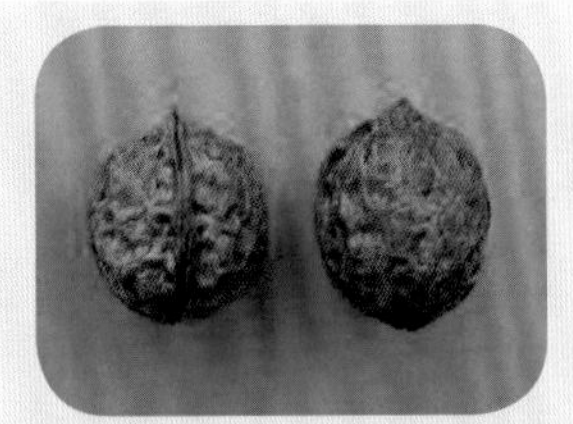

346. 滇鲁 Z289：母树生长于乐红乡官寨村，坚果扁圆球形，种壳浅麻；坚果三径均值为 3.07cm，壳厚 0.65mm，隔膜纸质，取仁易；粒重 9.84g，仁重 5.84g，出仁率为 59.35%；种仁瘦，仁色黄白，食味香纯微涩，口感细

347. 滇鲁 Z290：母树生长于龙头山镇龙井村，坚果长扁圆球形，种壳浅麻；坚果三径均值为 3.09cm，壳厚 0.90mm，隔膜纸质，取仁易；粒重 10.10g，仁重 4.28g，出仁率 42.38%；种仁瘦，仁色黄白，食味香纯微涩，口感细

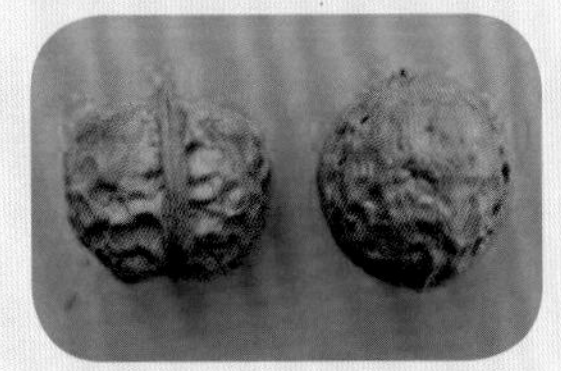

348. 滇鲁 Z291：母树生长于小寨乡梨园村，坚果扁圆球形，种壳浅麻；坚果三径均值 3.10cm，壳厚 0.67mm，隔膜纸质，取仁易；粒重 8.56g，仁重 4.80g，出仁率为 56.07%；种仁瘦，仁色浅紫，食味香纯微涩，口感粗

349. 滇鲁 Z292：母树生长于龙头山镇龙井村，坚果扁圆球形，种壳浅麻；坚果三径均值为 3.02cm，壳厚 1.41mm，隔膜纸质，取仁易；粒重 10.40g，仁重 5.45g，出仁率为 52.35%；种仁肥，仁色黄白，食味香纯微涩，口感粗

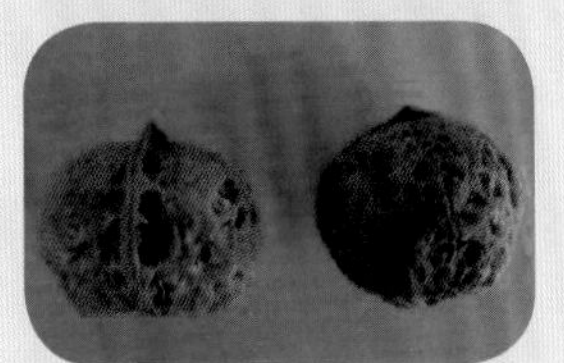

350. 滇鲁 Z293：母树生长于龙头山镇沿河村，坚果短扁圆球形，种壳浅麻；坚果三径均值为 3.11cm，壳厚 0.81mm，隔膜骨质，取仁易；粒重 9.53g，仁重 4.80g，出仁率为 50.37%；种仁瘦，仁色黄白，食味香甜无涩，口感细

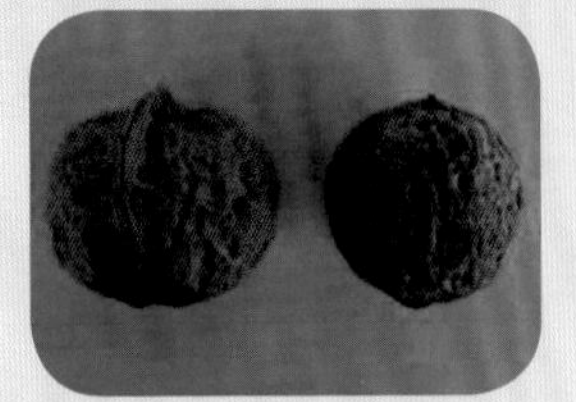

351. 滇鲁 Z294：母树生长于龙头山镇新民村，坚果短扁圆球形，种壳浅麻；坚果三径均值为 3.13cm，壳厚 1.39mm，隔膜骨质，取仁较易；粒重 12.20g，仁重 6.11g，出仁率为 50.21%；种仁肥，仁色紫红，食味香纯微涩，口感细

352. 滇鲁 Z295：母树生长于小寨乡梨园村，坚果短扁圆球形，种壳麻；坚果三径均值为 3.14cm，壳厚 0.80mm，隔膜纸质，取仁易；粒重 8.74g，仁重 4.07g，出仁率为 46.57%；种仁肥，仁色黄，食味香甜无涩，口感细

353. 滇鲁 Z296：母树生长于乐红乡利外村，坚果圆球形，种壳浅麻；坚果三径均值为 3.18cm，壳厚 0.93mm，隔膜骨质，取仁易；粒重 9.83g，仁重 3.65g，出仁率为 37.13%；种仁肥，仁色浅褐色，食味香纯微涩，口感细

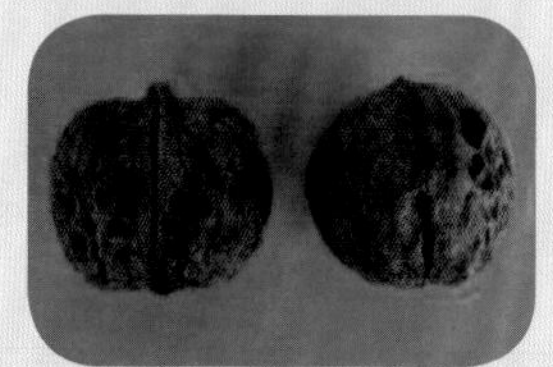

354. 滇鲁 Z297：母树生长于乐红乡对竹村，坚果圆球形，种壳浅麻；坚果三径均值为 3.15cm，壳厚 1.63mm，隔膜纸质，取仁易；粒重 11.20g，仁重 4.97g，出仁率为 44.30%；种仁瘦，仁色灰白，食味香甜无涩，口感细

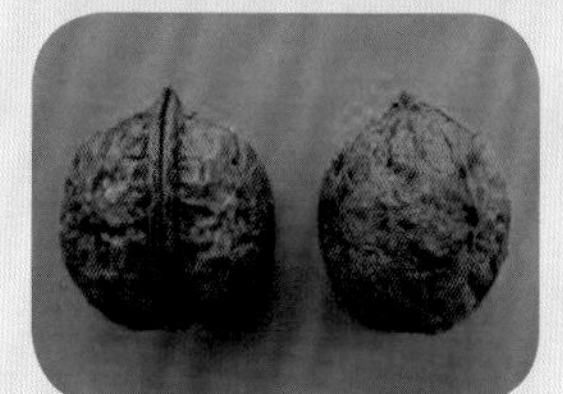

355. 滇鲁 Z298：母树生长于龙头山镇新民村，坚果扁圆球形，种壳浅麻；坚果三径均值为 3.17cm，壳厚 0.89mm，隔膜革质，取仁易；粒重 12.10g，仁重 6.06g，出仁率为 49.96%；种仁肥，仁色黄白，食味香纯微涩，口感细

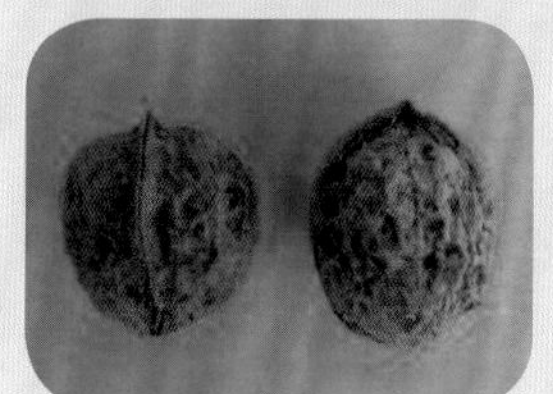

356. 滇鲁 Z299：母树生长于龙头山镇沙坝村，坚果倒卵形，种壳浅麻；坚果三径均值为 3.15cm，壳厚 1.16mm，隔膜骨质，取仁易；粒重 9.76g，仁重 4.43g，出仁率为 45.39%；种仁瘦，仁色黄白，食味香甜无涩，口感细

357. 滇鲁 Z300：母树生长于乐红乡红布村，坚果扁圆球形，种壳浅麻；坚果三径均值为 3.16cm，壳厚 1.36mm，隔膜骨质，取仁较易；粒重 13.00g，仁重 5.54g，出仁率为 42.65%；种仁瘦，仁色黄白，食味香纯无涩，口感粗

358. 滇鲁 Z301：母树生长于小寨乡梨园村，坚果扁圆球形，种壳浅麻；坚果三径均值为 3.18cm，壳厚 0.77mm，隔膜纸质，取仁易；粒重 11.30g，仁重 6.14g，出仁率为 54.24%；种仁瘦，仁色黄白，食味香甜无涩，口感细

359. 滇鲁 Z302：母树生长于江底乡仙人洞村，坚果扁圆球形，种壳光滑；坚果三径均值为 3.28cm，壳厚 0.76mm，隔膜革质，取仁极易；粒重 8.44g，仁重 4.42g，出仁率为 52.37%；种仁瘦，仁色黄白，食味香纯无涩，口感细

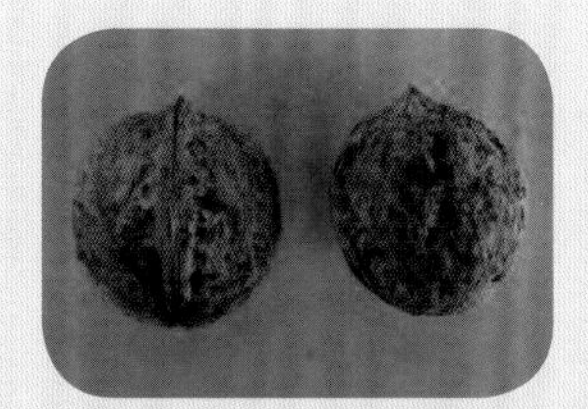	360. 滇鲁 Z303：母树生长于火德红乡银厂村，坚果扁圆球形，种壳浅麻；坚果三径均值为 3.20cm，壳厚 0.92mm，隔膜骨质，取仁较易；粒重 12.90g，仁重 4.92g，出仁率为 38.69%；种仁肥，仁色黄，食味香纯无涩，口感细
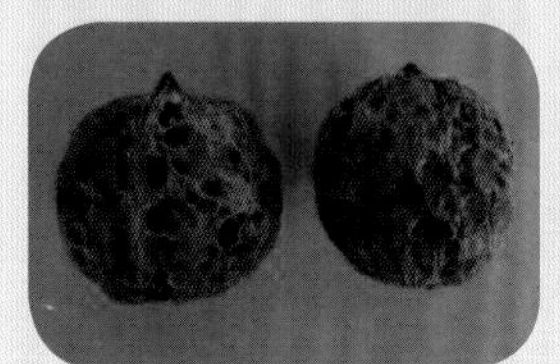	361. 滇鲁 Z304：母树生长于龙头山沿河村，坚果短扁圆球形，种壳深麻；坚果三径均值为 3.22cm，壳厚 1.19mm，隔膜革质，取仁极易；粒重 12.40g，仁重 5.52g，出仁率为 44.37%；种仁肥，仁色黄白，食味香纯无涩，口感细
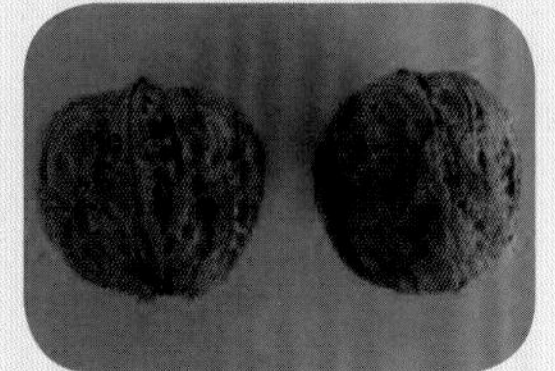	362. 滇鲁 Z305：母树生长于小寨乡梨园村，坚果短扁圆球形，种壳浅麻；坚果三径均值为 3.23cm，壳厚 1.74mm，隔膜骨质，取仁较易；粒重 11.80g，仁重 4.77g，出仁率为 40.39%；种仁肥，仁色浅紫，食味香纯微涩，口感细
	363. 滇鲁 Z306：母树生长于小寨乡大坪村，坚果扁圆球形，种壳浅麻；坚果三径均值为 3.20cm，壳厚 0.63mm，隔膜纸质，取仁易；粒重 8.92g，仁重 5.04g，出仁率为 56.5%；种仁瘦，仁色黄，食味香纯微涩，口感细
	364. 滇鲁 Z307：母树生长于龙头山镇龙井村，坚果扁圆球形，种壳麻；坚果三径均值为 3.24cm，壳厚 1.12mm，隔膜革质，取仁较易；粒重 12.90g，仁重 6.42g，出仁率为 49.84%；种仁肥，仁色灰白，食味香纯无涩，口感粗
	365. 滇鲁 Z308：母树生长于乐红乡红布村，坚果短扁圆球形，种壳浅麻；坚果三径均值为 3.26cm，壳厚 1.37mm，隔膜骨质，取仁易；粒重 11.20g，仁重 4.46g，出仁率 39.89%；种仁瘦，仁色深紫，食味香甜微涩，口感粗
	366. 滇鲁 Z309：母树生长于龙头山镇龙井村，坚果椭圆球形，种壳浅麻；坚果三径均值 3.26cm，壳厚 1.11mm，隔膜骨质，取仁较易；粒重 12.20g，仁重 5.7g，出仁率为 46.76%；种仁瘦，仁色黄白，食味香纯无涩，口感细

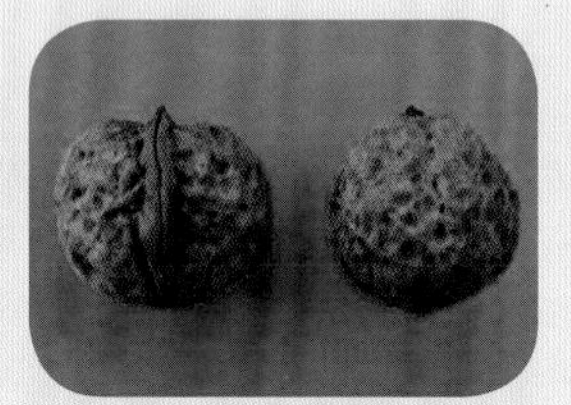

367. 滇鲁 Z310：母树生长于龙头山镇龙井村，坚果扁圆球形，种壳浅麻；坚果三径均值为 3.28cm，壳厚 1.04mm，隔膜革质，取仁易；粒重 12.70g，仁重 5.77g，出仁率为 45.29%；种仁瘦，仁色黄白，食味香纯无涩，口感细

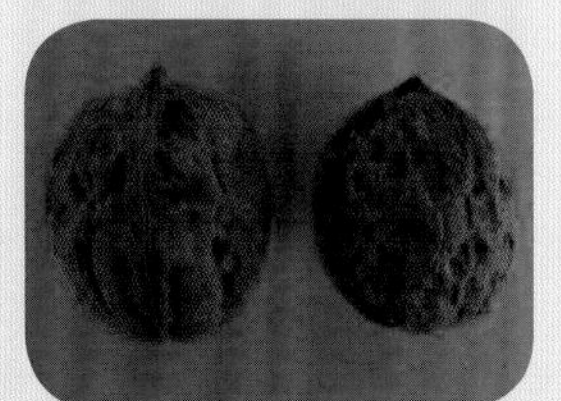

368. 滇鲁 Z311：母树生长于龙头山镇龙井村，坚果椭圆球形，种壳浅麻；坚果三径均值为 3.27cm，壳厚 0.93mm，隔膜纸质，取仁易；粒重 12.30g，仁重 6.20g，出仁率为 50.28%；种仁肥，仁色黄白，食味香纯无涩，口感粗

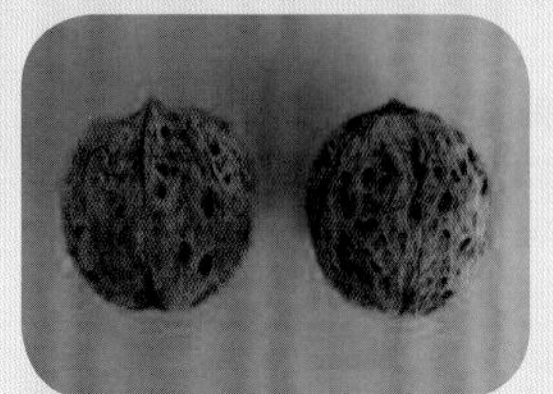

369. 滇鲁 Z312：母树生长于龙头山镇沙坝村，坚果扁圆球形，种壳浅麻；坚果三径均值为 3.24cm，壳厚 1.0mm，隔膜纸质，取仁易；粒重 10.90g，仁重 5.52g，出仁率为 50.74%；种仁肥，仁色黄白，食味香纯无涩，口感细

370. 滇鲁 Z313：母树生长于龙头山镇新民村，坚果椭圆球形，种壳浅麻；坚果三径均值为 3.29cm，壳厚 1.42mm，隔膜骨质，取仁较难；粒重 13.70g，出仁率低；种仁瘦，仁色浅紫，食味较涩，口感细

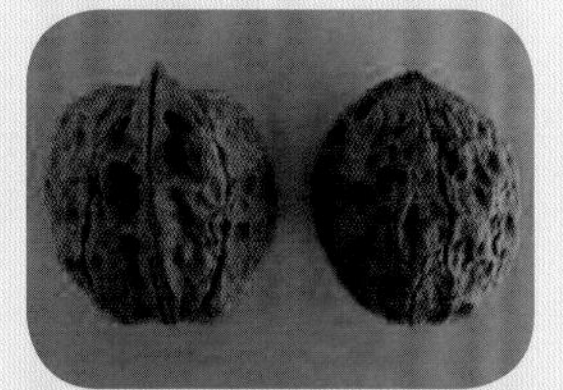

371. 滇鲁 Z314：母树生长于小寨乡大坪村，坚果扁圆球形，种壳麻；坚果三径均值为 3.23cm，壳厚 0.96mm，隔膜纸质，取仁易；粒重 11.60g，仁重 5.77g，出仁率为 49.96%；种仁肥，仁色黄白，食味香纯微涩，口感细

372. 滇鲁 Z315：母树生长于龙头山镇龙井村甘水井社，坚果扁圆球形，种壳麻；坚果三径均值为 3.31cm，壳厚 0.97mm，隔膜纸质，易取仁；粒重 13.26g，仁重 7.16g，出仁率为 54.00%；种仁瘦，仁色黄白，食味香纯无涩，口感细

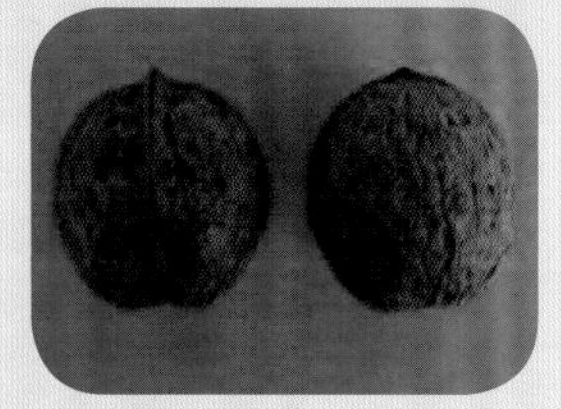

373. 滇径鲁 Z316：母树生长于新增龙头山镇沙坝村，坚果扁圆球形，种壳浅麻；坚果三径均值为 3.32cm，壳厚 0.84mm，隔膜纸质，易取仁；粒重 9.63g，仁重 4.7g，出仁率 48.81%；种仁瘦，仁色黄，食味香甜无涩，口感细

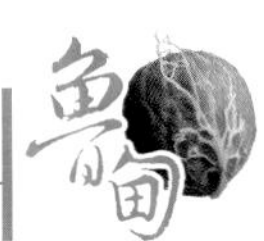

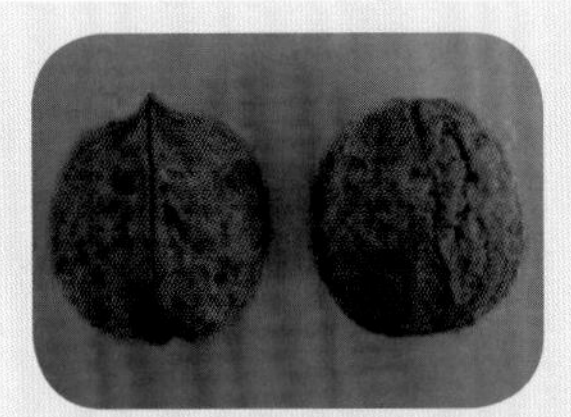

374. 滇鲁 Z317：母树生长于龙头山沙坝村，坚果扁圆球形，种壳浅麻；坚果三径均值 3.32cm，壳厚 0.96mm，隔膜纸质，易取仁；粒重 10.80g，仁重 4.22g，出仁率 39.07%；种仁肥，仁色黄白，食味香纯无涩，口感细

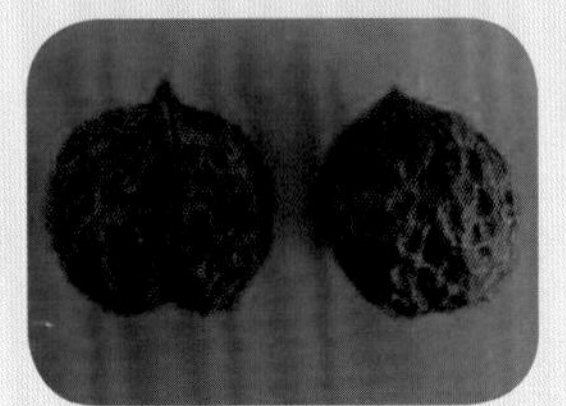

375. 滇鲁 Z318：母树生长于乐红师初上龙井，坚果短扁圆球形，种壳麻；坚果三径均值为 3.38cm，壳厚 1.08mm，隔膜革质，易取仁；粒重 13.94g，仁重 7.66g，出仁率为 54.95%；种仁肥，仁色黄白，食味香纯微涩，口感粗

376. 滇鲁 Z319：母树生长于梭山查拉李家梁子社，坚果长扁圆球形，种壳浅麻；坚果三径均值为 3.33cm，壳厚 0.91mm，隔膜纸质，易取仁；粒重 11.24g，仁重 5.87g，出仁率为 52.22%；种仁肥，仁色黄，食味微涩，口感细

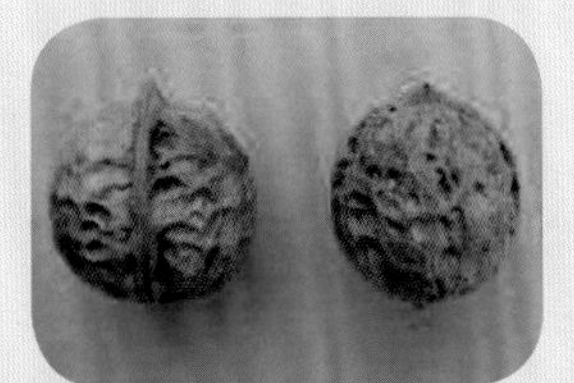

377. 滇鲁 Z320：母树生长于梭山乡查拉村，坚果圆球形，种壳浅麻；坚果三＋均值 3.30cm，壳厚 1.12mm，隔膜骨质，较难取仁；粒重 13.33g，仁重 5.82g，出仁率 43.66%；种仁瘦，仁色黄白，食味香纯微涩，口感细

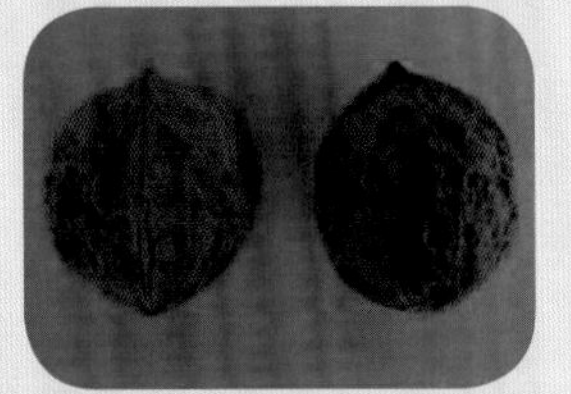

378. 滇鲁 Z321：母树生长于小寨乡梨园村，坚果心形，种壳浅麻；坚果三径均值为 3.34cm，壳厚 0.99mm，隔膜革质，易取仁；粒重 11.27g，仁重 5.23g，出仁率为 46.41%；种仁肥，仁色灰白，食味香纯微涩，口感细

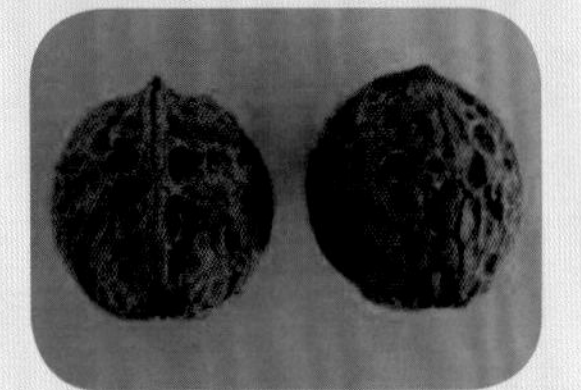

379. 滇鲁 Z322：母树生长于乐红乡乐红村，坚果长扁圆球形，种壳麻；坚果三径均值为 3.30cm，壳厚 1.21mm，隔膜纸质，较易取仁；粒重 12.24g，仁重 5.14g，出仁率为 41.99%；种仁瘦，仁色褐色，食味香纯无涩，口感细

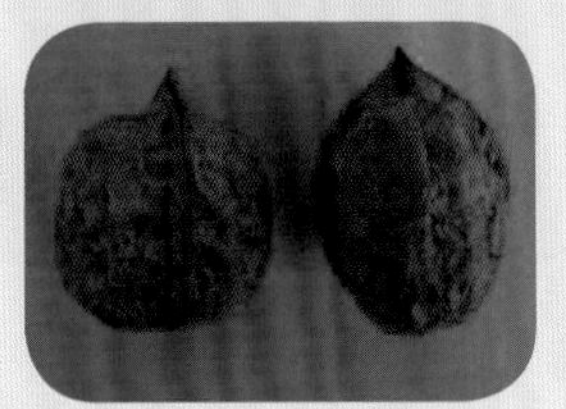

380. 滇鲁 Z323：母树生长于梭山乡查拉村，坚果扁圆球形，种壳浅麻；坚果三径均值为 3.37cm，壳厚 0.79mm，隔膜骨质，较易取仁；粒重 12.80g，仁重 5.7g，出仁率为 44.53%；种仁瘦，仁色黄白，食味香甜微涩，口感细

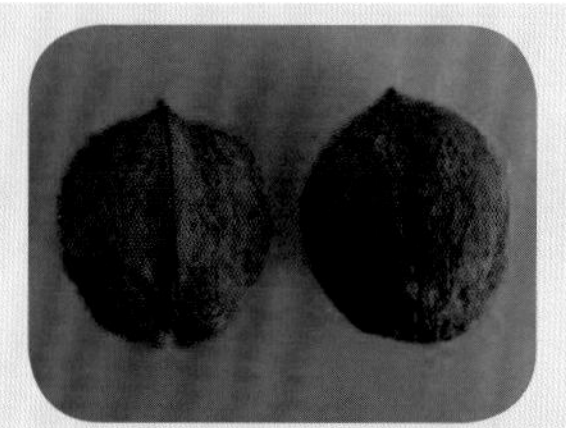

381. 滇鲁 Z324：母树生长于龙头山镇龙井村，坚果扁圆球形，种壳光滑；坚果三径均值为 3.38cm，壳厚 1.07mm，隔膜革质，极易取仁；粒重 13.69g，仁重 6.99g，出仁率为 51.06%；种仁肥，仁色黄白，食味香纯无涩，口感细

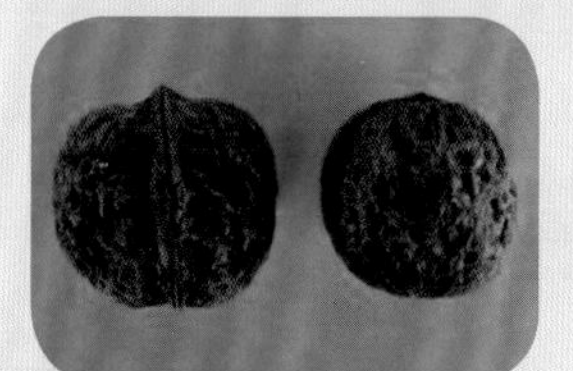

382. 滇鲁 Z325：母树生长于小寨乡梨园村，坚果短扁圆球形，种壳麻；坚果三径均为 3.30cm，壳厚 1.06mm，隔膜骨质，较易取仁；粒重 12.92g，仁重 6.30g，出仁率为 48.76%；种仁瘦，仁色浅紫，食味香纯微涩，口感粗

383. 滇鲁 Z326：母树生长于乐红乡师初村，坚果短扁圆球形，种壳浅麻；坚果三径均值为 3.39cm，壳厚 1.77mm，隔膜革质，较易取仁；粒重 15.98g，仁重 7.36g，出仁率为 46.06%；种仁肥，仁色黄白，食味香纯无涩，口感细腻

384. 滇鲁 Z327：母树生长于水磨镇嵩屏村，坚果扁圆球形，种壳麻；坚果三径均值为 3.40cm，壳厚 1.08mm，隔膜骨质，易取仁；粒重 12.92g，仁重 5.58g，出仁率为 43.19%；种仁瘦，仁色灰白，食味香甜无涩，口感细

385. 滇鲁 Z328：母树生长于小寨乡梨园村，白泡，坚果扁圆球形，种壳麻；坚果三径均值为 3.41cm，壳厚 1.21mm，隔膜纸质，易取仁；粒重 12.44g，仁重 5.74g，出仁率为 46.14%；种仁肥，仁色黄，食味香纯微涩，口感细

386. 滇鲁 Z329：母树生长于龙头山镇龙井村，坚果扁圆球形，种壳麻；坚果三径均值为 3.42cm，壳厚 0.94mm，隔膜纸质，易取仁；粒重 12.36g，仁重 5.34g，出仁率为 43.20%；种仁瘦，仁色深紫，食味香甜无涩，口感粗

387. 滇鲁 Z330：母树生长于文屏镇安阁村，坚果长扁圆球形，种壳麻；坚果三径均值为 3.43cm，壳厚 0.84mm，隔膜革质，易取仁；粒重 11.84g，仁重 6.80g，出仁率为 57.43%；种仁瘦，仁色黄，食味香纯无涩，口感细

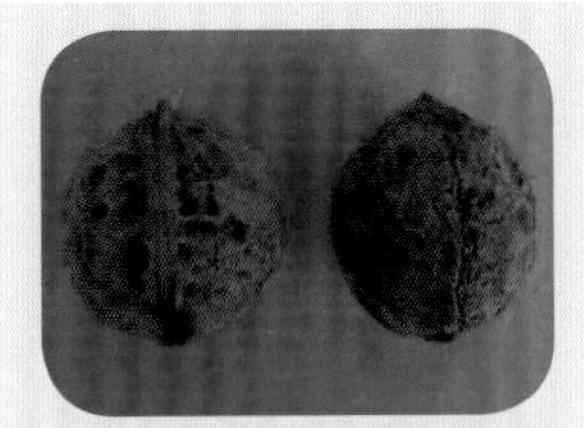

388. 滇鲁 Z331：母树生长于茨院乡下街，坚果梭形，种壳浅麻；坚果径三径均值为 3.43cm，壳厚 0.83mm，隔膜革质，易取仁；粒重 10.92g，仁重 5.82g，出仁率为 53.30%；种仁瘦，仁色黄白，食味香纯微涩，口感细

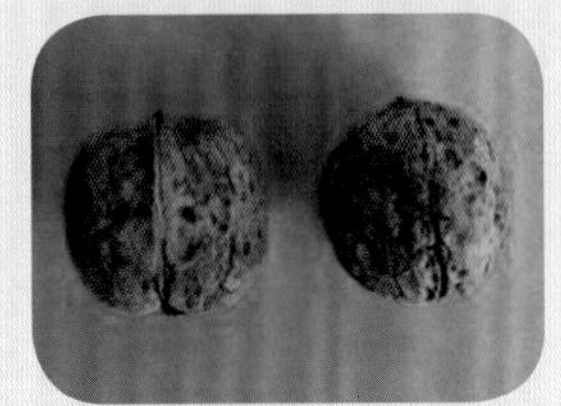

389. 滇鲁 Z332：母树生长于龙头山镇新民村，坚果短扁圆球形，种壳浅麻；坚果三径均值为 3.53cm，壳厚 1.21mm，隔膜革质，易取仁；粒重 13.89g，仁重 5.89g，出仁率为 42.40%；种仁肥，仁色浅紫，食味香纯无涩，口感细

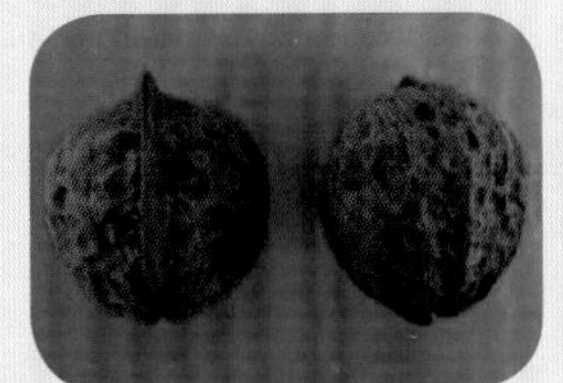

390. 滇鲁 Z333：母树生长于龙头山镇龙井村，坚果长扁圆球形，种壳麻；坚果三径均值为 3.54cm，壳厚 0.78mm，隔膜骨质，易取仁；粒重 12.69g，仁重 6.22g，出仁率为 49.01%；种仁瘦，仁色深紫，食味香纯苦涩，口感细

391. 滇鲁 Z334：母树生长于梭山乡查拉村，坚果扁圆球形，种壳麻；坚果三径均值为 3.40cm，壳厚 1.4mm，隔膜革质，易取仁；粒重 14.39g，仁重 6.54g，出仁率为 45.45%；种仁瘦，仁色捂着，食味香纯微涩，口感细

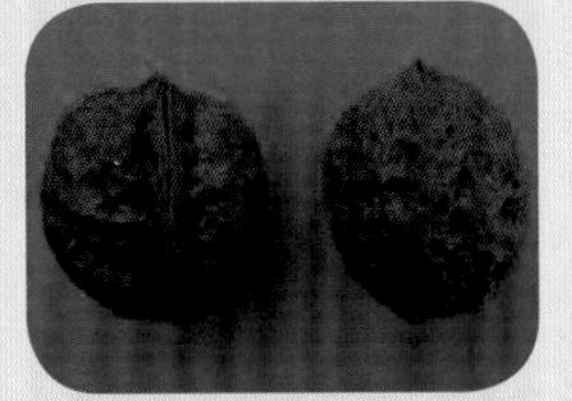

392. 滇鲁 Z335：母树生长于小寨乡大坪村卯家村，坚果长扁圆球形，种壳麻；坚果三径均值为 3.45cm，壳厚 1.40mm，隔膜纸质，易取仁；粒重 12.02g，仁重 5.13g，出仁率为 42.68%；种仁肥，仁色浅紫，食味香纯无涩，口感细

393. 滇鲁 Z336：母树生长于昭阳区顺山村，坚果短扁圆球形，种壳浅麻；坚果三径均值为 3.46cm，壳厚 0.86mm，隔膜纸质，易取仁；粒重 11.91g，仁重 6.16g，出仁率为 51.72%；种仁瘦，仁色紫色，食味苦，口感细

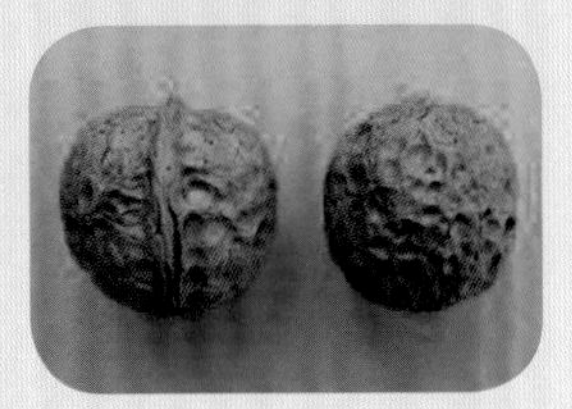

394. 滇鲁 Z337：母树生长于乐红乡沙子田社，坚果圆球形，种壳麻；坚果三径均值为 3.47cm，壳厚 1.18mm，隔膜革质，易取仁；粒重 15.99g，仁重 7.94g，出仁率为 49.66%；种仁瘦，仁色黄白，食味香纯较涩，口感细

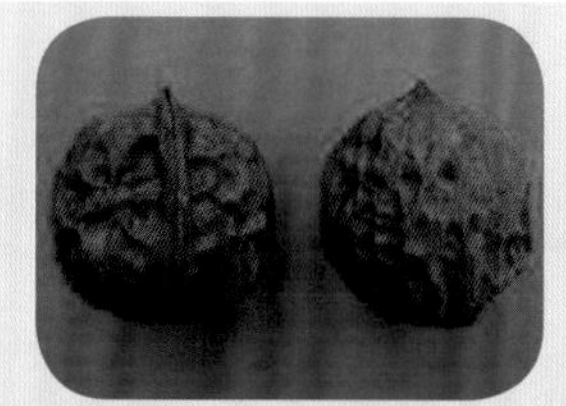

395. 滇鲁 Z338：母树生长于龙头山镇新民村，坚果扁圆球形，种壳浅麻；坚果三径均值为3.37cm，壳厚1.14mm，隔膜骨质，易取仁；粒重13.84g，仁重5.75g，出仁率为41.55%；种仁瘦，仁色黄白，食味香甜无涩，口感细

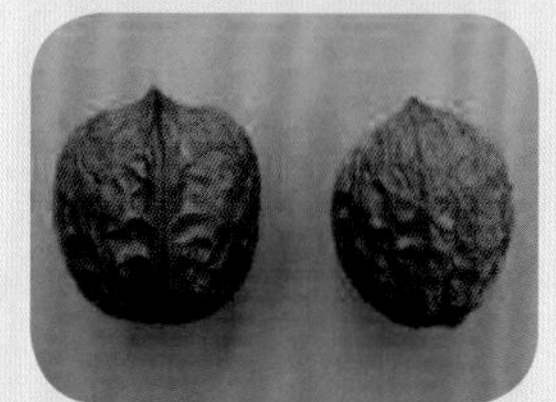

396. 滇鲁 Z339：母树生长于乐红乡新林村，坚果长扁圆球形，种壳浅麻；坚果三径均值为3.48cm，壳厚1.50mm，隔膜骨质，较难取仁；粒重15.64g，仁重6.30g，出仁率为40.28%；种仁肥，仁色黄白，食味香甜无涩，口感细

397. 滇鲁 Z340：母树生长于梭山乡查拉村，坚果椭圆球形，种壳浅麻；坚果三径均值为3.49cm，壳厚1.04mm，隔膜革质，易取仁；粒重11.82g，仁重5.60g，出仁率为47.38%；种仁瘦，仁色黄白，食味香甜无涩，口感细

398. 滇鲁 X012：母树生长于火德红乡李家山村，坚果圆球形，种壳浅麻；坚果三径均值为2.69cm，壳厚0.95mm，隔膜革质，取仁易；粒重6.80g，仁重3.10g，出仁率为45.00%；种仁肥，黄白饱满，食味香纯无涩，口感细

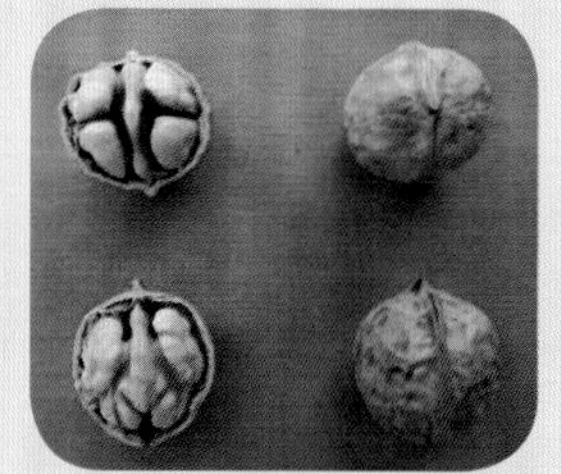

399. 滇鲁 X013：母树生长于火德红乡银厂村，坚果梭形，种壳浅麻；坚果三径均值为2.84cm，壳厚0.87mm，隔膜纸质，取仁极易；粒重7.56g，仁重4.16g，出仁率为55.03%；种仁肥，黄白饱满，食味香纯无涩，口感细

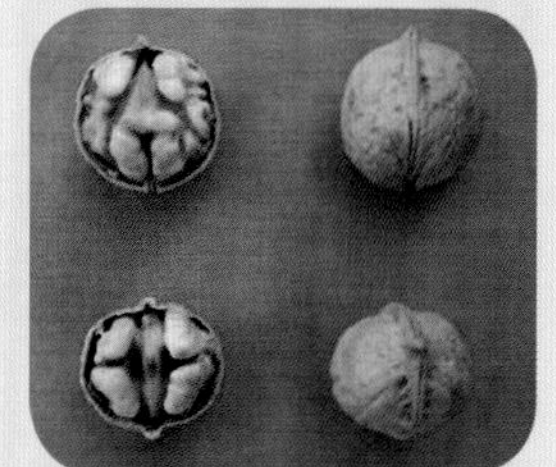

400. 滇鲁 X014：母树生长于火德红乡银厂村，坚果椭圆形，种壳浅麻；坚果三径均值为2.89cm，壳厚0.67mm，隔膜纸质，取仁极易；粒重7.84g，仁重5.20g，出仁率为66.33%；种仁肥，黄白饱满，食味香纯无涩，口感细

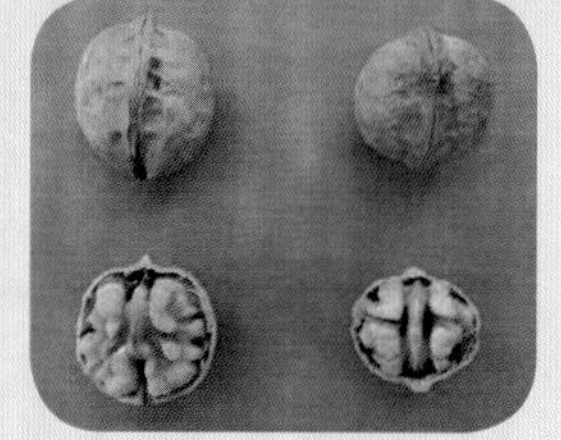

401. 滇鲁 X015：母树生长于火德红乡银厂村，坚果圆球形，种壳浅麻；坚果三径均值为2.85cm，壳厚0.70mm，隔膜骨质，取仁极易；粒重7.70g，仁重4.62g，出仁率为60.00%；种仁肥，黄白饱满，食味香纯无涩，口感细

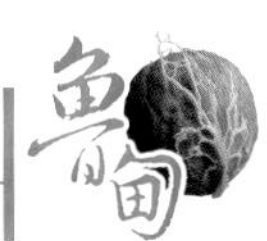

402. 滇鲁 X016：母树生长于江底乡水塘村，坚果圆球形，种壳浅麻；坚果三径均值为 2.99cm，壳厚 0.87mm，隔膜骨质，取仁易；粒重 8.93g，仁重 5.32g，出仁率为 59.6%；种仁肥，黄色饱满，食味香甜无涩，口感细

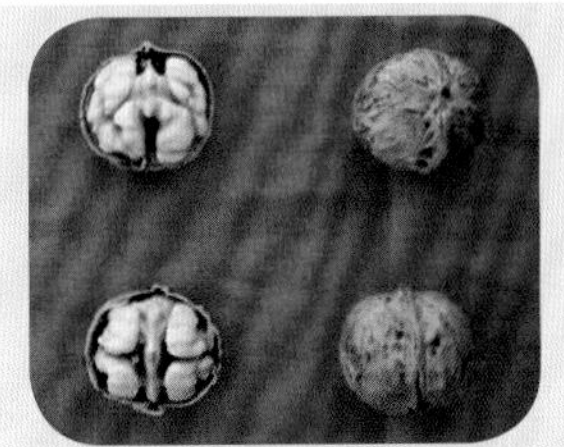

403. 滇鲁 X017：母树生长于江底乡核桃坪，坚果圆球形，种壳浅麻；坚果三径均值为 2.88cm，壳厚 0.45mm，隔膜纸质，取仁极易；粒重 7.75g，仁重 5.29g，出仁率为 68.26%；种仁肥，黄白色饱满，食味香纯无涩，口感细

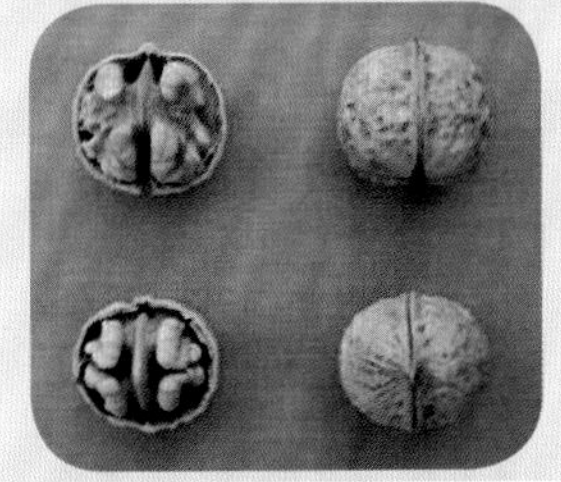

404. 滇鲁 X019：母树生长于龙头山镇乡八宝村，坚果扁圆球形，种壳浅麻；坚果三径均值为 2.83cm，壳厚 0.70mm，隔膜纸质，取仁极易；粒重 6.96g，仁重 4.16g，出仁率为 59.77%；种仁瘦，黄白色饱满，食味香纯无涩，口感细

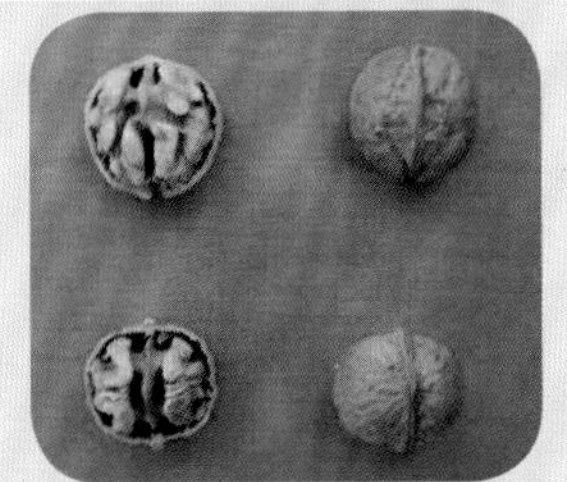

405. 滇鲁 X022：母树生长于龙头山镇龙井村，坚果倒卵形，种壳浅麻；坚果三径均值为 2.75cm，壳厚 0.71mm，隔膜骨质，取仁易；粒重 7.15g，仁重 3.73g，出仁率为 52.17%；种仁肥，黄白色饱满，食味香纯微涩，口感细

406. 滇鲁 X023：母树生长于龙头山镇沿河村，坚果心形，种壳浅麻；坚果三径均值为 2.95cm，壳厚 1.01mm，隔膜革质，取仁易；粒重 9.58g，仁重 4.96g，出仁率为 51.77%；种仁瘦，黄白色饱满，食味香纯无涩，口感细腻

407. 滇鲁 X026：母树生长于水磨镇营地村，坚果椭圆球形，种壳麻；坚果三径均值为 2.91cm，壳厚 1.39mm，隔膜纸质，取仁易；粒重 13.00g，仁重 6.70g，出仁率为 51.53%；种仁肥，黄白色饱满，食味香纯微涩，口感细

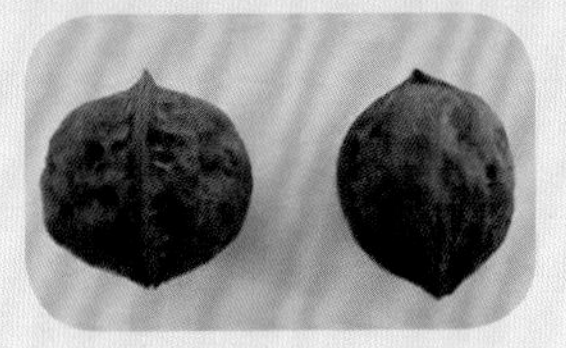

408. 滇鲁 X027：母树生长于龙树乡，坚果梭形，种壳浅麻；坚果三径均值为 2.44cm，壳厚 0.97mm，隔膜骨质，取仁较难，粒重 5.58g，仁重 2.56g，出仁率为 45.88%；种仁瘦，黄白色饱满，食味香纯微涩，口感细

409. 滇鲁 X028：母树生长于梭山黑寨村，坚果椭圆球形，种壳浅麻；坚果三径均值为2.49cm，壳厚0.52mm，隔膜纸质，取仁极易；粒重3.48g，仁重2.10g，出仁率为60.34%；种仁瘦，白色饱满，食味香纯无涩，口感细

410. 滇鲁 X029：母树生长于龙头山镇龙井村，坚果短扁圆球形，种壳浅麻；坚果三径均值为2.58cm，壳厚0.49mm，隔膜革质，取仁极易；粒重5.01g，仁重3.38g，出仁率为67.47%；种仁瘦，黄色饱满，食味香纯无涩，口感细

411. 滇鲁 X030：母树生长于梭山镇羊槽村，坚果圆球形，种壳光滑；坚果三径均值为2.61cm，壳厚0.81mm，隔膜骨质，取仁较易；粒重6.79g，仁重3.00g，出仁率为44.18%；种仁瘦，黄白色饱满，食味香纯无涩，口感细

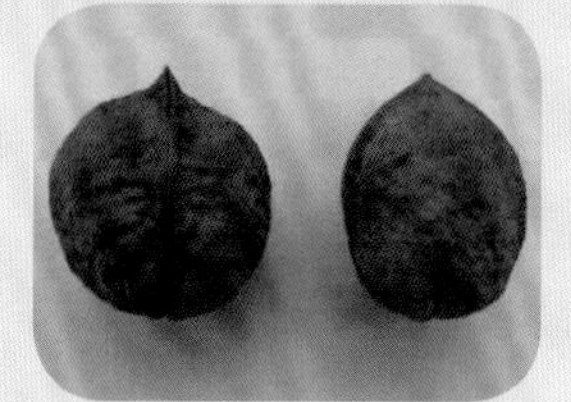

412. 滇鲁 X031：母树生长于梭山乡梭山村，坚果短扁圆球形，种壳浅麻；坚果三径均值为0.92cm，壳厚0.92mm，隔膜纸质，取仁易；粒重7.32g，仁重3.98g，出仁率为54.37%；种仁肥，黄白色饱满，食味香纯微涩，口感粗

413. 滇鲁 X032：母树生长于龙头山镇光明村，坚果圆球形，种壳浅麻；坚果三径均值为2.68cm，壳厚0.63mm，隔膜纸质，取仁极易；粒重6.03g，仁重3.81g，出仁率为63.2%；种仁肥，黄白色饱满，食味香纯无涩，口感细

414. 滇鲁 X033：母树生长于火德红乡镇银厂村，坚果扁圆球形，种壳光滑；坚果三径均值为2.63cm，壳厚0.69mm，隔膜纸质，取仁易；粒重4.58g，仁重1.92g，出仁率为41.92%；种仁肥，仁色白色饱满，食味香纯无涩，口感细

415. 滇鲁 X034：母树生长于梭山乡查拉村，坚果短扁圆球形，种壳浅麻；坚果三径均值为2.75cm，壳厚0.64mm，隔膜革质，取仁易；粒重6.71g，仁重4.03g，出仁率为60.06%；种仁瘦，黄白色饱满，食味香甜无涩，口感细

416. 滇鲁 X035：母树生长于梭山乡查拉村，坚果扁圆球形，种壳浅麻；坚果三径均值为 2.76cm，壳厚 1.22mm，隔膜纸质，取仁易；粒重 6.63g，仁重 3.00g，出仁率为 45.24%；种仁瘦，黄白色饱满，食味香甜微涩，口感细

417. 滇鲁 X036：母树生长于火德红乡银厂村，坚果圆球形，种壳浅麻；坚果三径均值为 2.77cm，壳厚 0.72mm，隔膜纸质，取仁易；粒重 6.94g，仁重 4.19g，出仁率为 60.37%；种仁肥，黄白色饱满，食味香纯微涩，口感细

418. 滇鲁 X037：母树生长于火德红乡银厂村，坚果扁圆球形，种壳浅麻；坚果三径均值为 2.79cm，壳厚 0.91mm，隔膜革质，取仁易；粒重 7.25g，仁重 4.22g，出仁率为 58.24%；种仁肥，仁色黄白色饱满，食味香纯无涩，口感细

419. 滇鲁 X038：母树生长于文屏镇，坚果倒卵形，种壳浅麻；坚果三径均值为 2.81cm，壳厚 0.86mm，隔膜纸质，取仁较易；粒重 8.21g，仁重 4.16g，出仁率为 50.67%；种仁肥，仁色黄白色饱满，食味香纯无涩，口感细

420. 滇鲁 X039：母树生长于水磨镇小凉山村，坚果椭圆球形，种壳光滑；坚果三径均值为 2.88cm，壳厚 0.77mm，隔膜革质，取仁易；粒重 5.94g，仁重 3.40g，出仁率为 57.24%；种仁肥，仁色黄色饱满，食味香纯微涩，口感细

421. 滇鲁 X040：母树生长于梭山乡查拉村，坚果长扁圆球形，种壳浅麻；坚果三径均值为 2.82cm，壳厚 0.90mm，隔膜革质，取仁易；粒重 8.41g，仁重 4.40g，出仁率为 52.30%；种仁瘦，仁色黄色饱满，食味香甜微涩，口感细

422. 滇鲁 X041：母树生长于小寨乡大坪村，坚果短扁圆球形，种壳浅麻；坚果三径均值为 2.83cm，壳厚 1.36mm，隔膜革质，取仁较易；粒重 8.90g，仁重 4.22，出仁率为 47.42%；种仁肥，仁色黄色饱满，食味香甜微涩，口感细

	423. 滇鲁 X042：母树生长于乐红乡官寨村，坚果扁圆球形，种壳浅麻；坚果三径均值为 2.85cm，壳厚 0.73mm，隔膜纸质，取仁极易；粒重 8.02g，仁重 4.68，出仁率为 58.35%；种仁瘦，仁色黄白色饱满，食味香纯无涩，口感细
	424. 滇鲁 X043：母树生长于江底乡核桃坪，坚果心形，种壳麻；坚果三径均值为 2.87cm，壳厚 0.87mm，隔膜纸质，取仁易；粒重 7.98g，仁重 4.48g，出仁率为 56.14%；种仁肥，仁色黄白色饱满，食味香纯无涩，口感细
	425. 滇鲁 X044：母树生长于火德红乡银厂村，坚果扁圆球形，种壳浅麻；坚果三径均值为 2.89cm，壳厚 0.98mm，隔膜纸质，取仁易；粒重 8.55g，仁重 4.13g，出仁率为 48.3%；种仁肥，仁色黄白色饱满，食味香纯微涩，口感细
	426. 滇鲁 X045：母树生长于江底乡核桃坪，坚果扁圆球形，种壳浅麻；坚果三径均值为 2.84cm，壳厚 1.10mm，隔膜骨质，取仁易；粒重 9.52g，仁重 4.62g，出仁率为 48.53%；种仁肥，仁色浅紫色饱满，食味香纯无涩，口感细
	427. 滇鲁 X046：母树生长于龙头山镇光明村，坚果扁圆球形，种壳浅麻；坚果三径均值为 2.86cm，壳厚 0.11mm，隔膜骨质，取仁较易；粒重 9.10g，仁重 4.36g，出仁率为 47.91%；种仁瘦，仁色黄白色饱满，食味香纯无涩，口感细
	428. 滇鲁 X047：母树生长于龙头山镇八宝村。坚果心形，种壳浅麻；坚果三径均值为 2.89cm，壳厚 1.23mm，隔膜革质，取仁易；粒重 8.69g，仁重 4.19g，出仁率为 48.2%；种仁瘦，仁色黄白色饱满，食味香纯无涩，口感细
	429. 滇鲁 X048：母树生长于龙头山镇八宝，坚果短扁圆球形，种壳浅麻；坚果三径均值为 2.90cm，壳厚 0.83mm，隔膜纸质，取仁易；粒重 8.42g，仁重 4.70g，出仁率为 55.82%；种仁肥，仁色黄白色饱满，食味香纯无涩，口感细

	430. 滇鲁 X049：母树生长于乐红乡对竹村，坚果圆球形，种壳光滑；坚果三径均值为 2.91cm，壳厚 0.51mm，隔膜革质，取仁易；粒重 7.23g，仁重 4.94g，出仁率为 68.33%；种仁肥，仁色黄色饱满，食味香纯无涩，口感细
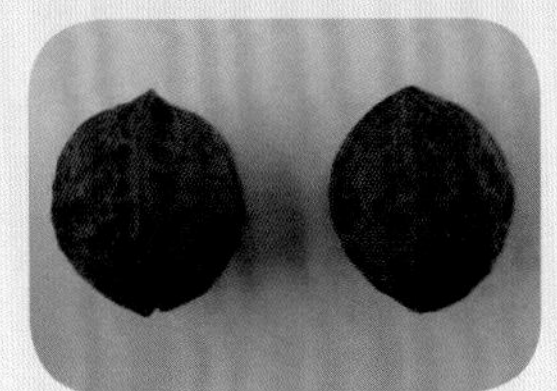	431. 滇鲁 X050：母树生长于新街乡闪桥 12 社，坚果扁圆球形，种壳麻；坚果三径均值为 2.91cm，壳厚 0.81mm，隔膜纸质，取仁易；粒重 6.63g，仁重 3.58g，出仁率为 53.99%；种仁瘦，仁色黄色饱满，食味香纯微涩，口感细
	432. 滇鲁 X051：母树生长于火德红乡银厂村，坚果椭圆球形，种壳浅麻；坚果三径均值为 2.92cm，壳厚 0.73mm，隔膜骨质，取仁极易；粒重 6.84g，仁重 3.28g，出仁率为 47.95%；种仁瘦，仁色黄色饱满，食味香甜无涩，口感细
	433. 滇鲁 X052：母树生长于火德红乡银厂村，坚果扁圆球形，种壳光滑；坚果三径均值为 2.92cm，壳厚 1.01mm，隔膜骨质，取仁易；粒重 9.24g，仁重 4.62g，出仁率为 50.0%；种仁瘦，仁色黄色饱满，食味香纯无涩，口感细
	434. 滇鲁 X053：母树生长于龙头山镇西瓜地，坚果心形，种壳光滑；坚果三径均值为 2.92cm，壳厚 1.01mm，隔膜骨质，取仁易；粒重 8.48g，仁重 4.16g，出仁率为 49.05%；种仁瘦，仁色黄色，食味香甜微涩，口感细
	435. 滇鲁 X054：母树生长于龙头山镇龙井村，坚果短扁圆球形，种壳浅麻；坚果三径均值为 2.93cm，壳厚 0.67mm，隔膜纸质，取仁易；粒重 8.32g，仁重 5.49g，出仁率为 65.98%；种仁肥，仁色黄白，食味香纯微涩，口感细
	436. 滇鲁 X055：母树生长于小寨乡，坚果扁圆球形，种壳浅麻；坚果三径均值为 2.94cm，壳厚 1.21mm，隔膜革质，取仁易；粒重 7.23g，仁重 4.94g，出仁率为 68.33%；种仁肥，仁色黄白，食味香纯无涩，口感细

	437. 滇鲁 X056：母树生长于龙头山翠屏村，坚果短扁圆球形，种壳浅麻；坚果三径均值为 2.90cm，壳厚 0.84mm，隔膜革质，取仁易；粒重 7.91g，仁重 4.57g，出仁率为 57.7%；种仁肥，仁色黄色，食味香纯微涩，口感粗
	438. 滇鲁 X057：母树生长于江底乡核桃坪，坚果扁圆球形，种壳麻；坚果三径均值为 2.98cm，壳厚 1.00mm，隔膜革质，取仁易；粒重 8.92g，仁重 4.86g，出仁率为 54.48%；种仁肥，仁色黄白，食味香纯无涩，口感细
	439. 滇鲁 X058：母树生长于江底乡核桃坪，坚果方形，种壳浅麻；坚果三径均值为 2.94cm，壳厚 0.93mm，隔膜纸质，取仁易；粒重 10.60g，仁重 5.41g，出仁率为 50.88%；种仁肥，仁色黄白，食味香纯无涩，口感细
	440. 滇鲁 X059：母树生长于水磨镇小凉山，坚果扁圆球形，种壳浅麻；坚果三径均值为 2.94cm，壳厚 1.14mm，隔膜革质，取仁易；粒重 8.58g，仁重 4.36g，出仁率为 50.81%；种仁瘦，仁色黄色，食味较涩，口感细
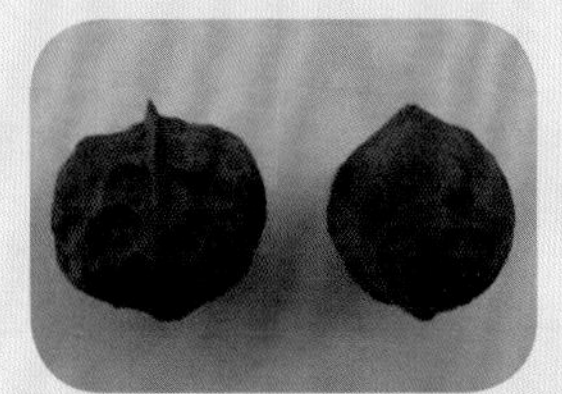	441. 滇鲁 X060：母树生长于小寨乡，坚果扁圆球形，种壳麻；坚果三径均值为 2.94cm，壳厚 1.07mm，隔膜骨质，取仁较难；粒重 10.50g，仁重 5.23g，出仁率为 50.03%；种仁肥，仁色黄白，食味香纯无涩，口感细
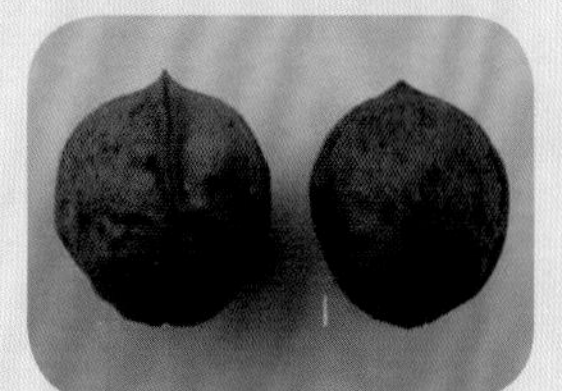	442. 滇鲁 X061：母树生长于文屏镇马鹿沟，坚果梭形，种壳浅麻；坚果三径均值为 2.94cm，壳厚 0.92mm，隔膜纸质，取仁易；粒重 8.36g，仁重 4.94g，出仁率为 59.09%；种仁瘦，仁色黄白色，食味香纯较涩，口感细
	443. 滇鲁 X062：母树生长于江底乡，坚果扁圆球形，种壳浅麻；坚果三径均值为 2.95cm，壳厚 1.24mm，隔膜骨质，取仁较难；粒重 9.79g，仁重 4.20g，出仁率为 42.90%；种仁瘦，仁色黄白色，食味香纯无涩，口感细

444. 滇鲁 X063：母树生长于乐红乡新林村，坚果扁圆球形，种壳浅麻；坚果三径均值为 2.95cm，壳厚 0.67mm，隔膜纸质，取仁易；粒重 8.26g，仁重 4.84g，出仁率为 58.60%；种仁瘦，仁色黄色，食味香纯无涩，口感细

445. 滇鲁 X064：母树生长于龙头山镇，坚果椭圆球形，种壳光滑；坚果三径均值为 2.97cm，壳厚 0.97mm，隔膜纸质，取仁极易；粒重 8.51g，仁重 5.28g，出仁率为 62.04%；种仁肥，仁色黄白色，食味香甜微涩，口感细

446. 滇鲁 X065：母树生长于水磨镇营地村，坚果梭形，种壳浅麻；坚果三径均值为 2.98cm，隔膜纸质，取仁较难；粒重 9.72g，出仁率低；仁色黄白，食味香纯较涩，口感细

447. 滇鲁 X066：母树生长于小寨乡大坪社，坚果扁圆球形，种壳浅麻；坚果三径均值为 2.99cm，壳厚 0.66mm，隔膜纸质，取仁极易；粒重 9.85g，仁重 4.09g，出仁率为 41.52%；种仁瘦，仁色灰白，食味香纯无涩，口感粗

448. 滇鲁 X067：母树生长于乐红乡利外村，坚果圆球形，种壳浅麻；坚果三径均值为 2.99cm，壳厚 0.91mm，隔膜纸质，取仁易；粒重 9.08g，仁重 4.82g，出仁率为 53.08%；种仁瘦，仁色黄白色，食味香纯无涩，口感细

449. 滇鲁 X068：母树生长于江底乡水塘，坚果心形，种壳浅麻；坚果三径均值为 2.99cm，壳厚 1.48mm，隔膜骨质，取仁较难；粒重 10.20g，仁重 4.62g，出仁率为 45.30%；种仁瘦，仁色灰白色，食味香纯无涩，口感细

450. 滇鲁 X069：母树生长于梭山镇干田村，坚果扁圆球形，种壳光滑；坚果三径均值为 2.99cm，壳厚 1.00mm，隔膜骨质，取仁较易；粒重 8.04g，仁重 5.08g，出仁率为 63.12%；种仁肥，仁色黄白色，食味香纯无涩，口感细

451. 滇鲁 X070：母树生长于新街乡闪桥社，坚果扁圆球形，种壳浅麻；坚果三径均值为 2.99cm，壳厚 1.07mm，隔膜纸质，取仁易；粒重 9.05g，仁重 4.14g，出仁率为 45.74%；种仁瘦，仁色黄色，食味香纯微涩，口感细

452. 滇鲁 X080：母树生长于文屏镇砚池山 13 社，坚果椭圆球形，种壳浅麻；坚果三径均值为 2.86cm，壳厚 0.57mm，隔膜革质，取仁易；粒重 6.87g，仁重 4.22g，出仁率为 61.43%；种仁肥，仁色黄白色，食味香纯微涩，口感细

453. 滇鲁 X081：母树生长于文屏镇安阁，坚果倒卵形，种壳浅麻；坚果三径均值为 2.33cm，壳厚 0.75mm，隔膜纸质，取仁易；粒重 3.97g，仁重 2.08g，出仁率为 52.39%；种仁肥，仁色黄白色，食味香纯较涩，口感粗

454. 滇鲁 X082：母树生长于龙头山镇龙井村，坚果短扁圆球形，种壳光滑；坚果三径均值为 2.50cm，壳厚 0.93mm，隔膜骨质，取仁易；粒重 6.61g，仁重 2.76g，出仁率为 41.75%；种仁瘦，仁色黄色，食味香纯无涩，口感细

455. 滇鲁 X083：母树生长于龙头山镇龙井村天生堂，坚果圆球形，种壳光滑；坚果三径均值为 2.58cm，壳厚 1.08mm，隔膜骨质，取仁较难；粒重 7.49g，仁重 2.78g，出仁率为 37.12%；种仁肥，仁色黄白，食味香纯无涩，口感细

456. 滇鲁 X084：母树生长于水磨镇黑噜村，坚果短扁圆球形，种壳浅麻；坚果三径均值为 2.61cm，壳厚 0.87mm，隔膜革质，取仁易；粒重 5.87g，仁重 2.96g，出仁率为 50.43%；种仁瘦，仁色黄色，食味香甜无涩，口感细

457. 滇鲁 X085：母树生长于水磨镇黄泥寨村，坚果扁圆球形，种壳浅麻；坚果三径均值为 2.71cm，壳厚 0.93mm，隔膜纸质，取仁易；粒重 6.75g，仁重 3.20g，出仁率为 47.41%；种仁瘦，仁色黄色，食味香纯微涩，口感细

458. 滇鲁 X086：母树生长于江底乡江底村核桃树坪，坚果扁圆球形，种壳浅麻；坚果三径均值 2.75cm，壳厚 0.72mm，隔膜骨质，取仁较易；粒重 7.84g，仁重 4.16g，出仁率 53.06%；种仁瘦，仁色黄白色，食味香纯无涩，口感细腻

459. 滇鲁 X087：母树生长于小寨乡梨园村，坚果短扁圆球形，种壳浅麻；坚果三径均值为 2.82cm，壳厚 1.02mm，隔膜骨质，取仁较易；粒重 8.42g，仁重 4.24g，出仁率为 50.36%；种仁瘦，仁色灰白，食味香甜无涩，口感细

460. 滇鲁 X088：母树生长于水磨镇嵩坪村，坚果圆球形，种壳浅麻；坚果三径均值为 2.83cm，壳厚 0.76mm，隔膜骨质，取仁易；粒重 7.68g，仁重 3.85g，出仁率为 50.13%；种仁瘦，仁色黄白色，食味香纯微涩，口感细

461. 滇鲁 X089：母树生长于龙头山镇沿河村，坚果短扁圆球形，种壳浅麻；坚果三径均值为 2.83cm，壳厚 0.78mm，隔膜纸质，取仁易；粒重 6.79g，仁重 4.03g，出仁率为 59.35%；种仁肥，仁色黄色，食味香纯微涩，口感细

462. 滇鲁 X090：母树生长于小寨乡梨园村，坚果扁圆球形，种壳浅麻；坚果三径均值 2.86cm，壳厚 0.87mm，隔膜革质，取仁易；粒重 8.00g，仁重 3.88g，出仁率 48.50%；种仁肥，仁色灰白，食味香甜微涩，口感细

463. 滇鲁 X091：母树生长于小寨乡梨园村，坚果圆球形，种壳光滑；坚果三径均值为 2.88cm，壳厚 0.90mm，隔膜骨质，取仁易；粒重 7.28g，仁重 2.84g，出仁率为 39.01%；种仁瘦，仁色黄白，食味香纯微涩，口感细

464. 滇鲁 X092：母树生长于江底乡水塘村，坚果短椭圆球形，种壳浅麻；坚果三径均值为 2.92cm，壳厚 1.22mm，隔膜骨质，取仁较易；粒重 10.70g，仁重 5.53g，出仁率为 51.68%；种仁肥，仁色黄白色，食味香纯微涩，口感细

第四节　鲁甸外来核桃种质资源

一、新疆核桃及其天然杂交后代

20 世纪 60 ～ 70 年代，鲁甸县两次从新疆引进新疆核桃种子，培育实生苗种植，形成新疆核桃一代。新疆核桃一代实生树挂果后又采集其种子，培育实生苗造林，形成新疆核桃与本地核桃天然杂交后代，我们称其为新疆核桃二代、三代。进入 21 世纪后，又陆续从新疆引进品种穗条培育嫁接苗种植。新疆核桃一代及其天然杂交二代、三代现零星分布于鲁甸县各乡（镇）（图 3-434 至图 3-440）。

从新疆核桃一代到新疆二代、三代，植物学特征、丰产性、种实质量呈现出较大变化，如小叶子数量从一代 5 ～ 7 片演变成二代、三代的 7 ～ 9、9 ～ 11 片；种壳从一代的光滑演变成二代、三代的浅麻、麻；丰产性明显提高，从一代平均每果枝坐果数不足 1.5 个演变成二代、三代的 2 个左右；口感也从涩味浓演变成稍涩。

与本地核桃比，新疆核桃及其天然杂交后代具有挂果早、成熟早、上市早的优势，主要用作鲜食，在鲁甸县得到一定规模的发展，目前种植面积在 1 万亩左右。由于其种实品质较本地核桃差，不宜大规模发展。

图 3-434　江底乡洗羊塘村新疆核桃

20 世纪 60 年代引进种植，树高 7.5m，胸径为 26.0cm，小叶为 5 ～ 7 片，冠幅 $95.45m^2$，产量低。

图 3-435　江底乡洗羊塘村新疆核桃

20 世纪 60 年代引进种植，树高 11.0m，胸径为 38.0cm，小叶为 5 ～ 7 片，冠幅为 112.32m²，产量低。

图 3-436　江底乡洗羊塘村茶厂新疆核桃

20 世纪 70 年代引进种植，树高 8.0m，丛生，胸径为 20.0cm，小叶为 5 ～ 7 片，冠幅为 52.99m²，2014 年产果 80 个。

图 3-437　文屏镇砚池山 2 社新疆核桃

20 世纪 70 年代引进种植，户主周朝贤，树高 10.0m，胸径为 30.0cm，小叶为 5 ～ 7 片，多为 7 片，冠幅为 110.78m^2，每果枝坐果数 1.1 个。

图 3-438　鲁甸三八林场 6 年生新疆核桃后代

树高 5.0m，胸径为 10.0cm，小叶为 5 ～ 9 片，多为 7 片，冠幅为 20.09m^2，每果枝坐果数 1.6 个，2014 年产坚果 8.0kg。

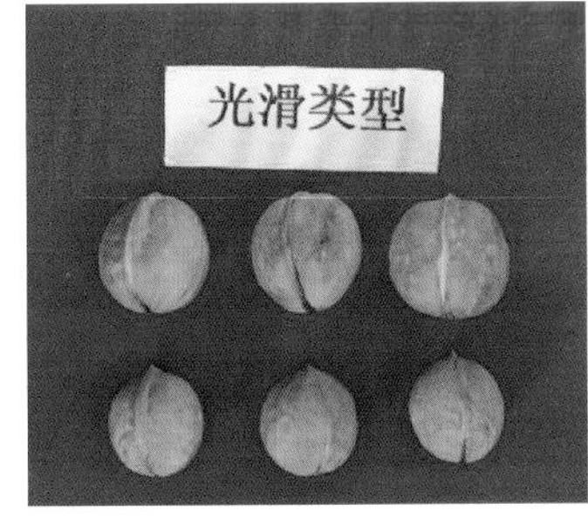

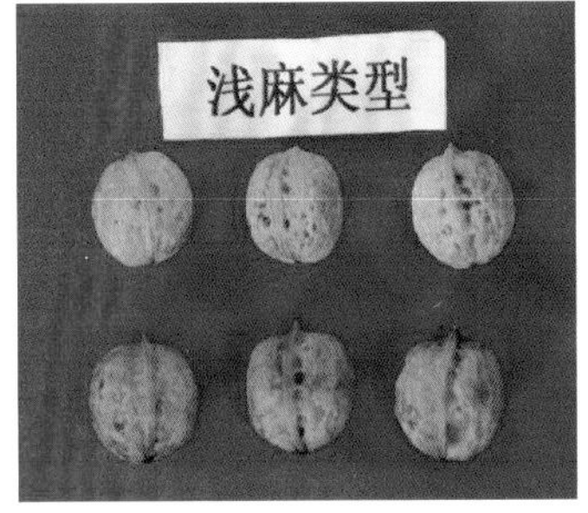

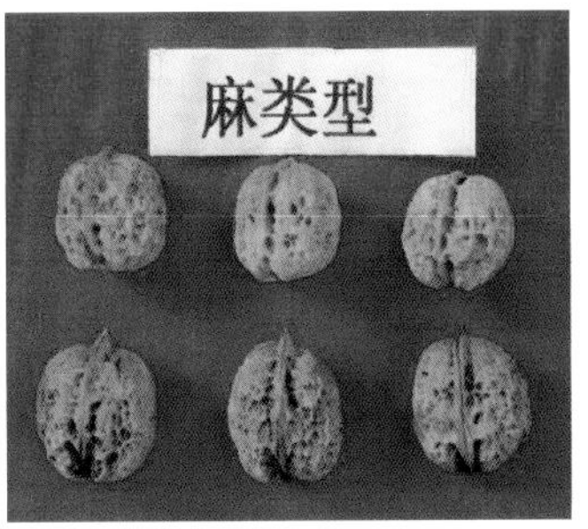

图 3-439　新疆核桃坚果刻纹类型

图 3-440　江底洗羊塘村大地社 7 年生新疆核桃第三代

树高 5.0m，胸径为 9.6cm，小叶为 5 ～ 9 片，冠幅为 $18.45m^2$，每果枝坐果数 1.8 个，2014 年产坚果 9.0kg。

通过多年调查，我们从新疆核桃及其天然杂交后代中选育出优良无性系 2 个，优良单株 4 个及 45 个单株，主要经济性状介绍如下。

（一）新疆核桃优良无性系

1. 滇鲁 XJ001（图 3-441 至图 3-446）

1）主要物候期

该品种在鲁甸县 2 月下旬发芽，3 月上旬雄花散粉，3 月中旬雌花盛花，雌花柱头微红，属于雌先型。果实 7 月下旬成熟，11 月中旬落叶。

图 3-441　母树

图 3-442　枝、芽

2）植物学特性

母树生长在江底乡江底村洗羊塘社，海拔 1640m，树龄为 35 年，树势强，树姿直立，自然圆头形，树高 7.0m，干径为 19.0cm，分枝高 2.0m，冠幅为 39.65m^2。小叶为 7～9 片，呈阔披针形；混合芽三角形，无芽柄，主副芽距近。一年生枝黄绿色，皮孔较突出、中等密度。雌雄异花，每花枝平均着花 2.2 朵，每果枝平均坐果 1.8 个，冠幅投影面积产坚

图 3-443　雄花序

图 3-444　雌花

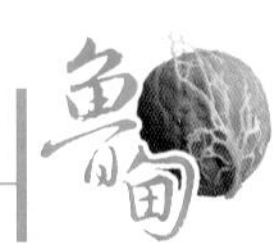

果 0.24 kg·m^{-2}。

3）坚果经济性状

坚果圆球形，两肩圆，底部较圆，缝合线稍突出、松，种尖钝尖，种壳光滑；坚果三径均值 3.35cm，壳厚 0.90mm，内褶壁退化，隔膜纸质，极易取仁；粒重 11.78g，仁重 7.14g，出仁率为 60.61%；种仁肥，黄白饱满，食味香纯微涩，口感细。坚果仁含油率为 67.71%，蛋白质含量为 20.63%。

4）霜冻情况

近 10 年内未受霜冻。

图 3-445　结果状

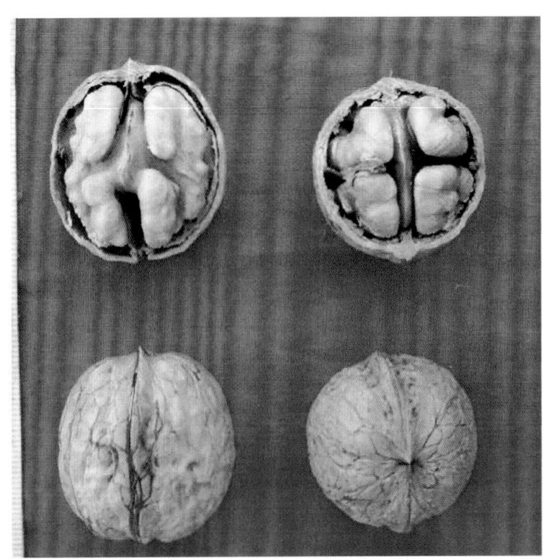

图 3-446　坚果种仁

2. 滇鲁 XJ002（图 3-447 至图 3-452）

1）主要物候期

在鲁甸县 2 月下旬发芽，3 月中旬雄花散粉，3 月下旬雌花盛花，雌花柱头淡黄色，属于雄先型。果实 8 月中旬成熟，11 月下旬落叶。

2）植物学特性

母树生长在江底乡江底村洗羊塘社，海拔 1630m，树龄为 30 年，树势强，树姿直立，自然开心形，树高 8.0m，干径为 18.2cm，分枝高 0.6m，冠幅为 72.63m^2。小叶为 7 ～ 15 片，11、13 片居多，呈阔披针形；混合芽三角形，无芽柄，主副芽距近。一年生枝黄绿色，皮孔突出、密度稀。雌雄异花，每花枝平均着花 3.2 朵，每果枝平均坐果 2.8 个，冠幅投影面积产坚果 0.20kg·m^{-2}。

3）坚果经济性状

坚果扁圆球形，两肩平，底部较平，缝合线突出、紧密，种尖钝尖，种壳麻；坚果三径均值为 3.43cm，壳厚 1.24mm，内褶壁退化，隔膜革质，易取仁；粒重 14.28g，仁重 7.42g，出仁率为 51.96%；种仁肥，黄白饱满，食味香纯无涩，口感细。坚果仁含油率为 71.33%，蛋白质含量为 18.24%。

图 3-447 母树

图 3-448 雌花

图 3-449 枝、芽

图 3-450 结果状

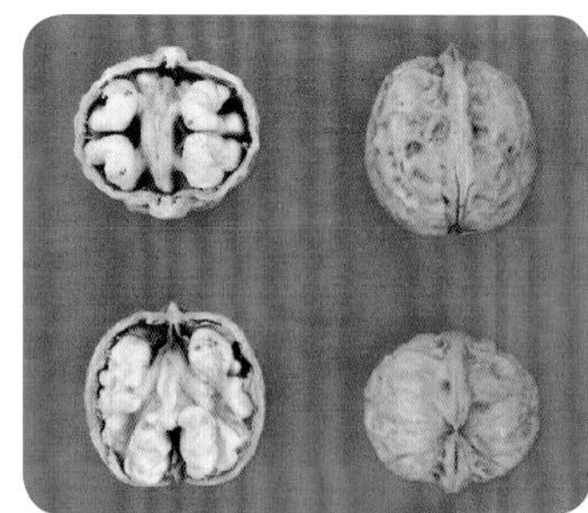

图 3-451 坚果种仁

图 3-452 丰产状

4）霜冻情况

近 10 年内未受霜冻。

（二）新疆核桃优良单株

1. 滇鲁 XJ004（图 3-453）

母树生长在江底乡洗羊塘社。坚果短扁圆球形，两肩圆，底部较圆，缝合线稍突、紧密，种尖锐尖，种壳浅麻；坚果三径均值为 3.05cm，壳厚 1.05mm，内褶壁退化，隔膜革质，易取仁；粒重 11.1g，仁重 5.99g，出仁率为 54.10%；种仁肥，黄白饱满，食味香纯无涩，口感细。

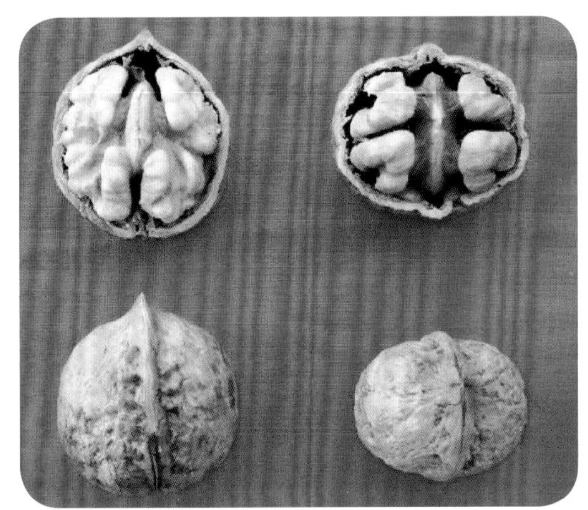

图 3-453　坚果种仁

2. 滇鲁 XJ006（图 3-454 至图 3-456）

母树生长在江底乡洗羊塘社。坚果扁圆球形，两肩圆，底部较圆，缝合线平且松，种尖钝尖，种壳光滑；坚果三径均值为 3.13cm，壳厚 1.03mm，内褶壁退化，隔膜纸质，

图 3-454　结果状

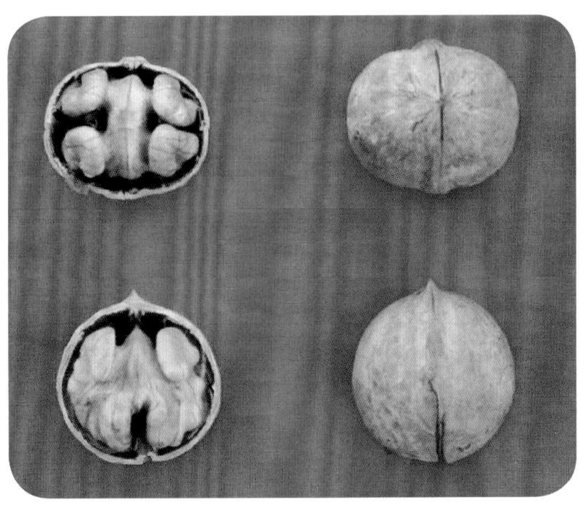

图 3-455　坚果种仁

图 3-456　母树

易取仁；粒重 10.10g，仁重 5.55g，出仁率为 55.00%；种仁肥，黄白饱满，食味香纯无涩，口感细。

3. 滇鲁 XJ010（图 3-457 至图 3-459）

母树生长在龙头山镇八宝村西瓜地。坚果椭圆球形，两肩平，底部较圆，缝合线稍突、紧密，种尖钝尖，种壳浅麻；坚果三径均值为 3.46cm，壳厚 0.83mm，内褶壁退化，隔

图 3-457　结果状

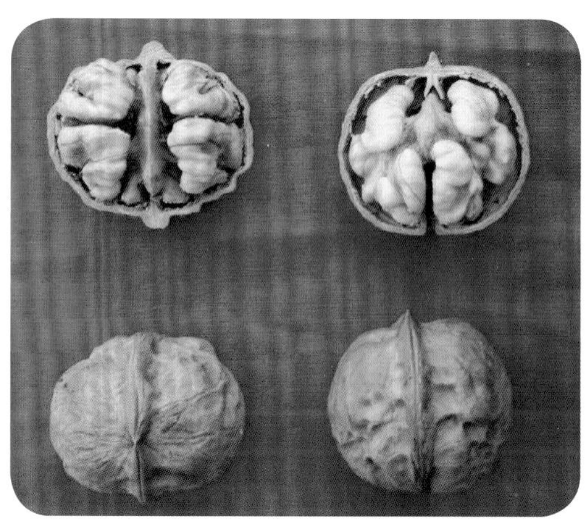

图 3-458　坚果种仁

膜纸质，极易取仁；粒重 10.50g，仁重 6.29g，出仁率为 59.90%；种仁瘦，黄白饱满，食味香甜无涩，口感细。

图 3-459　母树

4. 滇鲁 XJ011（图 3-460 至图 3-462）

母树生长在水磨镇营地村张家老包。坚果椭圆球形，两肩圆，底部较圆，缝合线稍突、紧密，种尖钝尖，种壳浅麻；坚果三径均值 3.25cm，壳厚 0.74mm，内褶壁退化，隔膜纸质，易取仁；粒重 8.85g，仁重 5.40g，出仁率为 61.00%；种仁瘦，黄白饱满，食味香纯无涩，口感细。

图 3-460　母树

图 3-461　结果状

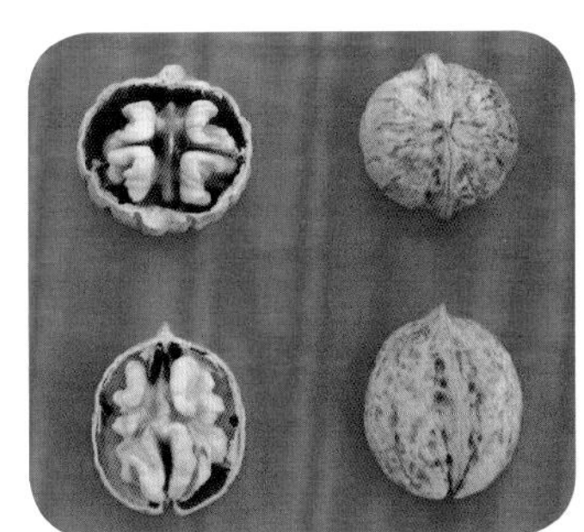

图 3-462　坚果种仁

（三）新疆核桃单株（表 3-4）

表 3-4　新疆核桃单株描述

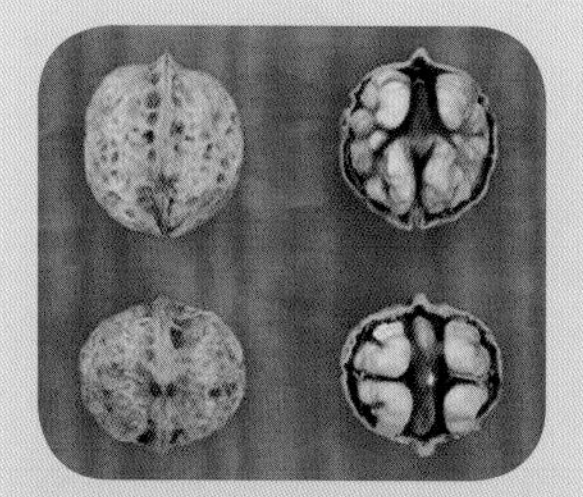	1. 滇鲁 XJ003：母树生长于江底乡洗羊塘，坚果扁圆球形，种壳麻；坚果三径均值为 3.34cm，壳厚 0.73mm，隔膜纸质，易取仁，粒重 13.04g，仁重 8.26g，出仁率为 63.34%，种仁肥，仁色黄色，食味香甜微涩，口感细
	2. 滇鲁 XJ005：母树生长于江底乡，坚果短扁圆球形，种壳浅麻；坚果三径均值为 3.15cm，壳厚 0.65mm，隔膜纸质，极易取仁，粒重 8.88g，仁重 5.57g，出仁率为 62.73%，种仁肥，仁色黄色，食味香甜微涩，口感细
	3. 滇鲁 XJ007：母树生长于江底乡，坚果圆球形，种壳浅麻；坚果三径均值为 2.91cm，壳厚 1.09mm，隔膜骨质，易取仁，粒重 8.24g，仁重 4.27g，出仁率为 51.82%，种仁肥，仁色白，食味香纯无涩，口感细
	4. 滇鲁 XJ008：母树生长于江底乡，坚果倒卵形，种壳光滑；坚果三径均值为 3.39cm，壳厚 1.51mm，隔膜骨质，较易取仁，粒重 14.29g，仁重 7.34g，出仁率为 51.36%，种仁肥，仁色黄白，食味香纯无涩，口感细
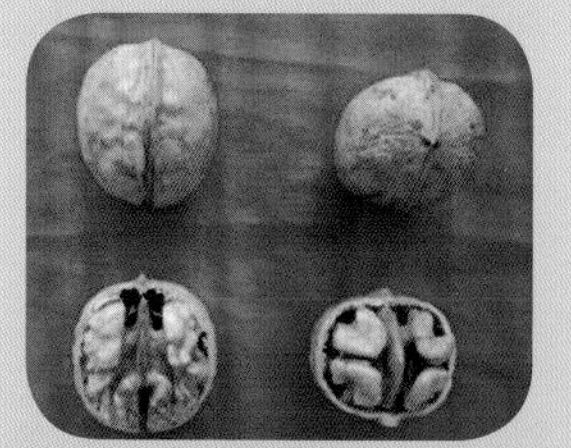	5. 滇鲁 XJ009：母树生长于火德红乡银厂王家坪子，坚果椭圆球形，种壳光滑；坚果三径均值为 3.41cm，壳厚 1.10mm，隔膜革质，易取仁，粒重 12.72g，仁重 6.42g，出仁率为 52.32%，种仁瘦，仁色黄白，食味香甜无涩，口感细
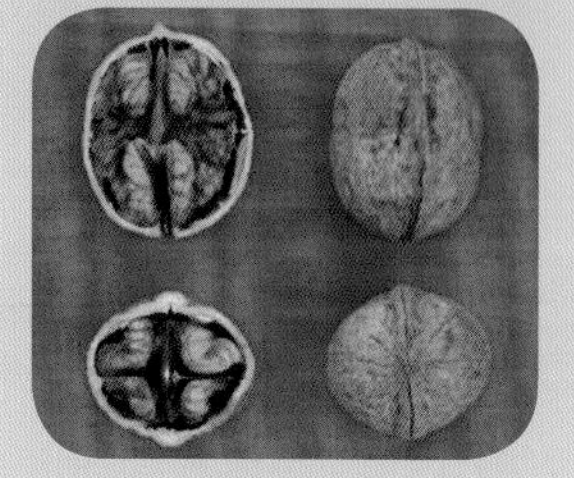	6. 滇鲁 XJ012：母树生长于水磨镇营地炭山社，坚果卵形，种壳光滑；坚果三径均值为 3.78cm，壳厚 1.32mm，隔膜纸质，易取仁，粒重 16.94g，仁重 8.64g，出仁率为 51.00%，种仁瘦，仁色黄色，食味香甜无涩，口感细腻

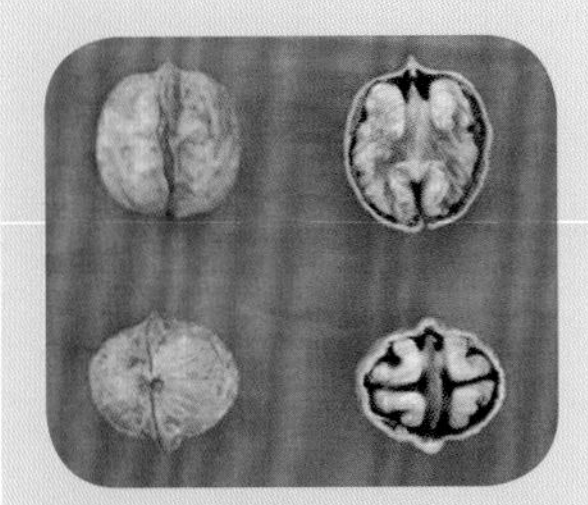	7. 滇鲁 XJ013：母树生长于小寨乡蚂蟥沟，坚果长扁圆球形，种壳浅麻；坚果三径均值为 3.04cm，壳厚 0.92mm，隔膜纸质，易取仁，粒重 8.84g，仁重 5.07g，出仁率为 57.35%，种仁瘦，仁色黄白，食味微涩，口感细
	8. 滇鲁 XJ014：母树生长于江底乡，坚果扁圆球形，种壳浅麻；坚果三径均值为 2.73cm，壳厚 0.61mm，隔膜纸质，易取仁，粒重 20.64g，仁重 3.39g，出仁率为 54.24%，种仁瘦，仁色黄白，食味香纯较涩，口感粗
	9. 滇鲁 XJ015：母树生长于江底乡，坚果短扁圆球形，种壳浅麻；坚果三径均值为 3.36cm，壳厚 0.92mm，隔膜纸质，易取仁，粒重 20.02g，仁重 4.24g，出仁率为 53.01%，种仁瘦，仁色黄白，食味香纯无涩，口感粗
	10. 滇鲁 XJ016：母树生长于江底乡，坚果圆球形，种壳光滑；坚果三径均值为 2.87cm，壳厚 1.34mm，隔膜骨质，较难取仁，粒重 8.48g，仁重 3.82g，出仁率为 43.26%，种仁肥，仁色黄白，食味香纯无涩，口感细
	11. 滇鲁 XJ017：母树生长于江底乡，坚果短扁圆球形，种壳浅麻；坚果三径均值为 3.08cm，壳厚 0.90mm，隔膜纸质，易取仁，粒重 17.57g，仁重 1.16g，出仁率为 18.86%，种仁瘦，仁色黄白，食味香纯无涩，口感细
	12. 滇鲁 XJ018：母树生长于江底乡，坚果扁圆球形，种壳深麻；坚果三径均值为 2.89cm，壳厚 1.13mm，隔膜骨质，较难取仁，粒重 8.57g，仁重 3.60g，出仁率为 35.57%，种仁瘦，仁色黄白，食味香纯无涩，口感粗
	13. 滇鲁 XJ019：母树生长于江底乡，坚果长扁圆球形，种壳浅麻；坚果三径均值为 4.00cm，壳厚 0.91mm，隔膜骨质，易取仁，粒重 11.88g，仁重 9.28g，出仁率为 55.60%，种仁瘦，仁色黄色，食味香甜微涩，口感细

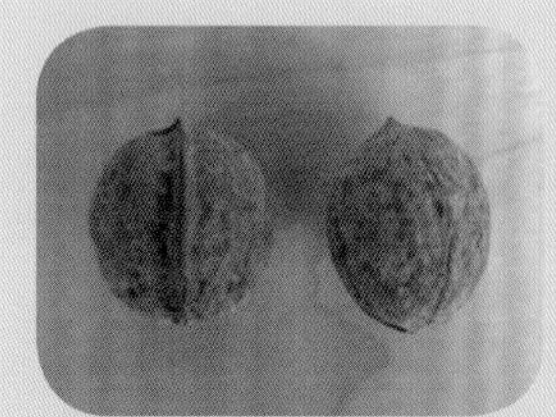	14. 滇鲁 XJ020：母树生长于江底乡，坚果扁圆球形，种壳光滑；坚果三径均值为2.74cm，壳厚0.76mm，隔膜纸质，易取仁，粒重12.24g，仁重3.98g，出仁率为55.66%，种仁瘦，仁色黄白，食味香纯无涩，口感细
	15. 滇鲁 XJ021：母树生长于江底乡，坚果短扁圆球形，种壳浅麻；坚果三径均值为2.95cm，壳厚0.99mm，隔膜纸质，易取仁，粒重12.99g，仁重4.82g，出仁率为52.16%，种仁肥，仁色黄白，食味香纯微涩，口感粗
	16. 滇鲁 XJ022：母树生长于江底乡，坚果扁圆球形，种壳浅麻；坚果三径均值为3.06cm，壳厚0.58mm，隔膜纸质，易取仁，粒重12.25g，仁重4.60g，出仁率为56.93%，种仁瘦，仁色黄色，食味香甜无涩，口感细
	17. 滇鲁 XJ023：母树生长于江底乡，坚果长扁圆球形，种壳浅麻；坚果三径均值为3.22cm，壳厚0.94mm，隔膜纸质，较易取仁，粒重12.76g，仁重6.23g，出仁率为54.3%，种仁肥，仁色黄白，食味香纯无涩，口感细
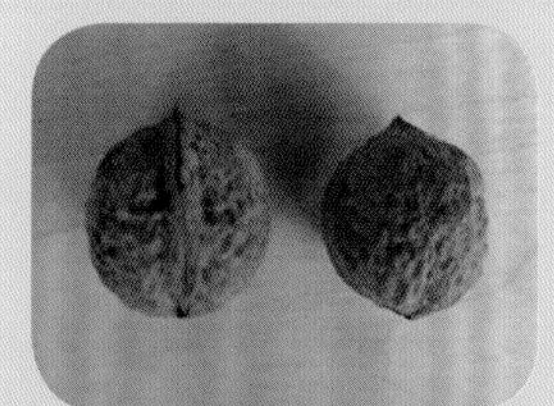	18. 滇鲁 XJ024：母树生长于江底乡，坚果扁圆球形，种壳浅麻；坚果三径均值3.10cm，壳厚0.99mm，隔膜骨质，易取仁，粒重12.27g，仁重5.35g，出仁率为56.43%，种仁肥，仁色黄色，食味香纯无涩，口感细
	19. 滇鲁 XJ025：母树生长于江底乡，坚果扁圆球形，种壳浅麻；坚果三径均值为3.49cm，壳厚0.94mm，隔膜纸质，易取仁，粒重12.26g，仁重8.74g，出仁率为61.84%，种仁肥，仁色黄白，食味香纯无涩，口感细
	20. 滇鲁 XJ026：母树生长于江底乡，坚果扁圆球形，种壳浅麻；坚果三径均值为3.51cm，壳厚0.93mm，隔膜纸质，易取仁，粒重12.30g，仁重7.38g，出仁率为57.39%，种仁肥，仁色黄白，食味香甜无涩，口感细

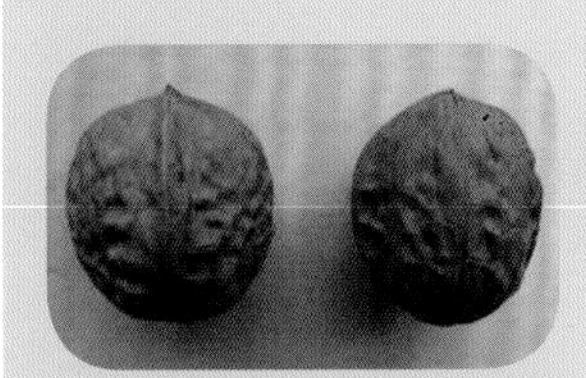	21. 滇鲁 XJ027：母树生长于江底乡，坚果长扁圆球形，种壳浅麻；坚果三径均值为 3.49cm，壳厚 0.65mm，隔膜纸质，极易取仁，粒重 12.28g，仁重 7.46g，出仁率为 63.98%，种仁瘦，仁色黄色，食味香纯微涩，口感细
	22. 滇鲁 XJ028：母树生长于江底乡，坚果椭圆球形，种壳光滑；坚果三径均值 2.89cm，壳厚 0.91mm，隔膜革质，易取仁，粒重 10.55g，仁重 3.96g，出仁率为 53.3%，种仁瘦，仁色黄色，食味香甜微涩，口感粗
	23. 滇鲁 XJ029：母树生长于江底乡，坚果长扁圆球形，种壳浅麻；坚果三径均值为 3.66cm，壳厚 1.05mm，隔膜革质，极易取仁，粒重 10.63g，仁重 7.08g，出仁率为 53.39%，种仁肥，仁色黄色，食味香甜微涩，口感细
	24. 滇鲁 XJ030：母树生长于江底乡，坚果圆球形，种壳光滑；坚果三径均值为 3.23cm，壳厚 1.33mm，隔膜纸质，易取仁，粒重 17.75g，仁重 5.38g，出仁率为 46.74%，种仁瘦，仁色黄白，食味香纯无涩，口感细
	25. 滇鲁 XJ031：母树生长于江底乡，坚果扁圆球形，种壳麻；坚果三径均值为 3.41cm，壳厚 1.37mm，隔膜纸质，易取仁，粒重 10.73g，仁重 8.02g，出仁率为 54.3%，种仁肥，仁色黄色，食味香甜微涩，口感粗
	26. 滇鲁 XJ032：母树生长于江底乡，坚果短扁圆球形，种壳浅麻；坚果三径均值为 1.99cm，壳厚 0.94mm，隔膜纸质，易取仁，粒重 10.70g，仁重 5.96g，出仁率为 59.48%，种仁肥，仁色黄色，食味香纯较涩，口感粗
	27. 滇鲁 XJ033：母树生长于龙头山镇八宝西瓜地，坚果长扁圆球形，种壳浅麻；坚果三径均值为 3.21cm，壳厚 1.36mm，隔膜纸质，易取仁，粒重 12.98g，仁重 5.74g，出仁率为 43.88%，种仁瘦，仁色黄白，食味香纯无涩，口感粗

	28. 滇鲁 XJ034：母树生长于龙头山镇八宝西瓜地，坚果短扁圆球形，种壳浅麻；坚果三径均值为 3.27cm，壳厚 1.26mm，隔膜骨质，较易取仁，粒重 11.35g，仁重 5.07g，出仁率为 48.82%，种仁瘦，仁色黄白，食味香甜无涩，口感粗
	29. 滇鲁 XJ035：母树生长于龙头山镇八宝西瓜地，坚果倒卵形，种壳浅麻；坚果三径均值为 3.40cm，壳厚 0.89mm，隔膜革质，极易取仁，粒重 11.60g，仁重 6.67g，出仁率为 55.98%，种仁肥，仁色黄，食味香纯微涩，口感细
	30. 滇鲁 XJ036：母树生长于龙头山镇西瓜地，坚果椭圆球形，种壳光滑；坚果三径均值 3.48cm，壳厚 1.23mm，隔膜革质，易取仁，粒重 10.73g，仁重 6.98g，出仁率为 47.00%，种仁瘦，仁色黄色，食味香甜微涩，口感细
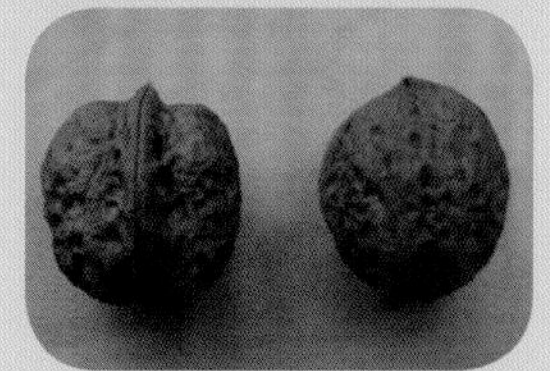	31. 滇鲁 XJ037：母树生长于龙头山镇西瓜地，坚果扁圆球形，种壳麻；坚果三径均值为 3.59cm，壳厚 1.51mm，隔膜革质，易取仁，粒重 10.47g，仁重 6.64g，出仁率为 45.67%，种仁瘦，仁色黄白，食味香纯无涩，口感细
	32. 滇鲁 XJ038：母树生长于龙头山镇西瓜地，坚果倒卵形，种壳浅麻；坚果三径均值为 3.33cm，壳厚 1.11mm，隔膜纸质，易取仁，粒重 12.21g，仁重 6.03g，出仁率为 52.01%，种仁瘦，仁色黄白，食味香纯无涩，口感细
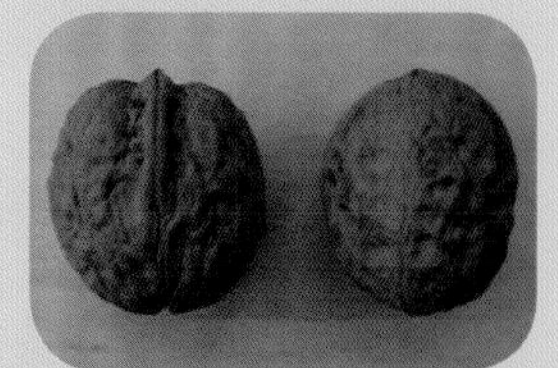	33. 滇鲁 XJ039：母树生长于龙头山镇西瓜地，坚果长扁圆球形，种壳浅麻；坚果三径均值为 3.28cm，壳厚 1.54mm，隔膜骨质，较易取仁，粒重 10.63g，仁重 5.94g，出仁率为 42.37%，种仁瘦，仁色黄白，食味香甜微涩，口感细
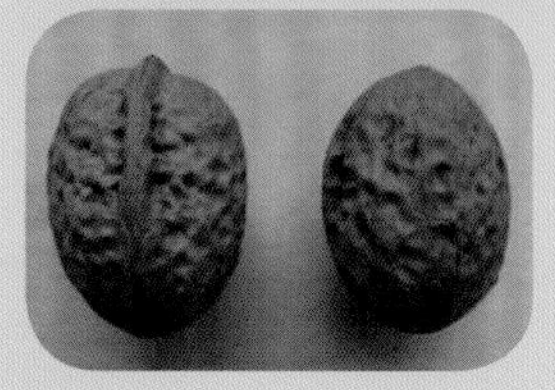	34. 滇鲁 XJ040：母树生长于龙头山镇西瓜地，坚果椭圆球形，种壳浅麻；坚果三径均值为 3.63cm，壳厚 1.39mm，隔膜纸质，易取仁，粒重 10.65g，仁重 7.05g，出仁率为 47.76%，种仁瘦，仁色黄白，食味香纯无涩，口感细

	35. 滇鲁 XJ041：母树生长于水磨镇营地村，坚果长椭圆球形，种壳浅麻；坚果三径均值为 3.84cm，壳厚 0.85mm，隔膜纸质，极易取仁，粒重 6.84g，仁重 7.30g，出仁率为 52.11%，种仁瘦，仁色黄白，食味香甜口感细
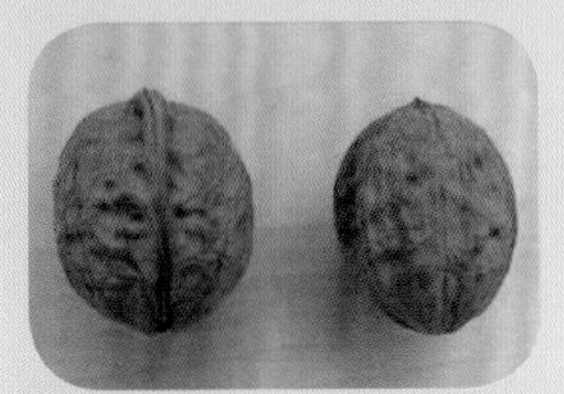	36. 滇鲁 XJ042：母树生长于水磨镇营地村，坚果椭圆球形，种壳光滑；坚果三径均值为 3.31cm，壳厚 1.54mm，隔膜骨质，易取仁，粒重 11.42g，仁重 4.56g，出仁率为 42.18%，种仁肥，仁色黄白，食味香纯无涩，口感细
	37. 滇鲁 XJ043：母树生长于水磨镇营地村，坚果椭圆球形，种壳浅麻；坚果三径均值为 3.36cm，壳厚 1.44mm，隔膜革质，易取仁，粒重 10.81g，仁重 5.48g，出仁率为 45.44%，种仁瘦，仁色黄白，食味香甜微涩，口感细
	38. 滇鲁 XJ044：母树生长于水磨镇营地村，坚果卵形，种壳浅麻；坚果三径均值为 3.58cm，壳厚 1.32mm，隔膜纸质，易取仁，粒重 1.003g，仁重 6.24g，出仁率为 48.15%，种仁瘦，仁色黄色，食味香纯微涩，口感细
	39. 滇鲁 XJ045：母树生长于水磨镇营地村，坚果椭圆球形，种壳浅麻；坚果三径均值为 3.37cm，壳厚 0.54mm，隔膜纸质，极易取仁，粒重 10.98g，仁重 5.48g，出仁率为 58.36%，种仁瘦，仁色黄白，食味香甜无涩，口感细
	40. 滇鲁 XJ046：母树生长于水磨镇营地村，坚果倒卵形，种壳浅麻；坚果三径均值为 3.45cm，壳厚 1.14mm，隔膜革质，易取仁，粒重 11.29g，仁重 6.64g，出仁率为 48.79%，种仁瘦，仁色黄白，食味香纯微涩，口感粗
	41. 滇鲁 XJ047：母树生长于水磨镇营地村，坚果长椭圆球形，种壳光滑；坚果三径均值为 3.62cm，壳厚 1.36mm，隔膜纸质，易取仁，粒重 18.38g，仁重 6.84g，出仁率为 48.96%，种仁瘦，仁色黄白，食味香纯微涩，口感粗

	42. 滇鲁 XJ048：母树生长于小寨乡，坚果扁圆球形，种壳光滑；坚果三径均值为 3.16cm，壳厚 1.20mm，隔膜骨质，较难取仁，粒重 18.18g，仁重 5.45g，出仁率为 44.24%，种仁瘦，仁色黄白，食味香甜微涩，口感细
	43. 滇鲁 XJ049：母树生长于小寨乡，坚果椭圆球形，种壳光滑；坚果三径均值为 3.20cm，壳厚 1.21mm，隔膜纸质，易取仁，粒重 21.23g，仁重 4.81g，出仁率为 46.11%，种仁瘦，仁色黄色，食味香纯微涩，口感细
	44. 滇鲁 XJ050：母树生长于小寨乡，坚果长扁圆球形，种壳浅麻；坚果三径均值为 3.65cm，壳厚 0.99mm，隔膜纸质，易取仁，粒重 17.95g，仁重 8.64g，出仁率为 57.91%，种仁瘦，仁色黄白，食味香纯微涩，口感粗
	45. 滇鲁 XJ051：母树生长于小寨乡，坚果圆球形，种壳光滑；坚果三径均值为 3.75cm，壳厚 1.26mm，隔膜纸质，极易取仁，粒重 19.11g，仁重 7.45g，出仁率为 49.97%，种仁瘦，仁色黄白，食味香纯微涩，口感细

二、云新系列核桃品种

云新系列核桃品种是云南省林业科学院利用云南主栽良种漾濞泡核桃、三台核桃与新疆核桃优株杂交培育出来的早实核桃品种，主要品种有云新高原、云新云林、云新 301、云新 303、云新 306。鲁甸县从 1997 年开始参与云南省林业科学院主持的云新系列核桃区域性栽培试验项目，引进云新系列核桃优良单株 21 个，在鲁甸县林业局土主寺苗圃建立品种区域栽培试验基地 10 亩（图 3-463），经多年试验表明：云新系列核桃品种在鲁甸表现出早实、丰产、抗晚霜等特性。目前，该系列品种在鲁甸得到规模化推广，种植面积达 20 万亩（图 3-464 至图 3-465）。云新系列主要推广品种介绍如下所述。

1. 云新高原（图 3-466 至图 3-468）

该品种 1979 年杂交，亲本组合为漾濞泡核桃 × 云林 A7 号。树势较强，树姿开张，5 年生平均树高 3.20m，干径为 8.40cm，冠幅为 6.64 m²。2 ～ 3 年结果，5 ～ 6 年进入初盛果期，分枝力 2.6，中果枝类型，果枝率为 66.20%，侧果枝率为 49.30%，每果枝平均

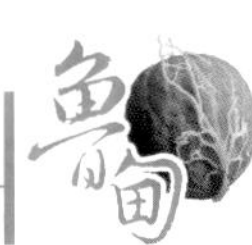

图 3-463　土主寺云新系列品种试验基地

图 3-464　文屏镇砚池山村 13 社云新系列核桃丰产栽培示范园

户主袁荣能，2008 年栽植，密度为 4.0m×5.0m，面积为 2.2 亩，6 年生树产坚果量达 400 公斤 / 亩，2012 ～ 2014 年产值分别为 8000 元、2.6 万元和 3.5 万元。

图 3-465　云新系列核桃丰产状

图 3-466　树体

着果 1.7 个，坐果率为 78.80%，每平方米冠影产仁量为 0.21 kg。坚果长扁圆形，果顶缝合线略突出，壳面较光滑，果较大，三径均值为 3.64cm，单粒重 11.74g，仁重 6.32g，出仁率为 54.2%；壳厚 0.95mm，可取整仁；仁色黄白，仁含油率 69.70%，食味香纯。在鲁甸 3 月上旬萌芽，8 月上旬成熟，成熟特早。

图 3-467　结果状

图 3-468　丰产状

2. 云新云林（图 3-469 至图 3-470）

该品种 1980 年杂交，亲本组合为云林 A7 号 × 漾濞泡核桃。树势中等，树姿紧凑矮化，5 年生平均树高 2.88m，干径为 6.40cm，冠幅为 3.70 ㎡。2 ～ 3 年结果，5 ～ 6 年进入初盛果期，分枝力 3.5，中果枝类型，果枝率为 75.80%，侧果枝率为 55.90%，每果枝平均略突出，壳面较光滑，果中等大，三径均值为 3.08cm，单粒重 9.21g，仁重 5.12g，出仁

图 3-469　树体

图 3-470　结果状

率为 82.50%，冠幅投影面积产坚果 0.27kg·m^{-2}。坚果扁圆形，果顶缝合线率为 55.70%；壳厚 0.95mm，可取整仁；仁色白，仁含油率 70.52%，食味香纯。在鲁甸 3 月上旬萌芽，8 月中旬成熟，成熟较早。

3. 云新 301（图 3-471 至图 3-473）

（1）早实和早熟：一年生嫁接苗定植后 2 ～ 3 年开花结果。果实成熟期较三台核桃早 20d。

（2）丰产：7 年生每果枝平均坐果 2.31 个，单株产量为 3.90kg，冠幅投影面积产坚果 0.31kg·m^{-2}。

（3）优质：新品种核桃种实个子中等，三径均值为 3.20cm，种壳刻纹光滑，壳厚 0.82mm，粒重 8.16g，饱满，取仁易，仁色黄白，出仁率为 60.53%，仁含油率 68.40%，食味香纯，品质优。

（4）树体矮化：树体大小只有同龄母本三台核桃的 1/2 ～ 1/3，宜早、密、丰栽培。

4. 云新 303（图 3-474 至图 3-476）

（1）早实和早熟：一年生嫁接苗定植后 2 ～ 3 年开花结果。果实成熟期较三台核桃早 20d 左右。

图 3-471　树体

图 3-472　结果状

图 3-473　坚果种仁

（2）丰产：7 年生每果枝平均坐果 2.41 个，单株产量为 4.43kg，冠幅投影面积产坚果 0.41kg · m^{-2}。

（3）优质：新品种核桃种实个子中等，三径均值为 3.30cm，种壳刻纹光滑，壳厚 0.84mm，粒重 10.60g，饱满，取仁易，仁色黄白，出仁率为 59.20%，仁含油率 68.50%，食味香纯，品质优。

（4）树体矮化：树体大小只有同龄母本三台核桃的 1/2 ～ 1/3，宜早、密、丰栽培。

图 3-474　树体

图 3-475　结果状

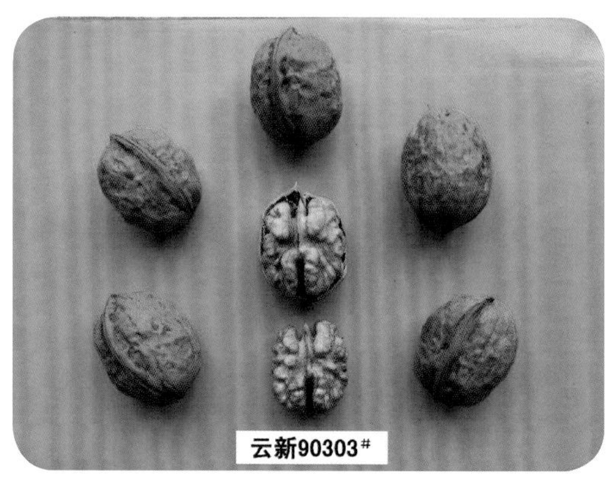

图 3-476　坚果种仁

5. 云新 306（图 3-477 至图 3-479）

（1）早实和早熟：一年生嫁接苗定植后 2 ～ 3 年开花结果。果实成熟期较三台核桃早 20d 左右。

图 3-477　树体

（2）丰产：7 年生每果枝平均坐果 2.41 个，单株产量为 4.61kg，冠幅投影面积产坚果 $0.33kg \cdot m^{-2}$。

（3）优质：新品种核桃种实个子中等，三径均值为 3.40cm，种壳刻纹光滑，壳厚 0.83mm，粒重 10.75g，饱满，取仁易，仁色黄白，出仁率为 59.06%，仁含油率 68.40%，食味香纯，品质优。

（4）树体矮化：树体大小只有同龄母本三台核桃的 1/2 ～ 1/3，宜早、密、丰栽培。

图 3-478　结果状

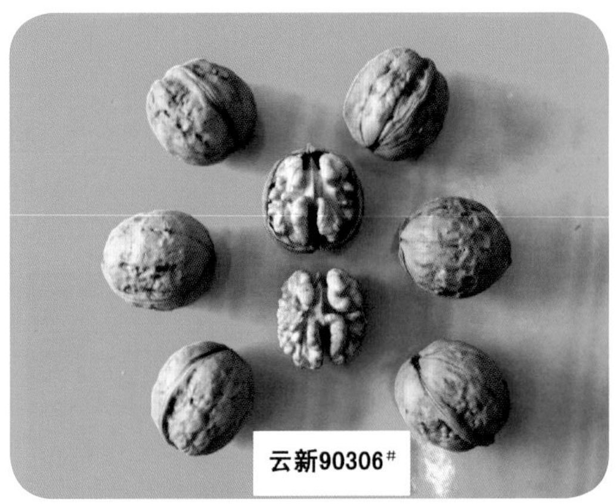

图 3-479　坚果种仁

磅礴乌蒙一劲松 记云南省昭通市鲁甸县"核桃局长"朱宗能

甘立荣

在那绿涛磅礴的乌蒙山中，他那直冲云霄的向上精神令人折服，他那敢于担当的大山情怀令人敬佩。其精神与情怀的融合，彰显了劲松的风采，故而，世人敬之、爱之、颂之、学之。

他，就像乌蒙山中一棵早迎朝霞、晚送夕阳、坚忍不拔、迎风傲雪、充满活力、一身绿风的劲松。在茫茫的鲁甸大地上，只要提到他的名字，人们对他都充满着热情的赞语与敬佩：上级党组织称他是"鲁甸学习杨善洲精神的践行者"，百姓称他是"核桃大家"、增收致富的带头人，下属称他是实干家、好领导，他给鲁甸创造了绿色产业的发展机会，合作单位核桃专家称他是事业家、最好的科技合作者、滇东北乌蒙核桃技术推广战线上的一面旗帜。

他，中等个头、身材彪悍、面色老成、头发稀疏、眼神敏锐、坚毅执着、热情健谈、廉洁奉公。在鲁甸茫茫的人海中，一个把核桃产业发展视为自己生命的人，一个深受老百姓爱戴的务林人，不是别人，正是"全国林业系统劳动模范和全国造林绿化先进工作者"，老百姓叫他"核桃局长"的鲁甸县林业局局长朱宗能。

1996年，年仅38岁的朱宗能，正当风华正茂之时，从县纪委副书记、县监察局局长岗位奉命调入县林业局。从进县林业大门当林业局局长那天起，他就怀着一股将"穷山"变"金山"的强烈绿色富民情怀，在鲁甸的崇山峻岭、村村寨寨之间，为了核桃等绿色产业的发展，走过了他二十个风雨春秋，七千多天的绿色日程。

位于云贵高原西北部的鲁甸县，山高水长、坡大沟深，旱灾、冰雹、泥石流等自然灾害严重，被国务院定为老少边穷县，国家扶贫工作重点县。面对这个"县穷百姓更穷"的现实，他及时组织专人对全县土壤、气候、地理条件进行全面调查后坚定地提出：只有核桃和花椒才是鲁甸山区老百姓真正增收致富的支柱产业。于是，他在县委县政府的领导下，勇敢地带领县林业局一班人，义无反顾地走上了绿色经济强县富民的艰辛之路。

他刚当林业局局长时，全县核桃种植面积仅 1.5 万亩，而且品种单一，品质一般，更谈不上是一种产业。在他的力推下，经过 20 多年苦战，截至 2014 年底，全县核桃种植面积已发展到 85 万亩，产量已达 14710.24t，产值已达 5.28 亿元。核桃成为鲁甸的一大支柱产业。

鲁甸的核桃从无名到盛名。2013 年 12 月 6 日，鲁甸被中国经济林协会命名为“中国核桃之乡”。在这个盛名形成的艰苦历程中，每片核桃林都有他忙碌的身影，每棵核桃树下都有他的脚印。他在鲁甸核桃发展的 20 年历程中，其工作量之大，道路之艰辛，条件之艰苦，很难一一细叙，那就挑几件主要的说吧。

他大力引进培育核桃新品种。在他的组织下，鲁甸县积极与云南省林科院合作，先后培育优质核桃品种 40 个，其中 13 个品种获得省级优质良种审（认）定。特别是优良品种鲁甸大麻一号、鲁甸大麻二号以其个大、丰产、品质特优、抗寒特强等突出特性，在 2013 年 7 月第七届世界核桃大会上，被评为“中国优良核桃品种”，成功打响了云南昭通鲁甸核桃的品牌之名，朱宗能也成为名副其实的“核桃局长”。县林业局一位部门负责人高兴地介绍道：“我们局长培育的这种麻核桃，品质优，价格高，每亩 15 株，每株结果 2000 个，现在全县已发展 9 万亩，有 135 万株，可结 27 亿个核桃，按个卖，一元一个，一年产值可达 27 亿元，如今大麻一号、二号成了一苗难求之势。”

他大力建设核桃后备资源。他与云南省林科院合作，建设了 350 亩“滇东北乌蒙核桃种质资源库”。坚持以本地品种资源为主，十多年来，他走遍鲁甸的大山大沟，从当地 5000 多个天然品种资源中，选出 1500 多个好品种资源保存到资源库中，成为目前国家最大的核桃种质资源库。

他大力培育核桃优质苗木。他建立了 200 亩的苗木基地，培育以麻核桃为主的各类优质壮苗达 300 多万株，郁郁葱葱的优等苗木，为全县及昭通市继续扩大核桃产业更大规模化发展，保证了苗木的充足供应。

他大力展示核桃优质成果。为了全方位宣传、展示、研究鲁甸核桃的需要，他与云南省林科院合作建立了云南省第一家“鲁甸县优良核桃种质资源标本室”，目前已有 1055 个品种向社会展示。其规模之大、品种之多、质量之优，在全国也均属首家。

他大力推广核桃新品种。为了让村民能心甘情愿地接受核桃新品种，他在自家路边一棵有 40 多年树龄、30 多米高的老核桃树上，嫁接 4 个新品种 40 多枝，让成熟的核桃落下来由老百姓自行对比，这种无声的示范之举，很快推动了核桃新品种的推广，由“过去要他种变成我要种”的新局面。同时，他还为全县 94 个村民委员会培养了 100 名“花椒核桃辅导员”，指导村民对核桃的种植和管理，形成了全县核桃技术农村推广网络，辅导员也成了当地深受欢迎的“土专家”。

他大力加强核桃病虫害防治。为了保证核桃健康成长，他为广大农民主持编写《核桃病虫害防治技术》，亲自指挥县森防站对核桃黑斑病、白粉病，及蛀干性害虫——天牛、举肢蛾，和食叶性害虫——金龟子、刺蛾等病虫害进行防治。1980 年，他在家乡当生产大队党总支书记时，曾分给村民赵光波 13 棵小碗般大的核桃树种植，哪知长了 10 年一不开花二不挂果，赵兴波不知情，这时已是林业局局长的他下乡时发现后，就主动进行研究，确定为天牛虫害所致。于是，他亲自带领县森防站站长经过三年的强行防治后，虫害治住了，树挂果了，13 棵核桃树恢复了活力，如今果实累累，每年收入可达 4.5 万～ 5 万元。病虫害防治给核桃农户带来了丰收的喜悦。

他大力加强核桃科技宣传。针对少数村民那种“种核桃不如种烤烟好”的思想观念，他亲自主持编写《崛起中的鲁甸核桃产业》《鲁甸县特色经济林核桃花椒实用丰产栽培技术》《核桃栽培与管理技术》等手册发给广大农户，大力宣传“一个核桃，智慧一个民族，创造一个县的辉煌”“种上一棵核桃树，家中就有‘摇钱树’”“种一棵核桃树，可以富一个家庭、盖一幢新房、购一辆汽车、娶一个媳妇、供一个大学生”等新观念，他亲自拟定的“要致富，少生孩子多栽核桃花椒树”的标语四处张挂，尤其是他编的“核桃是铁杆庄稼、核桃是木本粮食、核桃是长寿果、核桃是‘摇钱树’”的顺口溜，不仅传遍鲁甸全县的大小村落，而且还很快在全省各地流传。鲁甸在他的大力宣传下，一个“种核桃树、念核桃经、吃核桃饭、享核桃福”的绿色产业革命新热潮，迅速在全县兴起。

他大力支持家乡核桃致富。他的老家江底镇箐脚村，在 20 世纪 90 年代前，是一个山上没有一棵树、泥石流频发、粮食种不出，村民生存困难、伙子找不到媳妇的穷山村。他在以前已改变生态环境的基础上，又亲自征地、设计、选种、打塘、上肥、打枝、指挥种下的 2.3 万亩核桃树，现已集中连片成林，形成了一条充满绿色生机的七公里长的核桃沟。放眼环视，四年生的已挂果，五年后将迎来盛产，一年产值可达 60 多万元，80 户人家的穷村变成了富裕村。

朱宗能局长精心培育的乌蒙核桃优质品种，不仅在鲁甸广大农村得到推广、富了一方百姓，而且还推广到了昭通地区乃至整个滇东北的 1000 万亩核桃，惠及 1000 万人口，是可让 5 ～ 6 代人持续受益的功德无量之举。

……

八月的鲁甸大地，时而秋阳高照，时而秋雨阵阵。在他的快步引领下，无论是在细雨中走进几万亩的核桃林，还是在阳光下走进山坡上种质园优选的核桃林、试验园培育的核桃林，一棵一个品种，一棵和另一棵的树形、树叶、结果多少都不一个样。那一片片一山山高低大体一致的五年生核桃树，一个小枝结 3 ～ 5 个核桃，一棵核桃树结 300 个以上核桃是常事。放眼眺望，它们在阳光下，绿色滴翠，根壮叶茂，果实累累，让人欢喜。特别是他家乡有棵上百年的大核桃树，结果至少在 8000 个以上，一个老乡乐道：“这棵树的核桃今年收入 1 万元不成问题”。朱宗能局长面对那棵高大而茂盛的核桃树兴奋地说道：“全县 85 万亩核桃长势都是这个样，它又将成为全县 43 万人的新期待”。

鲁甸核桃得到了历史性的大发展，大丰收，在这些丰硕的成果面前，朱宗能这个工作上的硬汉子，十分谦虚而又深情地说：“鲁甸的核桃产业能有今天这样的辉煌成果，鲁甸人民特别是山区的广大群众，都特别感谢省林科院研究员、核桃专家方文亮和范志远等老师二十年来满腔热情的支持和指导。”

那么，他上任林业局局长后，鲁甸县农业发展的其他方面呢？回答也是肯定的，同样是得到了历史性的大发展，大丰收。

他刚到林业局时，据他调查，全县的青、红花椒加一块仅 1200 亩，而且还是零星种植，品质不高，农民不认识、不接受青花椒的情绪很普遍。在他的强力推动下，20 年的努力，“香麻天下”的鲁甸青花椒，全县现在已发展到 22.5 万亩，花椒致富了很多人，

老百姓又叫他“花椒局长”。

同样在他的强力推动下，全县的森林覆盖率从他刚到林业局时的9.6%提高到32.0%，增加到110万亩，每年以1.42个百分点的速度递增，生态环境得到了明显改善，水土流失得到了有效遏制，鲁甸被评为“云南省绿化模范县”。

还有，像绿化荒山荒坡、美化生态环境、森林防火、林区道路、县城森林公园等方面建设都很有建树和创新。

身披霞光走乌蒙，鲁甸大地写春秋。朱宗能1978年在县城高中毕业回到家乡，先后担任过生产队长，大队党总书记，乡镇文化站长，派出所所长，乡镇党委副书记、书记，县纪委副书记兼县监察局局长，县林业局长等职，凭他优秀的政治品格、很强的领导能力、显著的工作业绩、丰富的工作阅历及良好的群众关系，完全可以谋一个更高一点的职位。曾任过这个县的县委书记，后来当了市委常委的老领导，两次提议要解决他的职别，或去县人大当副主任，或去县政协当副主席等，而他因心里放不下核桃、花椒产业婉言谢绝。他说，能为老百姓干点实事，不在乎职位。最后他写封信请人送去，以表对老领导的感谢。

长年累月与时间赛跑的朱宗能，用他的勇气、智慧、艰辛、勤劳、执着，带领县林业局将鲁甸核桃、花椒产业从20年前的落后状态推到了一个新的发展阶段，鲁甸变强了，百姓变富了，他却变老了，累伤了。然而此时此际，他并没有止步，不顾糖尿病的折磨，仍然忙碌在核桃等绿色产业的第一线。有个中年农民说，朱局长来了后，全县的绿色产业才有这样大的发展，他常常带病在特热的天气里坚持干，像我这样的年纪都受不了。云南省林业科学院一位森保专家感叹地说道：朱局长多年来没休过星期天，包括他的都是这样，还没怨言，这是朱局长忘我的工作精神所在。

如今农民富了，有钱了，不少人都想感激他们心中的朱局长，连过去因不愿种核桃怨恨过他的人都想感谢他，但他从不肯接受老百姓的东西。如有个农民送给他10公斤核桃，他就按当时的市场最高价拿了400元钱给他。

一个人做点好事并不难，难的是一辈子做好事，朱宗能就是坚持一辈子给老百姓做好事的人。他有一个幸福美满的四口之家。虽然他到了退休的倒计时，但他的绿色事业雄心并未改变，他还在为鲁甸的核桃、花椒两大产业如何做大做强操心谋划。他坚定地说：两棵树（核桃树、花椒树）不仅有很好的经济、生态、社会效益，还能保持水土不流失，是鲁甸山区群众真正能致富增收的朝阳产业，更是我们鲁甸民生林业最生动的体现，今后的力度还要继续再加大！

奔腾不息的牛栏江水，一浪高一浪地闯滩进击。深信，把自己所有的情和爱都奉献给核桃、花椒绿色产业强县富民的朱宗能局长，今后这样的新故事还会继续，还会很多；很多……

〔作者系云省林业科学院原纪委书记（正处）、高级政工师、云南省作家协会会员、中国林业作家协会会员、云南省当代文学研究会会员，中国林业文联理事、云南省林业文联副主席和林业作家等〕

（2016年1月作于云南省林业科学院）

主要参考文献

郗荣庭，张毅萍，1991. 中国核桃 [M]. 北京：中国林业出版社 .

赵廷松，范志远，邹伟烈，等，2016. 核桃新品种“云林 5 号”的选育 [J]. 中国果树，（5）：83-84.

赵廷松，范志远，邹伟烈，等，2016. 避晚霜核桃新品种“云林 2 号”的选育 [J]. 中国南方果树，（5）：150-151.

李淑芳，范志远，曾清贤，等，2014. 云南鲁甸避晚霜核桃优良单株选择 [J]. 经济林研究，（05）：77-82.

杨建华，范志远，李淑芳，等，2012. 圆菠萝核桃的生物学特性 [J]. 北方园艺，（09）：41-42.

刘娇，范志远，赵廷松，等，2015. 鲁甸县抗寒核桃优良无性系选育研究 [J]. 西北林学院学报（01）：102-107.

赵廷松，方文亮，曾清贤，2007. 5 个核桃早实杂交新品种鲁甸县区域试验 [J]. 西北林学院学报，（05）：83-85.

叶正达，1985. 漾濞泡核桃生物学特性的观察 [J]. 经济林研究，3（1）：71-74.

云南省气象局，1982. 云南气候图 [M]. 昆明：云南人民出版社 .

中华人民共和国国家标准，1988. 核桃丰产与坚果品质 [S]. 北京：中国林业出版社 .

潘莉，范志远，曾清贤，等，2014. 低温胁迫下云南 3 个核桃品种抗寒生理生化指标的变化 [J]. 西部林业科学，（06）：72-75.